Paul Comstock

DER GEBOGENE STOCK

Herstellung von Jagdbogen aus weißen Hölzern

Aus dem Amerikanischen
von
Manfred Ebner

Verlag Angelika Hörnig

Der Gebogene Stock

von Paul Comstock

Aus dem Amerikanischen
übersetzt von Manfred Ebner

Mit Grafiken von Kristen Trader
Fotos von Paul Comstock
und Volkmar Hübschmann (Werkzeuge)

Titel der amerikanischen Originalausgabe:
„The Bent Stick - Making and using wooden hunting bows"
© seit 1988 by Paul Comstock
      P. O. Box 1102
      Delaware, OH 43015

Für die deutsche Ausgabe:
© 2004 bei Verlag Angelika Hörnig

Bibliografische Information Der Deutschen Bibliothek
Die Deutsche Bibliothek verzeichnet diese Publikation in der
Deutschen Nationalbibliografie; detaillierte bibliografische Daten sind
im Internet über http://dnb.ddb.de abrufbar.

Layout: Brigitte Löcher
Redaktionelle Bearbeitung: Hörnig & Alles
Umschlaggestaltung: Angelika Hörnig
Druck: Laub GmbH

ISBN 3-9808743-6-2

Verlag Angelika Hörnig
Siebenpfeifferstraße 16
D-67071 Ludwigshafen
www.bogenschiessen.de

Vorwort

Die Herstellung von Holzbögen ist mehr Kunst als Wissenschaft. Wer Bögen aus Holz baut, wird mit einer ganzen Anzahl von Möglichkeiten und Situationen konfrontiert. Auch wer schon 100 Bögen gebaut hat, hat noch eine Menge zu lernen. Der Bogenbauer muss Entscheidungen treffen und auf Situationen, auf die ihm begegnen, reagieren können.

Wenn du der Meinung bist, dass du dabei einer Gebrauchsanleitung unter allen denkbaren Möglichkeiten folgen kannst und damit zu jeder Zeit hundertprozentigen Erfolg hast, dann vergiss es. Es gibt zu viele Variablen. Ein Bogenbauer muss in der Lage sein, für sich selbst zu denken.

Mehr als alles andere ist dieses Buch „*Der Gebogene Stock*" dafür gedacht, den Denkprozess darzustellen, der hinter dem Holzbogenbau steckt. Lies es, bevor du anfängst, an einem Bogen zu arbeiten, und wenn du mit der Arbeit anfängst, solltest du für die Überlegung, was du tust, genau so viel Zeit aufwenden, wie für die Arbeit selbst.

Man kann davon ausgehen, dass die beschriebenen Techniken für den Anfänger die besten Ergebnisse unter den üblichen Umständen und unter möglichst vielen Abwandlungen ergeben. Es gibt viele Möglichkeiten. Und es gibt nur wenige Regeln, die in Stein gemeißelt sind.

Dein Freund
Paul Comstock

Inhalt

„Vor dem Metall,
  vor dem gewebten Tuch,
  vor der Zivilisation,
  vor dem Rad,
  vor dem geschriebenen Wort – gab es den Bogen."

1

Der Anfang

Der modernen Wissenschaft zufolge fand die erste große Revolution in der menschlichen Kultur vor ungefähr 20.000 bis 35.000 Jahren statt. Damals, sagen Wissenschaftler, erfuhr der Mensch, körperlich und geistig bereits dem modernen Menschen gleich, eine Explosion kreativen Denkens.

In der vorausgegangenen Epoche entwickelten sich die Bearbeitung von Stein und andere Techniken, im Laufe der Jahrtausende, im Schneckentempo. Das alles änderte sich nahezu über Nacht. Erfindungen, Kunst und Fortschritt entwickelten sich blitzartig, verglichen mit früherer Zeit.
Das neue Zeitalter brachte neue Wege mit sich, Stein und Knochen zu bearbeiten, neue Wege, sich zu bekleiden und Kunstgegenstände zu gestalten, und es brachte neue Waffen, wie die Speerschleuder. Nichts davon hatte es bisher gegeben. Diese prähistorische Entdeckung des kreativen Denkens musste stattfinden, bevor Pfeil und Bogen erfunden werden konnten.

Es konnte nie genau geklärt werden, wann Pfeil und Bogen erfunden wurden und wird vermutlich auch immer im Dunkeln bleiben. Die ersten Steinfunde, die wie Pfeilspitzen aussahen, wurden auf ein Alter von ca. 20.000 Jahren geschätzt. Höhlenmalereien und Fragmente von Bogen und Pfeilschäften beweisen, dass der Bogen definitiv vor etwa 8.000 – 10.000 Jahren bereits in Gebrauch war.
Die Zeit vor ca. 10.000 Jahren war von einschneidender Bedeutung, da damals die letzte Eiszeit zu Ende ging. Während der Eiszeit hatte der frühzeitliche Mensch kaum Schwierigkeiten, von riesigen Herden großer Grasfresser zu leben. Aber als die Eiszeit endete, verschwanden das Mammut, das Wollnashorn und andere Arten. Riesige Ebenen, südlich der Gletscher, wurden zu Wäldern. Umherziehende Herden, die mit Fallgruben und Lanzen bejagt werden konnten, wurden von kleineren, schnelleren Tieren abgelöst. Von kleineren Tieren abhängig zu sein, war ein gewichtiger Grund für die Verbreitung von Pfeil und Bogen.
Im Laufe der Zeit verbreitete sich der Bogen über die ganze Welt, mit Ausnahme einiger Inseln im Pazifik. Eine wirklich bemerkenswerte Tatsache ist, dass diese

primitiven Pfeile und Bögen, sobald sie einmal aufgetaucht waren, niemals wieder ganz verschwanden. Viele wilde Völker benutzten sie bis ins 20. Jahrhundert hinein. Sogar heute noch bekämpfen wilde, südamerikanische Stammeskrieger Eindringlinge mit Pfeil und Bogen.

Unter primitiven Völkern – in der Vergangenheit oder heute – ist die Doktrin des Bogenschießens einfach: Mach das Beste aus dem, was du hast, und passe es deinen Bedürfnissen an. Buschmänner in Afrika, die ein hartes, entbehrungsreiches Leben führen, benutzen kleine, leichte und einfach herzustellende Bögen und verlassen sich bei der Jagd auf vergiftete Pfeilspitzen und eine unglaubliche Hartnäckigkeit beim Spurensuchen. Andere Stämme, die mehr Zeit zur Verfügung hatten, waren deshalb in der Lage, bessere Ausrüstung anzufertigen, mit der man auch ohne Gift schnell töten konnte.

Es ist ein Tribut an die Effektivität des hölzernen Jagdbogens, dass das primitive Bogenschießen ungeachtet der Örtlichkeit, der Ära oder der zur Verfügung stehenden Holzarten, aufblühen konnte. So geschah es in Europa, Asien, Afrika, Nord- und Südamerika, nahezu überall.

In der ganzen Welt und quer durch die Geschichte wurden eine Vielzahl von Holzarten und die verschiedensten Konstruktionen und Methoden beim Bogenschießen verwendet. Fast jede vorstellbare Variation war in Gebrauch. Und jede Variation war erfolgreich in den Händen ihres Schöpfers. Wären Holzbögen nicht effektiv und tödlich, hätten sie sich nicht über die ganze Welt ausgebreitet und so lange überlebt.

Im Laufe der Zeit schritt die Kultur voran und Pfeil und Bogen wurden verfeinert. Kraftvolle Kompositbögen entstanden und hatten ihre Blütezeit in Asien. Aber sie waren das Produkt der Zivilisation und nicht das primitiver Stammeskrieger. Und während sie immer noch sehr interessant sind, wäre es sehr schwierig, sie heute nachzubauen, weil wichtige Materialien, die für ihre Konstruktion benötigt werden, z. B. Fischbein oder lange, dicke Stücke Rinderhorn, in den heutigen Vereinigten Staaten rar sind.

Während eine große Auswahl an Holzbögen aus der ganzen Welt erhältlich ist, wurden wir in Amerika (Nicht-Indianer) auf Holzbögen einer einzigen Art getrimmt – solche aus England.

Von der Sprache über das Rechtssystem bis hin zur Philosophie der Freiheit hat Amerika schwer von den Engländern abgeschaut und sich darauf verlassen. So war es auch mit dem Bogenschießen und dem Holzbogen. Während Indianer weiße Soldaten im Westen mit Pfeilen spickten, schossen zivilisierte Bürger aus dem Osten mit englischen Langbögen, die auch meistens in England gemacht worden waren, und nahmen jede englische Theorie über das Bogenschießen als Evangelium hin.

Viele englische Verbesserungen waren wichtig. Die Engländer entwickelten eine Schießtechnik, wobei mit dem Auge über den Pfeil gezielt wird, was unter modernen Bogenschützen Standard ist. Englische Ansichten über Bogstärke und der Wert, der auf Präzision gelegt wurde, waren ebenfalls sehr einflussreich.

Tatsächlich hatte das englische Bogenschießen Amerika so stark im Griff, dass es eigentlich nie richtig losgelassen hat. Wenn du das gesamte verfügbare Material über Holzbögen zusammensuchen wolltest, das du finden kannst, wird du garantiert zu 70 – 99% immer wiederholte, englische Ideen lesen.

Was du hier lesen wirst, richtet sich nicht nur nach Regeln, die von England festgesetzt wurden. Englische Ansichten und der englische Gebrauch von Holzbögen waren zweifellos erfolgreich. Es wäre jedoch ein Fehler, die anderen Bogentypen zu ignorieren, die es auf der ganzen Welt und im Laufe der Geschichte gab. Was du hier lesen wirst, mag dir erscheinen, als sollten englische Methoden in Frage gestellt und negiert werden, doch das wäre ein Irrtum. Es wäre richtiger, zu sagen, dass es bei dem, was du hier liest, nutzbringend um Holzbögen aus der gesamten primitiven Welt geht – nicht nur einer einzigen Nation.

Der wichtigste Unterschied zwischen primitiver und englischer Art ist die Wahl der Materialien. Primitive Völker benutzten immer das Beste, was sie in ihrem Lebensraum finden konnten. Und sie konnten immer etwas finden, das sehr, sehr gut funktionierte. Die Engländer dagegen legten größten Wert auf ein einziges Holz - das der Eibe - das sie aus Spanien und Italien importierten. Diese Ansicht festigte sich im Laufe der Zeit bis zur Absurdität, nämlich, dass nur einige wenige Holzarten für Holzbögen gut sind und andere so schlecht, dass sie nicht wert sind, erwähnt zu werden.

Wenn wir freundlich sein wollten, könnten wir das einen Mythos nennen. Wären wir grob, könnten wir es auch eine riesige, altehrwürdige Lüge nennen. Als die Engländer ihre Ansichten mit Nachdruck predigten, waren sie auf der Höhe ihrer Macht. Sie glaubten, sie wüssten genug, um die Welt zu regieren. Wenn sie das konnten, waren sie auch arrogant genug, der Welt zu sagen, aus welchem Holz man einen Bogen zu machen hätte.

Freidenkende Amerikaner begannen im 20. Jahrhundert hervorragende Bögen zu machen, wobei sie andere Designs als rein englische verwendeten. Das war recht radikal, da im 19. Jahrhundert das englische Design als das Nonplusultra angesehen worden war. Die Vorurteile über Bogenholz starben jedoch nie wirklich aus. Die meisten amerikanischen Bücher über Holzbogen, die man finden kann, preisen zwei oder drei Arten Bogenholz an. Meistens sind das Eibe, Osage Orange und Lemonwood.

Hier wirst du über Bögen aus allen drei Hölzern lesen. Du wirst lesen, wie die Leistung dieser Bögen getestet wurde. Du wirst auch über Bögen lesen, die aus sieben anderen Holzarten gemacht wurden und wie man sie ebenfalls testete. Sei nicht überrascht, wenn du erfährst, dass die Leistung dieser verschiedenen Hölzer so ähnlich war, dass keine signifikanten Unterschiede zwischen ihnen festzustellen waren. Sei auch nicht überrascht, wenn du womöglich herausfindest, dass es nicht das Wichtigste ist, woraus ein Bogen gemacht ist, sondern, wie er gemacht ist.

Einige Bücher, die auf englischer Lehrmeinung beruhen, legen großen Wert auf die Zeitspanne, die Holz trocknen muss, bevor man daraus einen Bogen machen kann. Viele sagten, es würde drei bis sieben Jahre dauern. Die primitive Philosophie sagt jedoch etwas anderes.

Du wirst hier über Bögen lesen, die aus Holz gemacht wurden, das 3, 5 und sogar 20 Jahre abgelagert wurde. Du wirst aber auch von einem Stück Holz lesen, das in 62 Tagen von einem grünen Baum zu einem fertigen Bogen wurde. Sei nicht erstaunt, wenn du siehst, dass kein maßgeblicher Unterschied, ja nicht einmal ein messbarer, zwischen diesen Bögen ist. Sei nicht erstaunt, wenn du feststellst, dass die Dauer des Trocknens nicht so wichtig ist wie die Art des Trocknens.

Als das Fiberglas erfunden wurde, kam der Holzbogen in Amerika langsam aus der Mode. Tracy Stalker, langjähriger Autor des Archery Magazine, schrieb, dass im Jahre 1947 der Gebrauch von Plastik und Glasfiber gerade mal das Experimentierstadium erreicht hatte. Bereits 1954 war es jedoch weitverbreitet. In den frühen 50er Jahren hatten mit Fiberglas belegte Bogenarme die Form erreicht, die sie noch heute haben – dünne Lagen Fiberglas auf beiden Seiten eines hölzernen Kerns. Der Holzkern besteht meistens aus Laminaten, auf die das „Glas" aufgeklebt ist.

Sogenannte Traditionalisten und Puristen jammern und klagen über den hohen Grad an Technologie bei den meisten Bogen, die heutzutage in Gebrauch sind. Die wenigsten erkennen, dass Fiberglas der Anfang vom Ende des primitiven Bogenschießens war. Es war das Stroh, das dem Kamel das Rückgrat brach.
Es gab technische Vorrichtungen und Spielereien für den Gebrauch von Pfeil und Bogen in der Holz-und-sonst-nichts-Zeit. Ein frühes Bogenvisier war ein an der Sehne befestigter Ring, der als Lochkimme diente, um die Pfeilspitze in einer Linie mit der Sehne auf das Ziel zu bringen. Erfunden wurde es 1880.
Einige Oldtimer spielten gerne mit solchen Sachen herum, die Autoren dieser Zeit hatten jedoch für ihren Gebrauch nichts übrig. Die frühen Bogenjäger verachteten sie. Die Betonung lag hauptsächlich auf dem Einfachen.
Das alles änderte sich mit dem Fiberglas. Fiberglas schnellt nahezu vollständig in seine Ausgangslage zurück, wenn es gebogen und wieder losgelassen wird. Es kann sehr große Belastung aushalten, die den stärksten Bogen der ausschließlich aus ist Holz zerbrechen lassen würde.

Wenn es zu stark belasteten, langen Recurve-Wurfarmen verarbeitet wird, kann Fiberglas einen sehr schnellen Bogen ergeben. Bald nach der Verwendung von Glas tauchte eine neue, radikale Entwicklung auf – der mittenschüssige Bogengriff (Centershot) – der dem Pfeil erlaubte, auf derselben Linie wie die Bogensehne abgeschossen zu werden.

Dies konnte man bei einem Holzbogen nur schwer machen, weil der tiefe Schnitt, der für die Mittenschüssigkeit erforderlich ist, durch die Maserung des Holzes gehen würde. Es ist die Maserung, die einen Holzbogen zusammenhält. Mit Fiberglas jedoch war der Center-Shot einfach zu entwickeln und absolut zuverlässig. Für die Jagd ist ein glaslaminierter Bogen mit Center-Shot nicht so überaus stärker als ein Holzbogen. Aber ein glaslaminierter Center-Shot-Bogen ist, zumindest für die meisten Leute, einfacher zu schießen als ein Holzbogen. Die Schießfertigkeit des amerikanischen Durchschnitts-Scheibenschützen wurde mit laminierten Glasfiberbögen besser.

Das alles führte dazu, dass sich die Zielvorstellungen änderten. Das Ziel war nicht mehr das Einfache, Primitive. Das Ziel wurde immer mehr, Bogenschießen einfacher und immer noch einfacher zu machen.

Die glaslaminierten Bögen konnten zu Tausenden von Fabriken auf den Markt geworfen werden. Holzbögen muss man individuell von Hand machen. Hersteller investierten viel Geld in die neuen Fiberglasbögen. Sie rührten die Werbetrommel und hatten Erfolg. Werbespots und Literatur jener Tage versicherten den Jägern, die neuen Bögen würden einen Hirsch auch bei leichten Zuggewichten töten. Alles, womit man die Bögen leichter handhaben konnte, wurde von den Herstellern angepriesen. Bogenvisiere, Stabilisatoren und Releases (mechanische Auslöser), sehr selten in den „Holz-und-sonst-nichts"-Tagen, wurden immer häufiger. Die heutige High-Tech-Szene ist das Produkt dieses Samens, der in den 50er Jahren gesät worden ist. Der Compound-Bogen ist nur ein weiteres Produkt dieses Trends. Der Kommerz versuchte, genauso wie die Wissenschaft, das primitive Bogenschießen zu begraben.

Als er das technische Zubehör und die Hilfsmittel beschrieb, die es in den 20er Jahren gab, warnte ein Autor davor, solche Dinge allgemein zu benutzen:

„ Wo wird es enden?"

Wir haben die Antwort auf diese Frage gesehen. Es endet gar nicht.

Wer von uns würde noch mit Pfeil und Bogen schießen und jagen, wenn man uns Fiberglas, Aluminium und Excenterräder wegnehmen würde?

Wer hätte noch Interesse, wenn er sich plagen und schwitzen müsste, um seine Waffen selbst zu machen?

Wer wäre scharf darauf, die gleiche Waffe zu führen, die vor 7.000 Jahren in europäischen Wäldern, asiatischen Steppen und afrikanischen Savannen benutzt wurde?

Du? Dann lies weiter!

Anmerkung der Herausgeber:

Paul Comstock betont immer wieder die hohe Leistungsfähigkeit eines Holzbogens, wobei er die Anforderungen der Jagd im Blick hat. In Amerika ist die Bogenjagd üblich, in Deutschland, ebenso wie in anderen Ländern Europas, verboten. Bei uns hat aber eine wachsende Bewegung den traditionellen Bogen als reines Sport- und Freizeitgerät für sich entdeckt, eine Jagd findet lediglich als spielerische Simulation statt. Unserer Meinung nach sollte das auch so bleiben.

Ungeachtet der grundsätzlichen Frage der Jagd sind die Anforderungen an einen Bogen aber prinzipiell die gleichen geblieben: Leistung, Langlebigkeit, Treffsicherheit und Komfort. Dass sich alle diese Kriterien auch mit einem einfachen Stück Holz verwirklichen lassen, macht gerade die Faszination eines Holzbogens aus. Diese Faszination ist bei einem Bogen, der „nur noch" als Sportgerät benutzt wird, um nichts geringer.

2

Die Herausforderung

Warum sollte sich jemand einen Holzbogen als Jagdwaffe machen wollen? Obwohl ein Holzbogen eine sehr einfache Jagdwaffe ist, hat es Vorteile, einen zu haben und zu benutzen. Er ist effektiv. Er ist zuverlässig. Man kann sich einen machen, ohne dass man viel Geld ausgeben muss, nicht mehr als ein paar Euro oder auch nur ein paar Cent.

Aber Wirtschaftlichkeit ist nicht immer der stärkste Antrieb. Der beste Grund, einen Holzbogen zu machen und mit ihm zu schießen, ist der Wunsch, es zu tun. Der beste Grund ist der Wunsch, eine primitive Waffe zu benutzen.

Das ist eine sehr persönliche Wahl – eine Güterabwägung, die jeder für sich machen muss. Es ist amüsant, zu sehen, welche Wertvorstellungen es unter Jägern gibt. Allein das Wort „Herausforderung" bedeutet für jeden etwas anderes. Für manche ist z.B. das Töten eines Tieres auf große Entfernung eine Herausforderung. Sie sehen nichts Falsches darin, eine Büchse zu benutzen, die ein Zielfernrohr mit 15facher Vergrößerung und eine Mündungsgeschwindigkeit von über 3.200 feet/sec (800 m/sec) hat. Wenn sie ein Stück Wild durchlöchern können, das 400 yards (366 m; 1 yd = 0,91 m) weit weg ist, haben sie ihr Ziel erreicht.

Für andere ist es eine Herausforderung, 10, 20, oder 30 Tiere im Jahr, oder auch im Monat, zu erlegen. Sie finden nichts dabei, Gewehre oder High-Tech-Bögen zu benutzen. Es ist sicherlich auch wahr, dass sich manche Jäger überhaupt nichts aus einer „Herausforderung" machen. Sie mögen es um so lieber, je schneller und einfacher sie Wild erlegen können. Vermutlich würden manche Kanonen und Landminen benutzen, wenn sie glaubten, dass es ihre Chancen erhöhen würde.

So schwer zu verstehen ist das gar nicht, wenn man bedenkt, dass diese Leute nicht viel Zeit damit verbringen können (oder wollen), zu jagen oder ihre Fähigkeiten als Jäger zu verbessern. Für sie ist es ein einfach ein Zeitvertreib, der nicht so wichtig ist, als dass man viel Mühe darauf verschwendet.

Es gibt auch Leute, die denken anders darüber. Sie wollen keine Buck-Rogers-Waffen. Sie haben kein Interesse daran, ihren Erfolg daran zu messen, wie viele Tiere sie getötet haben.

Wenn dein Geschmack in diese Richtung geht, bist du vielleicht ein Kandidat für einen Jagdbogen aus Holz.

Wenn du einen Holzbogen machst und damit jagst, schwimmst du nicht mit dem Strom, sondern weitab. Es ist nämlich für die meisten viel zu beschwerlich und macht viel zu viel Ärger, selber einen Holzbogen zu machen, egal, was sie für Wertvorstellungen haben mögen.

Wenn du selber Holzbögen machst und damit schießt, bist du in unserer modernen Welt irgendwie fehl am Platze. Deine Jagdfreunde können dir nicht viel raten. Sie glauben vielleicht, dass sie etwas über Holzbögen wüssten, aber solange sie nicht selbst welche machen und viel damit schießen, kannst du ihnen nicht trauen. Du bist auf dich selbst gestellt.

Ich möchte dir ein paar geeignete Freunde aus vergangener Zeit vorstellen, die Bücher schrieben:

Roger Ascham, in England im Jahre 1545, *Toxophilius*,

Horace Ford, in England 1856, *Archery – it's Theorie and Pratice*,

Maurice Thompson, gegen 1870 in den USA, *The Wichery of Archery*,

Saxton Pope, um 1920 in den USA, *Hunting with the Bow and Arrow* in dt.: *Jagen mit Bogen und Pfeil* und *The Adventurous Bowmen*,

Robert Elmer, 1926 in den USA, *Archery*,

Arthur Lambert Jr., *Modern Archery*, USA 1929.

Das Beste, was du tun kannst, ist, diese Bücher aufzutreiben und sie zu lesen. Einige wie „*Wichery of Archery*" gibt es als Nachdruck. („*Jagen mit Bogen und Pfeil*" von Saxton Pope ist sogar auf dt. noch erhältlich, d. Hrsg.) Universitätsbibliotheken oder Leihbüchereien, bzw. Antiquariate sind gute Adressen für die anderen Titel.

Die Ansichten dieser Männer stimmen jedoch nicht immer überein. Ihre Meinungen sollten sorgfältig geprüft und nicht blindlings übernommen werden.

Pope, Thompson und Lambert waren die einzigen, die selbst viele Bögen machten. Und alle diese Männer waren in gewisser Weise voreingenommen.

Allen gemeinsam war die englische Ansicht, die im ersten Kapitel besprochen wurde. Trotzdem benutzte jeder Holzbögen und konnte viel über ihre Eigenheiten sagen.

Insbesondere Thompson wusste, wie es ist, mit dem Holzbogen zu jagen. Er widerstand den Anfeindungen von denen, die es nicht mochten, dass er ein archaisches Relikt benutzte. Was andere dachten, scherte ihn nicht. Er gab es zu: im Herzen war er ein Wilder.

Lies sein Kapitel: „Drei Wochen lang leben wie ein Wilder". Darin erzählt er, wie er mit Tommy, einem Indianer aus Florida, wandert und jagt. Thomson sagt, dass Tommy, genau wie er selbst, ein Außenseiter wegen seines Holzbogens war. Tommy stand allein, weil seine Stammesbrüder Gewehre benutzten. Nirgendwo sonst wird die Jagd mit dem Holzbogen so aufregend und glaubhaft beschrieben. In Tommy fand Thompson eine verwandte Seele und einen Lehrer. In der Wildnis von Florida fand er ein Paradies im Vergleich zu den modernen Städten, die er mied.

Thompson hatte seinen Finger wirklich am Puls des ursprünglichen Bogenschießens. Moderne Bögen, zumindest manche von ihnen, sind genau so anspruchsvoll und sportlich wie Holzbogen. Sie können jedoch niemals mit der ursprünglichen Schlichtheit mithalten, die von einem Bogen aus Holz ausgeht. Der moderne Bogen kommt aus einer Welt der Düsenjets und der Atombombe, der Holzbogen jedoch wurde erfunden, als unsere Vorfahren Häute und Felle trugen und in Höhlen und Hütten lebten.

Pope und sein Freund Arthur Young waren Paten des Pope and Young Clubs. Pope fand es, genau wie Thompson, äußerst aufregend, Eichhörnchen oder Enten zu erjagen. Aber er war auch ehrgeizig, zusammen mit Young erlegte er alle Arten von nordamerikanischem Wild, einschließlich Alaska-Braunbär und Alaska-Elch. Sie reisten nach Afrika und bezwangen dort so große Tiere wie Elanantilopen, und sogar ein paar Löwen. Pope und Young waren unbeschreiblich richtungsweisend bei modernen Bogenschützen. Sie bewiesen zweifelsfrei, dass Holzbögen, tödliche Waffen sein können.

Sie setzten, genau wie Thompson vor ihnen, die Grundsätze fest, die wir immer noch respektieren: Sie lehnten Gift als unsportlich ab und betonten die Wichtigkeit von gutem Schieß-Können und rasiermesserscharfen Jagdspitzen.

Einen Holzbogen zu machen, damit zu jagen und damit Erfolg zu haben, ist ein erstrebenswertes Ziel. Es ist möglich! Einen Holzbogen zu machen, ist kein Geheimnis oder eine Qual. Wenn man die richtige Einstellung hat, ist es eine Freude. Für den eingefleischten Do-it-yourselfer ist es eine sehr befriedigende Erfahrung. Und für den Neuling ist es eine Verwandlung.

Wer einen Holzbogen schießt, macht verschiedene Dinge:
Als erstes akzeptiert er die Grenzen seiner Waffe. Eigentlich muss das jeder Bogenschütze machen. Ein Bogen aus Holz ist nicht die stärkste Waffe auf Erden. Das muss er aber auch nicht sein. Dasselbe könnte man auch von einem modernen Bogen sagen. Wer glaubt, dass er das Optimum an Power und Geschwindigkeit braucht, vergisst am besten das Bogenschießen ganz und besorgt sich eine .340 Weatherby Magnum.

Wer einen Holzbogen benutzt, stellt sich der Herausforderung, mit einer Waffe vertraut zu werden, die selbst eine Herausforderung darstellt. Es ist schon eine Herausforderung, einen zu bauen. Ebenso ist es eine Herausforderung, damit ein konstant guter Schütze zu werden. Du wirst hier lesen, dass es möglich ist, einen Holzbogen zu machen, der relativ einfach zu schießen ist. Trotzdem wird nur der Hartnäckige zum Erfolg kommen.

Das bringt uns an einen wichtigen Punkt. Wer einen modernen Bogen schießt und auf einen Holzbogen umsteigen will, muss eines begreifen: mit einem Holzbogen ist das Können des Schützen alles. Nicht 50% oder 75%, sondern 100%!
In der Hand eines guten Schützen verlässt der Pfeil einen Holzbogen so gerade wie ein Laserstrahl und fliegt genau entlang der Visierlinie ohne das leiseste Trudeln oder Schlingern. Der Bogen wird gut werfen und die Sehne wird leise surren.

Bei einem Neuling ist es für gewöhnlich anders, sogar wenn es der gleiche Bogen ist. Der Pfeil kann schlimm schlingern oder trudeln. Er kann nach links abweichen oder wie ein Sack mit Geschirr gegen den Bogen klappern. Auch die Wurfleistung kann total schwach sein.

Wenn du einen modernen Bogen geschossen hast, hat man dich darauf getrimmt, zu glauben, dass dieses oder jenes Teil, neue Visierstacheln, oder das neueste Design es einem einfacher machen. Wenn irgendwas schiefläuft, hat der Bogen Schuld, oder die Ausrüstung oder es liegt am schlechten Tuning.

Wenn du mit einem Holzbogen nicht gut schießt, ist es allein deine Schuld und nur deine. Hierin liegt die Herausforderung, mit einem Holzbogen schießen zu lernen. Immer wenn ein Problem auftritt, kannst du es sofort lokalisieren. Das Problem bist du.

Was braucht man, um ein Holzbogenschütze zu werden?

Man braucht Hartnäckigkeit. Man braucht Enthusiasmus. Man muss vernünftig denken. Man braucht eine fröhliche, sportliche Grundhaltung. Es ist wahr, was Horace Ford sagte:

Es ist kein Hobby für Unentschlossene.

Am wichtigsten von allem ist der Wunsch, es zu tun.

Und es lohnt sich. Ein Holzbogenschütze weiß, dass sein Erfolg nicht von moderner Technik , millionenschweren Fabriken, dem neuesten Design oder den widerstandsfähigsten Kunststoffen abhängt. Seinen Erfolg machen sein Geschick, seine Entschlossenheit, ein guter Baum und ein gerader Pfeil aus, sonst nichts.

Es liegen zahllose Möglichkeiten in einem Holzbogen. Was du hier liest, kann nicht das letzte Wort zu dem Thema sein. Aber es wird dir die Grundlage bieten, die du brauchst, um dir jeden einfachen Bogen zu machen, den du siehst oder von dem du liest, falls das dein Wunsch ist. Du kannst damit auch eigene Ideen ausprobieren.

Es ist das Ziel dieses Buches, aufzuzeigen, dass das einfache, primitive Bogenschießen jedem offen steht, der sich dafür interessiert. Bäume, aus denen man starke, gutschießende Waffen machen kann, wachsen im ganzen Land.

Mit Anleitungen aus diesem Buch kann der Leser mehrere gute Jagdbogen aus Holz in ein paar Monaten haben, falls es das ist, was er möchte.

Einen solchen Bogen zu machen, erfordert keine besonders anspruchsvollen Werkzeuge.

Für einen Bogen aus Holz braucht man Technik, keine Technologie.

Zweck dieses Buches ist es nicht, dir Meinungen und Theorien überzustülpen.

Es ist im Gegenteil dazu da, dir die Möglichkeiten aufzuzeigen, die es gibt, und dich mit den nötigen Informationen zu versorgen, die auch einem Anfänger zum Erfolg verhelfen.

Wenn es dich juckt, solche Bögen zu machen und damit zu schießen, ist es das Ziel des Buches, dir dabei zu helfen.

3

Wie sich Holz biegt

Um einen Holzbogen zu verstehen, müssen wir uns erst ansehen, wie sich Holz biegt. Holz besteht aus Fasern. Wenn man Holz biegt, halten es die Fasern zusammen. Die Fasern sind in einer Maserung angeordnet. Sieh dir einen Baumstumpf an oder einen abgesägten Balken und du kannst die Jahresringe im Holz sehen. Du blickst auf die Enden der Fasern, die durchtrennt wurden. Die Ringe zeigen, wie die Fasern im Querschnitt eines Baumes angeordnet sind. Man nennt das radiale oder Quermaserung. Es gibt auch eine Maserung entlang eines Astes oder Baumstammes. Das nennt man Längsmaserung. Die Längsmaserung kann man im Gegensatz zur Quermaserung meist nur schwer sehen. Wir müssen jedoch sicher sein, dass sie gerade verläuft, wenn wir einen Bogen aus einem Stück Holz machen wollen.

Falls du jemals Brennholz gespalten hast, hast du Längsmaserung bei der Arbeit gesehen. Tatsächlich sieht man die Längsmaserung in einem Stamm am besten, wenn man Stahlkeile in die Seiten treibt. Das Holz wird sich entlang der Maserung in einem Spalt öffnen. Vergrößere den Spalt, indem du weitere Keile hineinschlägst und du wirst den Stamm entlang der Längsmaserung aufspalten. Wenn du auf die Maserung der aufgespaltenen Fläche schaust, siehst du die Holzfasern von der Seite. Manchmal dreht sich die Längsmaserung um einen Stamm herum wie die Streifen auf einer Zuckerstange. Du wirst das sehr schnell merken, wenn du den Stamm mit Keilen spaltest.

Die Fasern im Holz geben ihm Stärke. Die „Säume" zwischen den Fasern, oder zwischen der Maserung, sind die Schwachstellen. Holz wird auf eine von zwei Möglichkeiten brechen. Es wird entweder zwischen den Säumen der Fasern auseinandergehen, oder wenn man es stark biegt, werden die Fasern abreißen.

Jedes Holz, egal welche Sorte oder wie stark es ist, wird brechen, wenn man es zu weit biegt. Die Fasern reißen einfach ab. Wenn wir jedoch die Maserung zu unserem Vorteil nutzen, hält Holz eine erstaunliche Biegung aus, wieder und wieder, und es wird nicht brechen.

Nimm eine Packung Zahnstocher und zerbrich ein paar. Einige davon werden zu einer schlanken Spitze abbrechen. Das ist ein Beispiel, wie sich Holz entlang der Längsmaserung teilt. An diesen Zahnstochern kann man sehen, wie die Maserung an den Ecken aus dem Zahnstocher läuft. Liefe die Maserung gerade durch den Zahnstocher von einem Ende zum anderen, könnte er viel mehr Belastung aushalten, bevor er zerbrechen würde.

Wenn wir einen Holzbogen machen, muss die Maserung von einem Ende zum anderen laufen. Wenn die Maserung diagonal durch den Bogen geht, wird er abbrechen, wie die Zahnstocher gebrochen sind.

Zerbrich ein paar weitere Zahnstocher und du wirst bemerken, dass sie immer an der Außenseite der Biegung zu brechen beginnen. An der Außenseite der Biegung steht das Holz unter Zugbelastung. Wenn die Belastung zu stark ist, wird das Holz auseinandergerissen und der Bruch beginnt. Wahrscheinlich findest du heraus, dass ein flacher Zahnstocher mehr Biegung aushalten kann als ein runder. Das kommt daher, weil ein runder Zahnstocher mehr Zugkraft auf der Außenseite der Biegung verursacht. Je dünner ein Stück Holz von der Innen- zur Außenseite einer Biegung ist, um so weiter kann man es biegen, ohne dass es zerbricht. Jede Art Holz hat eine gewisse Elastizitätsgrenze. Je dicker ein Stück Holz von der Innen- zur Außenseite einer Biegung ist, um so geringer ist seine Elastizität. Das sind wichtige Prinzipien, die man bedenken muss, weil es unser Ziel ist, ein Stück Holz dazu zu bringen, dass es sich biegt, ohne zu brechen.

Nimm ein Blatt Papier und falte es zu einem scharfen Knick. Jetzt falte das Papier wieder auseinander und versuch, den Knick wieder „auszubügeln". Es geht nicht, weil die Papierfasern (die eigentlich Holzfasern sind) verdichtet worden sind. Genauso werden die Fasern in einem Holzbogen verdichtet. Dies soll helfen, einige Verhaltensweisen des hölzernen Bogens zu erklären, die wir später besprechen werden.

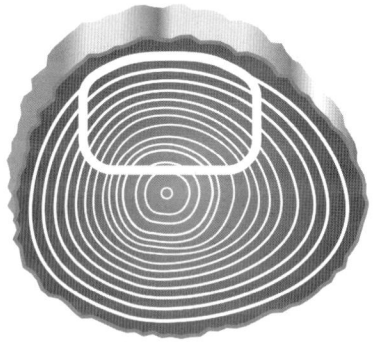

4

Der Bogen

Stellen wir uns vor, wir müssten einen Holzbogen untersuchen: Der Bogen hat zwei Seiten. Entsprechend der alten Bezeichnungen ist der Rücken die Seite, die auf das Ziel zeigt. Der Bauch ist die Seite, die auf den Schützen zeigt.

Wenn wir auf den Rücken schauen, stellen wir fest, dass es normalerweise die Außenseite des Stammes ist (ohne Rinde), aus dem der Bogen gemacht ist. Der Querschnitt eines Holzbogens entspricht dem Querschnitt des Baumes, so geschnitten, dass die Außenseite des Baumes auch die Außenseite des Bogens ist.

Die Zeichnung zeigt den Querschnitt eines typischen Bogens, so wie er im Stamm liegt, aus dem er geschnitten wurde.

Unter der Rinde eines Baumes ist das Saftholz. Bei manchen Arten ist unter dem Saftholz das Kernholz. Bei einigen Hölzern ist das Saftholz sehr dick. Manche Stücke dieser Hölzer bestehen nur aus Saftholz. Bei anderen ist das Saftholz nur eine dünne Schicht. Manche Bögen sind nur aus Saftholz, andere nur Kernholz. Einige sind auch aus beidem, mit einer Schicht Saftholz auf dem Rücken und Kernholz als Bauch.

Ein Bogen kann einen Rücken nur aus Holz haben. Das ist dann ein unverstärkter Bogen, d.h. ohne Backing. Wenn das Zuggewicht eines Bogen nicht zu hoch ist, kann er unverstärkt und trotzdem zuverlässig und dauerhaft sein. Ist jedoch das Zuggewicht hoch, kann die Zuverlässigkeit erhöht werden, indem man den Rücken des Bogens verstärkt, d.h. ein **Backing** aufbringt. So ein Backing kann aus den verschiedensten Materialien bestehen.

Früher war das gebräuchlichste Backing aus **Sehnen** von Tieren. Für Bogen wurden die langen Rücken- oder Beinsehen großer Huftiere verwendet. Sie wurden aus den Tieren herausgeschnitten und getrocknet. Beim Trocknen werden die Sehnen steinhart. Werden sie dann wieder weichgeklopft, teilen sie sich in dünne, weiße Fäden. Diese Fäden werden dann als Sehnenbacking auf einen Bogen geleimt und sind extrem hart und zäh.

Ein anderes Backing ist **Rohhaut**. Das ist die Haut eines großen Tieres, die gereinigt und getrocknet, aber nicht zu Leder gegerbt worden ist. Sie ist ebenfalls sehr zäh und hart, jedoch vielleicht nicht ganz so zäh wie Sehne.
Eine weitere Möglichkeit, wenn auch schwächer als Rohhaut oder Sehne ist Leder selbst. Auch mit einem dünnen Streifen aus zähem Holz kann man einen Bogen gut verstärken. Selbst synthetische Fasern oder Materialien kann man als Backing verwenden. Aber es scheint gegen die ursprüngliche Idee zu verstoßen, etwas künstliches für einen Holzbogen zu verarbeiten. Alle diese Möglichkeiten werden später ausführlich behandelt.

Es soll auch erwähnt werden, dass man einen Holzbogen machen kann, ohne dass man die Außenseite eines Baumes verwendet. So ein Bogen würde aus einem Stück Holz gemacht sein, bei dem die Außenseiten plan gesägt wurden, also einem Brett. Mindestens ein altes Buch über Bogenschießen erwähnt diesen Typ als „Bretterbogen" oder „Balkenbogen". Man kann sich immer noch ein Brett als Bogenrohling besorgen und daraus einen Bretterbogen machen. Wenn man das gut macht, kann das einen haltbaren Bogen ergeben. Weil jedoch die Maserung durchtrennt wurde, kann so ein Bretterbogen nie so zäh und bruchbeständig wie ein Bogen aus einem Baumstamm sein. Die Außenseite eines Stammes zu verwenden ist für den Einsteiger in den allermeisten Fällen sicherer.
Ein Brett kann jedoch einen prima Bogen ergeben, wenn die Maserung ein paar Voraussetzungen erfüllt und der Bogen gut gemacht und so lang wie der Schütze ist. Siehe auch das Kapitel „Bögen aus Brettern – Tricks mit der Maserung".

Manchmal findet man einen Holzbogen, der aus einem Brett gemacht worden ist. Sieh genauer hin, ob du Jahresringe siehst. Falls nicht, handelt es sich vermutlich um Tropenholz. Tropenholz wächst das ganze Jahr über. Deshalb hat es keine sichtbaren Jahresringe. In nordamerikanischem Holz gibt es Jahresringe, weil solche Bäume im Winter nicht wachsen.

Das Tropenholz, das in den alten Tagen in Amerika am häufigsten verarbeitet wurde, war Lemonwood. Andere Hölzer wurden ebenfalls verwendet. Fast ohne Ausnahme wurde Tropenholz zu Brettern zersägt, was zwangsläufig zu einem Bretterbogen führte. Man kann sich auch heute noch aus verschiedenen Quellen mit derartigen Hölzern versorgen. Sie haben den Ruf, besonders hart und zäh zu sein.

Zusätzlich zu verstärkten und unverstärkten Bögen und zu solchen aus Stämmen oder Brettern gibt es noch die laminierten Bögen. Laminierte Bögen weisen laut den alten Definitionen mindestens drei Lagen Holz auf; eine ist der Rücken, eine ist der Bauch, und eine ist in der Mitte. Einen laminierten Holzbogen per Hand herzustellen, würde einen Haufen Arbeit bedeuten, da die Klebeflächen vollkommen flach sein müssen. Man kann es machen und damit erfolgreich sein, aber wäre es die Mühe wert ?

Mag sein. Wenn die Laminate in einer Form zusammengeleimt würden, etwa in der Art wie moderne glaslaminierte Bögen gemacht werden, wäre es möglich, genau so einen Recurvebogen zu machen. Aber er könnte nicht dieselbe Belastung aushalten, die ein Glasfaserbogen verträgt. Er müsste besonders sorgfältig gemacht werden. Sogar in den alten Zeiten waren Bögen mit 3 oder mehr Laminaten nicht die Norm. Elmer konnte mehrere Exemplare untersuchen, die aus verschiedenen Hölzern kombiniert wurden. Sie hatten alle gerade Wurfarme und Elmer sagte, über keinen wäre etwas besonderes zu erzählen. Auch er bezweifelte, dass laminierte Bögen den ganzen Ärger wert seien.

Ein erwähnenswerter historischer Laminatbogen kommt aus Asien und besteht aus Bambus. Da Bambus dünn ist, brauchte man für einen Bogen einige Lagen. Eines dieser Modelle hatte Bambus auf Rücken und Bauch und einen Holzkern in der Mitte. Wenn du aus welchem Grund auch immer einen Laminatbogen machen willst, dann nur zu. Aber glaube nicht, dass er besser als ein normaler Holzbogen ist.

Die Länge eines Bogens hängt von verschiedenen Faktoren ab. Der wichtigste davon ist, wie er gebaut ist. Es war immer gängige Praxis, dass ein Bogen um so länger sein muss, je weiter er ausgezogen wird. Wenn man jedoch hartnäckig ist, kann man einen recht kurzen Bogen machen, den man ziemlich weit ausziehen kann. Nur muss man eines im Gedächtnis behalten. Wie weit die Sehne vom Bogen weg ist, wenn er bespannt ist (die sog. Spannhöhe), hängt ebenfalls von der Bauart ab. Wenn ein Holzbogen dafür gebaut wurde, eine Spannhöhe von 15 cm zu haben und du spannst ihn auf 20 cm auf, kann er brechen, wenn du ihn schießt. Am besten ist es, den Bogen so hoch zu bespannen, dass die Befiederung des Pfeils den Bogen gerade nicht mehr berührt. Dazu braucht man ungefähr 13 cm Luft zwischen Sehne und Holz. Spanne den Bogen höher, wenn du musst, aber dadurch kann es zu einer stärkeren Dauerkrümmung (Stringfollow), schwächerer Wurfleistung und erhöhter Bruchgefahr kommen.

Allgemein kann man sagen, je länger ein Bogen für eine bestimmte Zuglänge ist, um so einfacher ist er zu bauen, um so einfacher ist er zu schießen und um so länger wird er halten. Anders ausgedrückt, bei einem längeren Bogen kann man sich mehr Fehler erlauben als bei einem kürzeren, und trotzdem Erfolg haben, gleiche Zuglänge vorausgesetzt.

Sagen wir, du möchtest eine Zuglänge von 28 Zoll (1" = 2,54 cm). Fang an, indem du diese Zahl verdoppelst, also 56" (142 cm). Einen 56-Zoll-Bogen kann man 28" weit ausziehen, wenn er fehlerfrei gemacht ist. Wenn ein Bogen sehr sorgfältig gebaut ist, wäre es auch möglich, ihn noch kürzer zu machen, bis etwa 50" (127 cm). Die Wurfarme müssten dafür aber sehr breit und sehr dünn sein.

Je dicker die Wurfarme sind, um so länger müssen sie sein, um eine vorgegebene Biegung aushalten zu können.

Wenn du deinen ersten Bogen machst, hast du bessere Chancen, eine brauchbare Waffe zu machen, wenn du deine Zuglänge verdoppelst und noch ein bisschen was dazuzählst. Ein längerer Bogen verzeiht eben Fehler bei der Herstellung viel eher. Er wird nicht so stark belastet. Zum Beispiel verzeiht ein 60"-Bogen Fehler in der Konstruktion eher als ein 56" Bogen. Ein Bogen von 62" oder 64" Länge wäre noch toleranter. Eine Länge von 66" (168 cm) oder 68" (173 cm) hält man allgemein für ideal bei einer Zuglänge von 28". Verglichen mit einem kürzeren Bogen lässt sich ein 66"-Bogen sanfter ausziehen, schießt schneller und ist einfacher zu bauen und schwerer abzubrechen.

Wenn der Bogen im Griffbereich genau so breit ist wie an den Wurfarmen und sich auf der ganzen Länge biegt, kann er etwa 5–6" (13–15 cm) kürzer sein als ein Bogen mit steifem, schmalerem Griff, ohne dass Bruchrisiko oder Tendenz zu Stringfollow steigen.

Wenn du jedoch eine Auszugslänge von 30" oder 31" hast, wärst du gut beraten, wenn du deinen Bogen 72" oder 74" (1,83 m oder 1,88 m) lang machst. Wenn du erst einmal einen oder zwei gute Bögen gemacht hast, sind deine Chancen viel besser, einen guten, kurzen Bogen anzufertigen.

Wenn der Bogen entspannt ist, sieht er vielleicht wie ein gerader Stab aus. Das nannten die Oldtimer „gerade bleiben". Wenn sich der entspannte Bogen in Richtung des Bogenrückens biegt, nennt man das „reflex", oder wie es Pope nannte, „im Griff zurückgesetzt". Biegt er sich in Richtung des Bogenbauchs, nennt man es „deflex" oder „Stringfollow". Falls dein Bogen Stringfollow aufweist, könntest du versucht sein, ihn verkehrt herum zu biegen, um ihn zu begradigen. Probier das nur ein kleines Stück und du wirst den Bogen am Bauch abbrechen.

Darum, biege niemals einen Holzbogen verkehrt herum. Das Holz ist verdichtet und hält die Biegung in die falsche Richtung nicht aus.

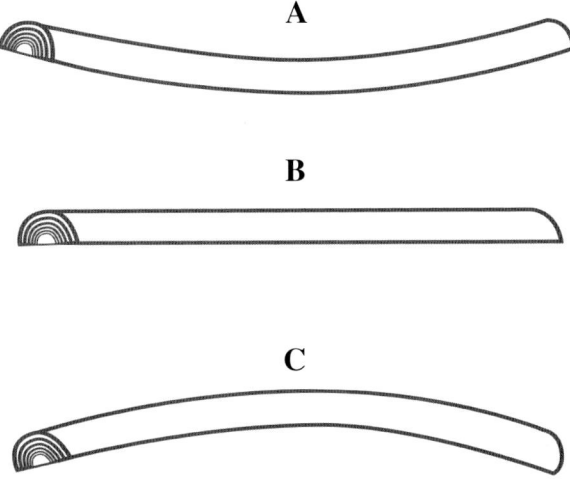

Jetzt schau dir die Zeichnungen A, B und C an. Sie zeigen drei Holzspaltlinge. Man kann aus B und C Bögen machen, aber sie werden nicht so gerade bleiben wie ein Bogen, der aus Stück A gemacht ist. Ein neuer Bogen muss „eingeschossen" werden. Während dieser Prozedur wird das unverdichtete Holz verdichtet. Du kannst davon ausgehen, dass ein eingeschossener Bogen nie so gerade bleibt, wie er war, als er noch nagelneu war.

Deshalb wird A immer einen geraderen Bogen ergeben und je gerader ein Bogen ist, desto schneller wird er schießen. Du wirst später lesen, dass ein Bogen mit starkem Stringfollow relativ schlecht schießt.

Du kannst schon einen Bogen aus Stück C machen und er wird auch schießen. Du kannst jedoch nicht erwarten, dass er so gut wie A schießt. Du könntest versuchen, C zu begradigen. Du wirst noch lesen, wie man das macht. Aber C wird versuchen, dich auszutricksen. Er wird seine ursprüngliche Form behalten wollen, eben weil er so gewachsen ist. Und vielleicht gewinnt er auch.

Schießt man einen Holzbogen ein paar Mal und entspannt ihn dann, wird das Stringfollow wahrscheinlich etwas größer sein als vor dem Bespannen. Es wird vermutlich etwa 1" (2,54 cm) ausmachen. Lässt du deinen Bogen jedoch eine

Stunde oder so in einer horizontalen Lage ruhen, werden die Wurfarme wieder ihre normale Form annehmen. Einen Holzbogen kann man ohne Schaden mehrere Stunden gespannt lassen. Dauert es jedoch 24 Stunden oder noch länger, verliert er seine Form und Elastizität.

Als Merksatz gilt: Solange du ihn benutzt, lass ihn gespannt; wenn du fertig bist, entspanne ihn. Es ist auch keine gute Idee, einen Bogen in die Ecke zu stellen, nachdem man ihn entspannt hat. So kann sich der untere Wurfarm nicht wieder begradigen.

1" oder 2" (2,5 oder 5 cm) Stringfollow, gemessen von der Rückseite des Griffes, sind absolut okay. Ford war sogar davon überzeugt, dass das die denkbar beste Form sei. Ein solcher Bogen wäre angenehm zu schießen und würde nicht so leicht zu Bruch gehen, sollte beim Schießen einmal die Sehne reißen.

Aber noch einmal, beträgt das Stringfollow 3, 4 oder 5" (7,6 cm, 10,2 cm oder 12,7 cm) wird der Bogen relativ langsam schießen.

Ist der Bogen jedoch gut, solltest du vom Anfang des Ausziehens an eine gute Spannung haben. Ein sanfter Auszug ist ein Ausdruck, der eine gleichmäßige Zunahme an Zuggewicht während des Ausziehens beschreibt. Bei starkem Stringfollow sind die ersten paar Zentimeter des Ausziehens ziemlich lasch. Das meiste Zuggewicht sitzt in den letzten Zentimetern des Auszugs.

Das meine ich damit, dass ein Bogen so oder so sein muss, wenn er gut sein soll. **Ein gut gemachter Bogen bleibt ziemlich gerade. Ein schlecht gemachter bekommt starkes Stringfollow.**

Das Aussehen und der Charakter eines Bogens hängen sehr von dem Holzstück ab, aus dem er gemacht ist. In einem hässlichen Stück Holz steckt meist auch ein hässlicher Bogen. Im Idealfall ist der Bogen in einer Linie mit der Sehne, wenn er gespannt ist. Das erhöht die Haltbarkeit. Ein Bogen kann aber auch verdreht sein, mit Wurfarmen, die sich voneinander wegdrehen, oder auch aufeinander zu, und er kann trotzdem eine präzise Waffe sein.

Kraft und Genauigkeit hängen nicht davon ab, ob die Wurfarme verdreht sind, die

Haltbarkeit dagegen schon. Das führt uns zu der Frage, wie ausgefeilt ein Bogen sein muss. Thompson hatte recht, als er sagte, dass ein gebogener Stock, egal was für einer, einen guten Pfeil wie eine Gewehrkugel ins Ziel schicken würde. Die Hauptsache wäre, der Stock hätte genug Federkraft.

Man kann es nicht oft genug sagen, dass die Genauigkeit eines Holzbogens allein von der Person abhängt, die damit schießt. Der Bogen allein ist präzise in sich selbst. Von der Physik her gibt es kaum wichtige Toleranzen. Ist er gut genug, dass man ihn spannen kann, ist er auch präzise. Kein Mensch will dich davon überzeugen, dass du nur krumme Bögen machen sollst. Gute, gerade Bögen sind dauerhafter und angenehmer. Alles was ich zeigen wollte, ist nur, dass die Anforderungen an einen Holzbogen weit geringer sind, als man zunächst meinen möchte.

Ich will kurz aufzeigen, wie ein Bogen mit verdrehten Wurfarmen genau schießen kann. Wenn man den Griff zu Anfang des Auszugs nur einigermaßen locker hält, wird sich der Bogen automatisch so drehen, dass der Griff in einer Linie mit der Sehne ist. Die Sehne wird dieser geraden Linie auch beim Schuss folgen.

Pope, Elmer und andere empfahlen einen lockeren Griff zu Anfang des Auszugs. Folgt man ihrem Rat, erhöht das die Genauigkeit, wenn man einen krummen Bogen schießt. Auch Pope war sich nicht zu gut für einen gekrümmten Bogen. Er erwähnt einen verkrümmten, feinringigen Bogenstab, als er eine Bärenjagd beschrieb.

Elmer ging sogar noch mehr ins Detail. Er besaß einen Bogen aus Osageholz, der in alle Richtungen verdreht war. Wenn man ihn spannte, drehte er sich halb zur Seite. Trotzdem schoss der Bogen so präzise, dass Elmer damit über 1000 Punkte in der Doppel-York-Runde (ein alter, englischer Scheibenschützenwettkampf) erzielte, was ein ausgezeichnetes Ergebnis ist. Außerdem war der Bogen so stark, dass Elmer zweimal einen Weitschusswettkampf damit gewann.

Wie genau kann ein Holzbogen überhaupt schießen? Pope und Elmer konstruierten beide Schießmaschinen, um mehr darüber herauszufinden, wie solche Bögen schießen. Pope fand heraus, dass die Streuung bei 6" (15 cm) auf 60 yd (54,6 m) lag. Elmers Trefferergebnisse waren etwas schlechter. Auf jeden Fall ist jedoch ein Holzbogen bei weitem genau genug, um auf die empfohlenen Jagdentfernungen, nämlich 25 yd (23 m) und darunter, alle Erwartungen zu erfüllen.

Pope war sich sicher, dass ein guter Schütze ein besseres Ergebnis schießen könne als seine Schießmaschine. Er könnte damit recht haben, weil eben das Können eines Bogenschützen so entscheidend ist.

Wie viel Kraft muss ein Bogen haben, um gefährlich zu sein? Thompson sagte, dass ein 30-Pfund-Bogen glatt durch einen Menschen hindurch schießt. Viele Bögen, die von Prärie- und westlichen Indianern benutzt wurden, kommen uns heute erstaunlich leicht vor.

Als glaslaminierte Bögen modern wurden, behaupteten die Hersteller, 45 lb. Zuggewicht wären alles, was man bräuchte, um einen Hirsch zu töten. Es müsse keiner mehr Holzbögen mit 65 oder 70 lb. benutzen. Glaub mir, auch ein Holzbogen mit 45 lb. wird einen Hirsch mausetot schießen. Die Oldtimer benutzten Bögen mit 60 oder 70 lb. (oder auch mehr) aus dem selben Grund, aus dem es auch noch heute gemacht wird: weil es ist nicht schlecht ist eine Waffe zu haben, die über dem Minimum liegt und trotzdem noch bequem geschossen werden kann.

Popes Freund, Arthur Young, schoss mit Holzbögen, die über 90 lb. zogen, bevor er gegen 1930 starb. Trotzdem erzählte er Pope, er sei davon überzeugt, dass ein 50 lb.-Bogen mit passenden Pfeilen einen Kodiakbären problemlos töten könne.

Neun Gebote für deinen ersten Holzbogen

Wenn man seinen ersten Bogen aus Holz macht, passiert sehr wahrscheinlich eins von zwei Dingen: entweder bricht der Bogen gleich ab oder er bricht ziemlich bald ab.

Ein Einsteiger hat oft radikale Ideen, von denen er glaubt, sie würden die Sache einfacher oder schneller machen. Meist ergeben diese Ideen einen abgebrochenen Bogen. Ich habe viele solcher ungewöhnlichen Versuche beim Holzbogenbau ausprobiert. Alle schlugen fehl. Nur die altbewährten Methoden und Maße brachten gute Ergebnisse.

Im Grunde genommen gibt es bei Holzbogen keine Abkürzungen. Jeder der glaubt, er müsse Zeit sparen, wäre wahrscheinlich mit einem glasbelegten Bogen besser bedient und sollte Holzbögen ganz vergessen.

Nachstehend sind neun Grundregeln, die man beim Holzbogenbau befolgen muss. Ich halte sie für so wichtig, dass ich sie nicht „Richtlinien", „Möglichkeiten", oder „Vorschläge" nennen wollte. Ich finde, sie sollten „Gebote" heißen.

Wenn du erst einmal ein paar gute Bögen gemacht hast, kannst du es dir erlauben, einige der Gebote zu missachten und wirst trotzdem Erfolg haben. Beachtest du aber irgend eins bei deinem ersten Bogen nicht, bettelst du förmlich darum, dass dein Bogen abbricht.

1. Du sollst nur langes Holz verwenden

Wenn du eine gute Faustregel haben willst, wie lang dein erster Bogen werden soll, dann nimm 66" (165 cm). Für jedes Stückchen, das der Bogen kürzer ist, vergrößert sich die Auswirkung, die ein Fehler hat. Hat ein Bogen eine Schwachstelle, wird einer mit 64" schneller brechen als einer mit 66", ein 62-Zöller wird schneller brechen als ein 64-Zöller usw. Einer mit 56 oder 58" (142 cm oder 147 cm wird wahrscheinlich sofort in die Brüche gehen.

2. Du sollst sichergehen, dass die Maserung gerade ist

Wir meinen hier, dass die Maserung vom Griff bis zu den Nocken gerade läuft. Es gibt nur eine gute Methode, um das sicherzustellen: Schnapp' dir einen Vorschlaghammer und Keile und spalte dir den Rohling selbst vom Stamm. Wenn du den Rohling mit einer Säge aus dem Stamm schneidest, bettelst du um Bogenbruch. Läuft die Maserung auf beiden Seiten aus einem Wurfarm, wird er sofort abbrechen. Läuft sie übel aus nur einer Seite, bricht er vermutlich auch bald ab.

Wenn du meinst, du musst unbedingt eine Säge statt des Hammers verwenden, dann nimm Ulme für deinen ersten Bogen. Die Längsmaserung von Ulmenholz verträgt so etwas viel besser als jedes andere, in diesem Buch erwähnte, Holz.

3. Du sollst den Bogenrücken aus der Außenseite des Baumstammes machen

Die Außenseite eines Baumstammes hält die Zugbelastung deshalb so gut aus, weil die Maserung intakt ist. Wenn dein Rohling aus einem Brett ist oder wenn du die Maserung durchtrennst, ist der Bogenrücken schwächer, weil die Maserung eben nicht mehr intakt ist, und je schwächer der Rücken, um so eher bricht der Bogen ab.

4. Du sollst bei deinem Bogen ein Backing auflegen

Unter normalen Umständen kann man aus jedem Bogenholz einen Bogen ohne Backing machen. Die sicherste Methode ist immer noch, für den Rücken einem Jahresring zu folgen. Bei jedem Holz, außer bei Nadelhölzern wie Eibe, sind die Aussichten auf Erfolg um so großer, je dicker der äußerste Jahresring ist. (Siehe auch: „Mehr über Bögen ohne Backing") Für den Bogenbau-Einsteiger sind Bögen ohne Backing jedoch ein großes Risiko. Ist die Konstruktion nicht ganz so optimal, wird der belegte Bogen überleben, der Bogen ohne Backing jedoch brechen. Es kann den Unterschied zwischen einem Bogen und Brennholz ausmachen. Wenn du mit deinem ersten Bogen schießen willst, lege ein Backing auf oder mach ihn aus Hickory. Die allermeisten Hickory-Arten sind so widerstandsfähig, dass man auch ohne Backing bei nicht ganz so fehlerfreier Konstruktion durchkommen kann.

5. Du sollst deinen Bogen sorgfältig tillern

Den Holzbogen zu tillern ist so entscheidend, dass er bei den ersten 20 Schuss abbrechen wird, wenn du deine Sache schlecht machst.

Als beste Versicherung dagegen kann man nur sagen: nimm ein Tillerbrett, eine Tillersehne und prüfe die Biegung deines Bogens immer wieder, so wie im entsprechenden Kapitel beschrieben.

6. Du sollst die Wurfarme gleichmäßig dünner machen

Jede Stelle in einem hölzernen Bogenwurfarm, die in Richtung Nocken dicker wird, bedeutet Ärger. Abhängig davon, wie schlimm der Fehler ist, wird der Bogen schnell Kompressionsbrüche kriegen oder vielleicht sogar abbrechen. Ein tiefer Kompressionsbruch, der nicht korrigiert wird, frisst sich in den Wurfarm hinein, bis der schließlich bricht.

7. Du sollst nicht die maximale Auszuglänge suchen

Der maximale Auszug, also die offenbare Grenze der Biegsamkeit, ist eine schreckliche Belastung für einen Holzbogen.

In der Praxis haben die besten Holzbögen immer mehr Elastizität als sie bräuchten. Das hält die Belastung des Holzes geringer und hilft, Stringfollow zu vermeiden. Einen solchen Bogen über sein normales Zuggewicht hinaus zu ziehen, kann mehr Stringfollow und deutlichen Kraftverlust bedeuten, wenn nur noch wenig Reserve in der Biegefähigkeit vorhanden ist.

Die maximale Zugweite bei einem Holzbogen herausfinden zu wollen, ist jedenfalls keine gute Idee. Am besten man versucht es erst gar nicht.

8. Du sollst dir Holz besorgen, das einfach zu bearbeiten ist

Ein Holz zu benutzen, das ganz aus weißem Saftholz besteht, so wie Esche oder Ulme, ist viel einfacher als eines wie Osage oder Robinie zu verwenden. Das ganze Saftholz von einem Stück Osage zu entfernen ist eine Qual für einen Neuling. Mit Esche oder Ulme ist dieser Schritt unnötig. Man kann recht einfach ein langes, gerades und astreines Stück Esche oder Ulme finden. Das gleiche kann man von einigen Birkenarten, Walnuss und Hickory sagen. Tu' dir selbst einen Gefallen und mach deinen ersten Bogen aus einem solchen Holz. Heb' dir die härteren Sachen für später auf.

9. Du sollst dir Zeit lassen

Wenn du deinen ersten Bogen baust, machst du nicht einfach bloß einen Bogen. Du lernst vielmehr den Bogenbau von der Pike auf. Wenn du 10 Sekunden lang an deinen Bogen schabst, solltest du die nächsten 20 Sekunden damit verbringen, zu untersuchen, ob du es auch richtig gemacht hast.

Es gibt keine bessere Versicherung gegen Fehler als sich Zeit zu lassen. Fehler erzeugen kaputte Bögen. Eines Tages wirst du in der Lage sein, in kurzer Zeit einen Bogen zu bauen, aber nicht bei deinem ersten Bogen.

5

Die Wurfarme

Wenn sich ein Holzbogen biegt, muss die Belastung gleichmäßig auf die ganze Länge der Wurfarme verteilt werden. Das erreicht man, indem man die Wurfarme bei der Herstellung gleichmäßig verjüngt. Die Wurfarme haben die meiste Masse in der Nähe des Griffes. Am leichtesten sind sie bei den Tips (Spitzen). Gleichmäßiges Verjüngen der Wurfarme auf die Tips zu, ergibt einen Halbkreis bei vollem Auszug. Fiberglas ist so viel stärker als Holz. Deshalb ist gutes Tillern bei modernen Bögen nicht so wichtig.

Wenn du einen Zollstock, der nicht verjüngt ist, aufspannen und an der Sehne ziehen würdest, könntest du sehen, dass er sich hauptsächlich in der Mitte biegt, dort, wo ihn deine Hand hält. Wenn die ganze Biegung an einer Stelle passiert, bricht das Holz sehr schnell. Sorgfältiges Verjüngen schafft Haltbarkeit beim Holzbogen.

Wenn sich ein Wurfarm gleichmäßig biegt, funktioniert er auch. Es ist auch möglich, dass ein Arm steifer als der andere ist oder sich nur ein Teil eines Armes biegt. So ein Bogen kann trotzdem schießen, wird jedoch ein einseitiges und hässliches Teil sein. Vermutlich wird er auch starkes Stringfollow haben und nicht sehr lange halten. Die Belastung ist eben nicht gleichmäßig verteilt. Ein solcher Bogen hält um so länger, je länger er ist.

Tillern ist der Ausdruck für den Vorgang, die Biegung eines Holzbogens zu erzeugen. Die wahre Schönheit eines Bogens liegt im guten Tiller. Er kann eine rohe Oberfläche haben oder mit Knoten und Flecken übersäht sein. Aber wenn er gut getillert ist, ist er die Perfektion selbst.

Das Konzept der Perfektion bei einem Holzbogen ist vielleicht nicht so leicht zu verstehen. Wenn man an Perfektion denkt, stellt man sich womöglich einen Glasfiberbogen oder einen Fiberglas-Compoundbogen vor, absolut gleichförmig, mit gutem Finish, symmetrisch und makellos. Lass dich nicht narren. Wenn das Perfektion ist, dann höchstens perfekt steril und künstlich. Sie sehen aus, als würden sie zu Tausenden in einer Fabrik am Fließband gemacht (was ja auch mehr oder weniger stimmt).

Ein Holzbogen dagegen ist ein veredelter Teil eines Baumes. Und ein Baum ist ein Organismus, von der Natur hervorgebracht, mit eigener Persönlichkeit ausgestattet. Das alles spiegelt sich im Bogen wider. Ein Holzbogen hat Charakter, Fiberglas nicht. Manche Fiberglasbögen bestehen aus klarem Glas und exotischen oder gebeizten Hölzern, um ein „natürliches" Aussehen zu erzeugen. Das ist nur Täuschung. Natürlich ist nur ein Holzbogen.

Variationen

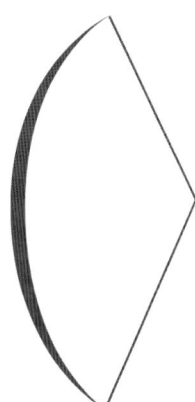

Man kann einen Holzbogen verschieden tillern.

Wenn der Griff genauso breit ist wie die Wurfarme, kann man ihn gut so machen, dass er sich beim Spannen leicht im Griff biegt. Das kann man als „arbeitenden" Griff bezeichnen. So ein Bogen zeigt ein rundes Profil über die ganze Länge.

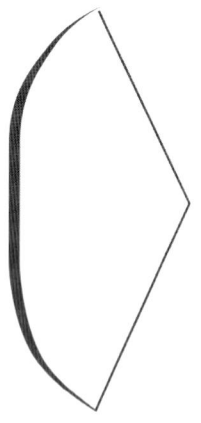

Hat der Bogen einen schmalen, starken Griff, wird die Griffpartie steif sein. Ein solcher Bogen wird ungefähr so aussehen, mit einem geraderen Profil.

Ist der Bogen aus einem Stück Holz, das sich auf die Rindenseite zu biegt, wird er im Griff zurückgesetzt sein, wenn er ein steifes Mittelteil hat. Wenn man den selben Bogen nahe dem Griff leichter macht, kann er sowohl ein gerades als auch ein rundes Profil haben. Ist er jedoch entspannt, hat er oft eine sogenannte „Möwenflügelform", etwa so:

RÜCKEN

BAUCH

Man kann auch einen Bogen mit Recurves machen. Die Spitzen der Wurfarme können nur einen leichten Recurve aufweisen, aber für bestmögliche Leistung sollte er mindestens 40–45° betragen.

Wenn die Tips einen scharfen Knick aufweisen, handelt es sich um einen statischen Recurve, das heißt, die Recurves selbst biegen sich nicht, etwa so:

RÜCKEN

BAUCH

Sind die Recurves rund genug, um sich beim Auszug zu biegen, nennt man das einen „arbeitenden Recurve". Das sieht so aus:

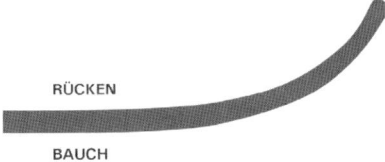

RÜCKEN

BAUCH

Man kann einen Recurvebogen tillern, wie man möchte, z.B. dass er sich im Griff leicht biegt, oder mit einem Setback im Griff.

Ich sollte erwähnen, dass du wahrscheinlich abweichende Begriffe für Holzbögen finden wirst, wenn du genug darüber liest. Gerade über Indianerbögen wird viel geschrieben. Meinetwegen findest du in einem Buch das Bild eines Recurvebogens mit Stringfollow und sie nennen es „doppelt gekrümmt".

Ein anderes Buch zeigt vielleicht einen Bogen mit Setback und nennt jetzt das doppelt gekrümmt. Derselbe Bogen in einem anderen Buch wird vielleicht als „in der Mitte recurved" beschrieben. Ich will versuchen, keine solchen verwirrenden Begriffe zu verwenden.

Querschnitt

Der Querschnitt durch den Wurfarm eines Holzbogens wird in eine der vier Kategorien fallen: breit, schmal, mit flachem oder mit rundem Bauch.
Ein schmaler Bogen mit rundem Bauch sieht so aus:

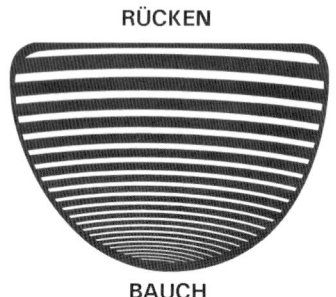

RÜCKEN

BAUCH

Das typische Beispiel ist der Englische Langbogen, wie er von Ascham, Ford, Thompson und anderen beschrieben wird. Da die Wurfarme relativ dick sind, muss der Bogen ziemlich lang sein (68 oder 70"), damit man ihn auf 28" ausziehen kann.

So ein Design funktioniert am besten mit hochelastischen Hölzern wie Eibe, Osage Orange oder Lemonwood. Gebräuchlichere Hölzer wie Hickory oder Esche werden damit vergleichsweise mehr Stringfollow aufweisen. Aber auch mit Eibe oder Osage Orange ist es einfacher, das Stringfollow gering zu halten, wenn man die Wurfarme breit genug macht. Sie sollten bei einem Bogen mit jagdlich brauchbarem Zuggewicht über einen Großteil ihrer Länge mindestens 1¼" (3,2 cm) breit sein. Auch ist es einfacher, das Stringfollow zu vermeiden, wenn der Bogenbauch flach ist und nicht gerundet. Beides verringert die Belastung der Wurfarme.

Wenn man gewöhnliche Hölzer, wie z.B. Hickory, Esche, Birke, Ulme, Nuss-baum, Bergahorn, Eisenholz oder Maulbeerbaum, nimmt, macht man die Wurf-arme am besten breit und flach:

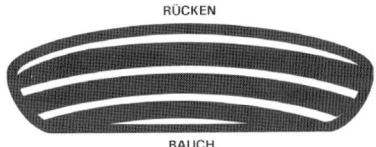

Wenn man bei einem Bogen, der eine Auszugslänge von 28" haben soll, das Griff-teil schmal macht, dann sollte die Länge 66 oder 68" (168 oder 173 cm) betragen. Strebst du ein Zuggewicht von mehr als 55 lb. an, ist es am günstigsten, die Wurf-arme auf die Hälfte ihrer Länge 2" (5 cm) breit zu machen.

Du kannst den Bogen kürzer machen, etwa 62 oder 64" (157 oder 163 cm), wenn du ein Sehnenbacking auflegst oder eine kürzere Auszugslänge hast. Damit kannst du immer noch leicht zu guten Ergebnisse kommen. Kurze Eiben- oder Osage-bögen, 58 bis 64", werden mit diesem Design auch gut werden.

Während man mit dieser Anleitung gute und schnelle Erfolge haben kann, ist die Liste dessen was möglich ist, wesentlich länger.

Beispielsweise kann ein Bogen einen run-den Rücken *und* einen runden Bauch haben...

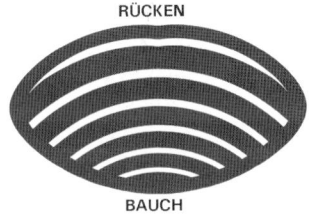

...oder auch einen runden Rücken und einen flachen Bauch.

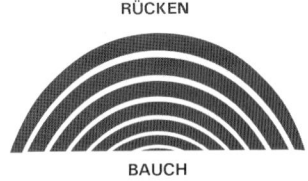

41

Ein Bogen kann auch schmal und dick sein und einen flachen Bauch haben. Jede Kombination ist möglich. Fast alle Bögen, die je gemacht worden sind, waren breiter als dick. Es ist vermutlich von einem Stück Holz zu viel verlangt, wenn man die Wurfarme dicker als breit machen wollte.

Eine afrikanische Variation hatte ziemlich runde Wurfarme, etwa so:

Bei solchen Wurfarmen wurde wahrscheinlich die Maserung durchtrennt. Auf jeden Fall umwickelten Afrikaner manchmal ihre Bögen mit Sehnen.

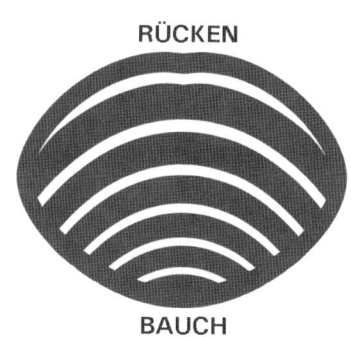

RÜCKEN

BAUCH

Griffe

Den einfachsten Griff, den ein Holzbogen haben kann, hätte man, wenn man ihn so breit wie die Wurfarme ließe. Jedoch sollte man auch bei einem Bogen mit rundem Tillerprofil den Griff dicker als die Wurfarme machen, so dass sich der Griff selbst nicht oder nur leicht biegt. Biegt sich der Griff, kann der Bogen beim Schuss in der Hand springen.

Wenn du jemals einen glaslaminierten Langbogen mit geraden Wurfarmen geschossen hast, hast du vielleicht den sogenannten „Handschock" bemerkt. Ein gutgemachter Holzbogen verursacht nahezu keinen Handschock, wie man ihn von Glasbögen kennt. Die meisten glaslaminierten Langbögen haben ein rundes Tillerprofil. Das – in Verbindung mit dem heftigen Rückschlag von Fiberglas – verursacht den Handschock, der für den Schützen unangenehm ist.
Die meisten Schützen können vermutlich von einem schmalen Griff profitieren, weil dadurch der Pfeil näher an der Mittellinie des Bogens ist. Bei einem breiten Griff zeigt der Pfeil beim Abschuss weiter von der Ziellinie weg.

Ein Griff kann recht schmal wie z. B. ¾" (1,9 cm) oder $^{11}/_{16}$ Zoll (1,7 cm) sein, wenn er mindestens doppelt so dick wie die Wurfarme ist.

Die meisten Schützen würden wohl einen Griff, der ¾" (1,9 cm) breit und 1½" (3,8 cm) dick ist, als bequem empfinden. Der würde dann ungefähr so aussehen:

BLICK VOM BAUCH

BLICK VON DER SEITE

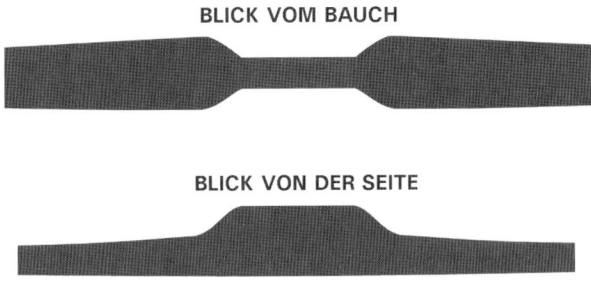

Ein vielseitiges Design

Betrachten wir die nachfolgende Geschichte von drei verschiedenen Holzbögen. Der erste wurde etwa 2.700 vor Christus in England gemacht. Er war aus Eibe und mit Sehnenwicklungen verstärkt, die gitterförmig um die Wurfarme gewunden waren. Ein Bruchstück davon ist bei Meare Heath ausgegraben worden. Der zweite wurde gegen 1.600 aus Hickory von einem Indianer in New England hergestellt. Jetzt ist er in einem Museum. Der dritte wurde 1930 oder 1940 von einem berufsmäßigen Bogenbauer in Amerika aus Lemonwood gemacht. Er ist in meinem Besitz.

Jeder dieser Bögen, obwohl in verschiedenen Zeitaltern und von verschiedenen Menschen gemacht, tausende von Jahren auseinander, folgen alle einem Grundmuster, das wir hier sehen:

Jeder hat einen schmalen Griff, tief genug, um steif zu sein. Die Wurfarme sind breit und ziemlich flach. Es ist kein Zufall, dass sich diese Bögen trotz verschiedener Herkunft so sehr ähneln, weil dieses Design einige wichtige Vorteile hat. Hauptsächlich verringert eine Verbreiterung der Wurfarme ihre Belastung.

Breite, flache Wurfarme sind viel haltbarer. Bei schmalen, dicken Wurfarmen ist die Spannung auf eine schmale Fläche konzentriert. Verteilt man diese Spannung auf eine größere Fläche, erhöht man die Haltbarkeit. Viele Bogenstäbe enthalten Schwachstellen wie Knoten, verdrehte Maserung oder Harzeinschlüsse. Eine solche Schwachstelle in der Mitte eines schmalen, dicken Wurfarms müsste die ganze Belastung aushalten, die ein Bogenbauch eben aushalten muss. Das kann die Ursache für einen Bruch oder einen Riss sein, außer man behandelt solche Stellen extra. Bei einem breiten Bogen kann noch viel gesundes Holz auf beiden Seiten einer solchen Schwachstelle sein und deshalb verringert sich die Belastung, die sie aushalten musse. Ein solcher Fehler im Holz, außer er wäre wirklich groß, ist deshalb bei einem breiten Bogen in der Regel kein Problem. Außerdem braucht man für einen Bogen mit breiten Wurfarmen kein so ausgefallenes Holz. Ein breiter Bogen verzeiht auch mehr Fehler bei der Konstruktion als ein schmaler Bogen derselben Länge, eben weil weniger Spannung auftritt.

Den Bogen breiter zu machen, etwa 2" (5 cm) bei Bögen über 50 lb. Zuggewicht ist auch der einfachste Weg, mit gewöhnlichen Hölzern die Leistungen von Osage und Eibe zu erreichen. Mit breiteren Wurfarmen halten einfache Hölzer viel leichter die Belastung beim Schuss aus.

Den Bogen lang genug zu machen (etwa 66 ") ist ebenfalls sehr wichtig.

Die Breite in der Mitte des Wurfarmes ist ebenfalls entscheidend. Der Gipfelpunkt der Spannung liegt in der Mitte der Wurfarme. Oft ist es eine gute Idee, die Wurfarme vom Griff bis zu ihrer Mitte gleich breit zu machen. Den gewünschten Tiller kann man durch die Verjüngung der Wurfarme (Taper) erreichen.

Ein flacher Bogenbauch hilft auch, die Belastung der Wurfarme zu verringern. Genauso wirkt auch ein flacher Rücken.

Ein breiter Bogen kann auch weiter ausgezogen werden, als ein schmaler, dicker, da er dünner ist. Das bedeutet, dass er vergleichsweise kürzer werden kann. Kurze Bögen funktionieren fast immer am besten mit breiten, flachen Wurfarmen. Die wirklich kurzen brauchen zusätzlich einen flachen Querschnitt über ihre ganze Länge.

Der beste Weg zu einem starken Bogen ist, ihn schön breit zu machen.

Wenn man einen Bogen dicker macht, um das Zuggewicht zu erhöhen, erhöht man auch die Zugbelastung. Das wiederum erhöht das Bruchrisiko. Es wird auch das Stringfollow erhöhen, was der Leistung schadet.

Nocken

Die wahrscheinlich einfachsten Nocken sind Pin-Nocken, wie sie die meisten Indianer benutzten. Man kann solche Nocken schnell mit einer Handsäge einschneiden. Ein schmaler Pin schafft breite Schultern, auf denen die Sehne sitzen kann, ein großes Plus, wenn der Bogen nicht perfekt gerade ist. Die Bauchseite solcher Nocken sollte abgerundet sein, damit sie nicht die Sehne abschneiden. Diese Art Nocken sieht etwa so aus

(Ansicht von Bauch, Rücken und Seite):

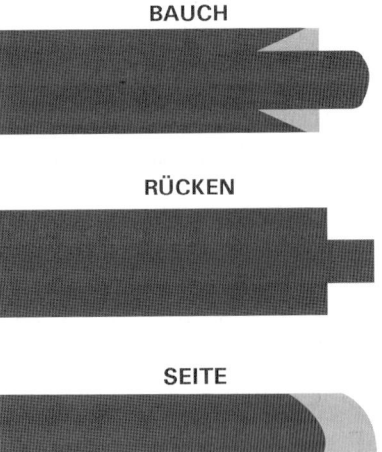

BAUCH

RÜCKEN

SEITE

Pins an Holzbogen-Nocken können etwa ¼" (0,63 cm) breit sein. Sie erhalten ihre Stärke durch die Maserung und dadurch, dass sie so dick wie der Rest des Wurfarmes sind.

Du kannst auch eine Nocke wie diese machen, in dem du eine Rundfeile benutzt.

Da man dabei aber Holz außerhalb der Sehne stehen lässt, werden die Tips des Bogens schwerer. Das erzielt den gleichen Effekt, als wenn man den Pfeil schwerer machte. Wenn dein Bogen aus einem leichteren Holz ist, wird dir das vielleicht nie auffallen. Ist das Holz jedoch ziemlich schwer, wie zum Beispiel Hickory, lassen Pin-Nocken deinen Bogen ein bisschen schneller schießen.

Die Bögen von Thompson, Pope und Elmer hatten fast immer Hornnocken, die aus Kuhhorn gemacht waren und zwar natürlich deshalb, weil die Engländer auch Hornnocken benutzten. Pope sagte, dass ein Eibenbogen mit Hornnocken sicherer sei, vermutlich deshalb, weil bei weichem Eibenholz eine unverstärkte Nocke brechen könnte. Du kannst jedoch Gift darauf nehmen, dass unverstärkte Nocken aus jedem anderen Holz, von dem du hier lesen wirst, hundertprozentig verlässlich sind. Ein Bogen aus Osage, Esche, Ulme, Hickory usw. wird eher brechen, bevor die Nocken nachgeben.

Eine einfache Hornnocke kann so aussehen:

Pope schliff einen Holzbohrer konisch zu und bohrte damit die Nocken aus. Dann schnitzte er die Spitzen seines Bogens so zu, dass sie in die Nocken passten und klebte sie mit Holzleim fest. Bei einem Eibenbogen kann man einfache Nocken dadurch verstärken, dass man auf der Rücken-Seite eine Verstärkung aus hartem Material aufklebt. Auch eine kräftige Schnur, in Leim oder Lack getaucht und unter den Nocken um das Holz gewickelt, kann die Nocken eines Eibenbogens verstärken.

Ein genauerer Blick auf das Verjüngen der Wurfarme

Das gleichmäßige Verjüngen, das Tapern, der Wurfarme eines Holzbogens ist sehr wichtig. **Gutes, gleichmäßiges Verjüngen ergibt guten, gleichmäßigen Tiller.** Dies schafft Langlebigkeit und sichert eine gute Leistung, weil der Bogen einigermaßen gerade bleibt, wenn er nicht aufgespannt ist.

Angenommen, alle anderen Voraussetzungen für einen guten Bogen sind erfüllt, also z. B. ist der Faserverlauf schön gerade und der Bogen hat ein Backing, kann vermutlich nichts so sehr ein langes Bogenleben garantieren als eine gleichmäßige Verringerung der Dicke in den Wurfarmen.

Macht man dabei einen Fehler, können sehr schnell Kompressionsbrüche auftreten. Auf kurz oder lang bricht dann ein solcher Wurfarm.

Bogenbücher aus den alten Tagen berichten manchmal über Bögen, die 30 oder auch 50 Jahre lang in dauerndem Gebrauch waren. Ich habe mich bemüht, dem Geheimnis von solch außergewöhnlicher Haltbarkeit auf die Spur zu kommen und habe eines entdeckt.

Ich besitze mehrere Bögen, die sich als sehr belastbar herausgestellt haben. Sie überstanden tausende von Schüssen, wurden lange aufgespannt und hart geschossen und das über viele Monate und bei jedem Wetter. Diese Bögen habe ich untersucht und mit anderen verglichen, die Kompressionsbrüche aufwiesen, abbrachen, Risse bekamen oder sonstwie kaputt gingen.

Alle diese außerordentlich widerstandsfähigen Bögen hatten eines gemeinsam: Sie sind getapert wie Bild A (Abbildung nächste Seite). Die Dicke wurde sanft und gleichmäßig vom Griff bis zu den Tips verringert. Die Wurfarme waren an den Tips generell ¼" bis ½" (6 bis 12 mm) dünner als beim Griff. Andere Bögen, die brachen oder rissen, hatten keinen so ausgeprägten Taper in der Wurfarmdicke.

Es ist jedoch wahrscheinlich nicht korrekt, zu behaupten, ein ausgeprägter Taper sei ursächlich für außerordentliche Haltbarkeit.

Es ist aber richtig, dass man mit einem Verjüngen wie dem beschriebenen diese außerordentliche Haltbarkeit leichter erreichen kann, vor allem, wenn der Bogenrücken aus der Außenseite des Baumstammes besteht.

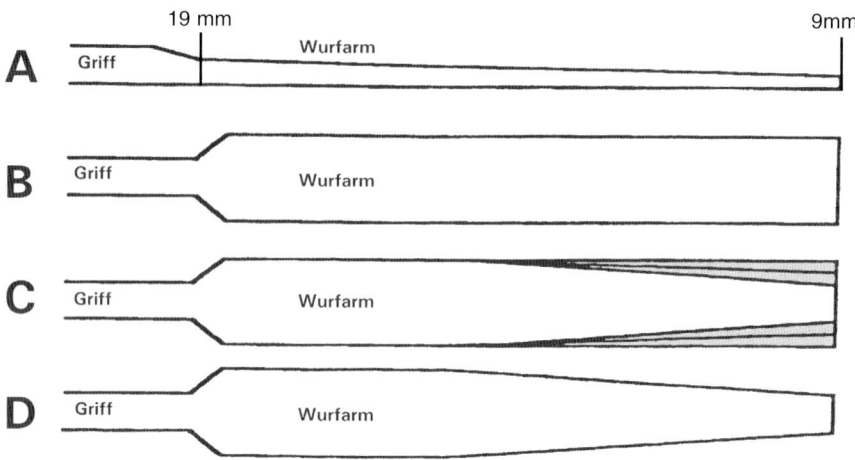

(zur besseren Verdeutlichung nicht maßstabsgerecht)

Es erfordert einen hohen Grad an handwerklicher Fertigkeit, um einen flacheren Taper gleichmäßig zu halten. Jeder Fehler kann einen Stauchbruch bedeuten. Ein ausgeprägterer Taper verringert jedoch die Wahrscheinlichkeit, dass ein solcher Fehler auftritt. Der Bogenbauer wird vermutlich herausfinden, dass so ein Taper ein bisschen fehlerverzeihender ist. Einen so scharfen Tiller kann man auch besser mit dem Auge kontrollieren. Hier ist eine Methode, wie man das am besten macht, alternativ zu der in Kapitel 13 beschriebenen.

Der Bogenbauer schneidet zuerst die Umrisse des Bogens aus, so dass die Wurfarme wie Bild B aussehen. Dann wird die Wurfarmdicke wie in Bild A verjüngt. Ist der Bogen 66" (168 cm) lang oder länger, kann man eine Verringerung von ⁷/₈"(22 mm) auf ³/₈" (9,4 mm) angestrebt werden, ist der Bogen 56" (142 cm) lang, kann man ⁵/₈" bis ¼" (16 bis 6 mm) nehmen.

Ein Abgreifzirkel oder ein Lineal wären vielleicht nützlich, um all die Messpunkte auf den Wurfarmen festzulegen, die die Verjüngung markieren. Vielleicht sollte man dabei der Form des Bogenrückens folgen, um eventuelle, größere Buckel auf dem Bogenrücken auszugleichen, damit solche Stellen nicht zu dick werden. Kleinere Buckel ignoriert man am besten.

Stellen wir uns vor, der Rücken sieht vorerst wie Bild B aus und wird dann entsprechend Bild A verjüngt. Spannt man den Bogen so auf ein Tillerbrett, wird er sich wahrscheinlich zu sehr am Griff biegen.

Als Gegenmaßnahme kann der Bogenbauer die Wurfarmbreite verringern, wie in Bild C gezeigt. Dabei muss man den Bogen immer wieder auf dem Tillerbrett überprüfen. Indem man den Taper immer weiter ausarbeitet, bringt man den Bogen dazu, sich nicht mehr zu stark beim Griff, sondern überall gleichmäßig zu biegen. Alles hängt davon ab, wie abrupt sich die Wurfarme in der Breite verjüngen. Hat man jedoch die Wurfarmdicke als erstes verjüngt und nicht mehr verändert, ist die Wahrscheinlichkeit größer, dass man einen außerordentlich haltbaren Bogen bekommt. Weil so ein Wurfarm an den Nocken dünner ist, tut man gut daran, dem Wurfarm eine Biegung zu verpassen, die von Griff zu Nocken ganz leicht zunimmt. Das hilft, übermäßiges Stringfollow im Griff zu vermeiden.
Vielleicht stellt der Bogenbauer fest, dass so ein Bogen aussieht wie Bild D, wenn er fertig ist. Bei Bild D ist in den ersten 6–12" (15–30 cm) ab dem Griff überhaupt keine Verringerung der Wurfarmbreite vorhanden.
Gäbe es keinen Taper in der Wurfarmdicke, würde sich der Bogen auf Bild D zu stark im Griff biegen. Hat er jedoch eine starke Verjüngung in der Dicke, wäre D im Griff viel gerader.

Zusätzlich können alle unnötigen Buckel oder Vertiefungen im Bogenbauch Kompressionsbrüche hervorrufen, auch wenn der Tiller sonst okay ist.
Um das zu vermeiden, muss man den Bauch mit einer Feile, Halbrundfeile oder Schmirgelpapier, um einen Block gewickelt, glätten, nachdem man mit dem Tapern fertig ist.
Hat der Bogen einen flachen Bauch, dann überzeuge dich, dass er auch wirklich flach ist.
Ist der Bogenbauch gerundet, vermeide Buckel oder Vertiefungen.

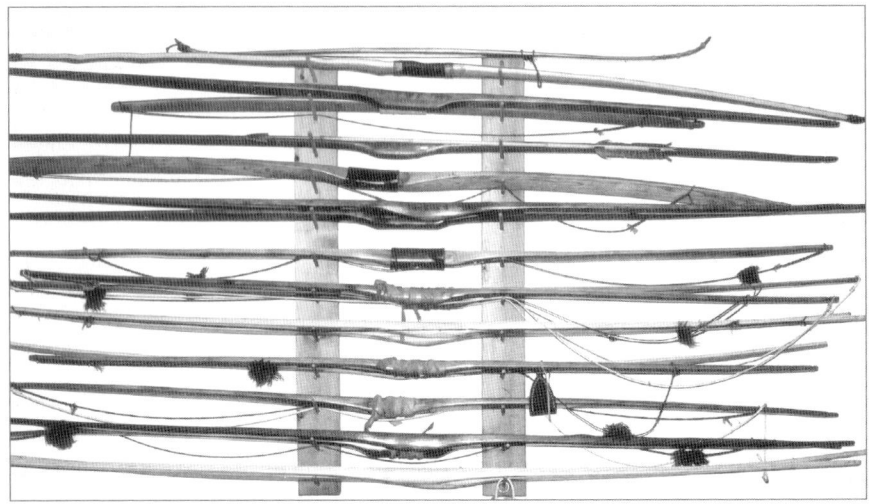

Hier sind einige meiner Bögen auf einem Wandhalter.

6

Maximale Zuglänge

Viele Schützen, die anfangen, mit Holzbögen zu schießen, haben bereits einige Erfahrung mit modernen glaslaminierten Bögen. Solche Einsteiger können sich leicht zu der Annahme verleiten lassen, dass sich diese Erfahrungen, die von ihren fiberglasbelegten Bögen stammen, auch auf Holzbögen anwenden lassen. Ob es dir nun gefällt oder nicht, diese Schützen müssen gewöhnlich feststellen, dass sie bei Bögen aus Holz umdenken müssen.

Recurvebögen, die mit Fiberglas belegt sind, haben Wurfarme, die zwischen Rücken und Bauch sehr, sehr dünn sind. Irgendwo ist mal ein Foto aufgetaucht, das so einen Bogen zeigt, wie er von einer Maschine soweit ausgezogen wurde, dass sich die Wurfarme beinahe berührten. Die Hersteller von solchen Bögen sagen gerne, dass deren Zuglänge unbegrenzt sei. Das ist nicht mal gelogen, obwohl solche Zuglängen die Haltbarkeit unwiederbringlich schmälern.
Bogenschützen mit glasbelegten Bögen können sich auch über Wurfarme freuen, die absolut zuverlässig in ihre Ausgangslage zurückschnellen. Das soll heißen, dass die Wurfarme nach langem, harten Gebrauch sofort in ihre ursprüngliche Stellung zurückkehren, wenn die Sehne vom Bogen abgenommen wird. Fiberglas ist unempfindlich gegen die Belastungen, die der normale Gebrauch eines Bogens mit sich bringt.

Weiter vorne habe ich schon beschrieben, wie Holz durch Biegen verdichtet wird. Typischerweise passiert das am Bauch, wo Kompression auftritt (am Bogenrücken findet dagegen Spannung oder Dehnung statt). Ich kann nicht genug betonen, dass diese Verdichtung weitreichende Auswirkungen mit sich bringt, wenn man verstehen will, wie Holzbögen funktionieren und wie man sie entwirft, damit sie ihre Arbeit gut machen können.
Wenn ein Bogen zu weit ausgezogen wird, nimmt er Schaden. Wenn man ihn weit genug zieht, bricht er ab. Wie weit nun „zu weit" ist, hängt stark vom Design des Bogens ab. Es kann auch davon abhängen, welches Holz man verwendet hat und ob ein Backing aufgelegt wurde. Ist alles andere gleich, kann man einen kürzeren

Bogen schon bei viel geringeren Zugweiten „zu weit" ziehen, als einen längeren Bogen. Denselben Vergleich muss man auch anstellen, wenn man wissen will, wie weit man einen Bogen ausziehen muss, bis er abbricht.

Es gibt ein akzeptables Maß von Verdichtung im Holz, und es gibt ein inakzeptables. Könnten wir die Verdichtung im Holz unter dem Mikroskop anschauen, würden wir sehen, dass manche Holzzellen buchstäblich zermanscht worden sind. Sogar bei einem Optimum an Verdichtung tritt Schaden auf.

Ist ein Holzbogen für sein Design und das verwendete Material „zu weit" gezogen worden, ist der Schaden außerordentlich. Ausgehend von einer geraden Linie von Nocke zu Nocke über die Wurfarme der Rückseite des Griffes hätte ein solcher Bogen zum Beispiel 3 oder 4" Deflex (7,6 bis 10 cm). Das verringert die Spannkraft des Bogens auf den ersten Zentimetern des Auszugs, beeinflusst so seine Kraft-Weg-Kurve und macht den Bogen schwach im Vergleich zu seinem Zuggewicht. Bogenschützen nennen so einen Bogen oft „ineffizient". Wir sollten uns merken, dass solche Verhältnisse auch in einem Bogen vorkommen können, der ansonsten gut gemacht erscheint.

Der Schlüssel ist die Belastung. Ein Holzbogen, der ständig bis an seine Grenzen gezogen wird, erfährt eine größere Belastung als einer, der nicht so weit gespannt wird. Deshalb kann man davon ausgehen, dass der zweite Bogen den ersteren überleben wird.

Brandneue Holzbögen sind auch sehr gefährdet, was das Abbrechen angeht, weil bei ihnen das Holz noch nicht so verdichtet ist wie einem gut eingeschossenen Bogen. Deshalb erfährt der Bauch mehr Belastung durch Kompression, was wieder die Dehnung auf dem Bogenrücken erhöht. Unter solchen Umständen kann die erhöhte Belastung einen Bruch verursachen.

Wenn ein Bogen abbrechen will, weil er zu weit gespannt wurde, gibt es keine verlässlichen Anzeichen dafür. Das gilt natürlich nicht für Bögen mit offensichtlichen Schwachstellen. Ein Bogen mit einem Riss, der beim Spannen knirschende Geräusche macht, will dem Schützen sagen, dass er gleich in die Brüche geht.

Anfänger müssen besonders darauf aufpassen, dass sie keine Konstruktionsfehler machen. Schlechtes Tillern und Verjüngen der Wurfarme zählen zu den häufigsten. Denk' auch daran, dass es noch andere Gründe für Stringfollow gibt. Du wirst später darüber lesen, wie ein hoher Feuchtigkeitsgehalt im Holz starkes Stringfollow verursacht.

Die furchteinflößenden Auswirkungen von Verdichtung und Belastung bei einem Bogen aus Holz kann man grundsätzlich durch fünf Maßnahmen unter Kontrolle bringen:

• Verhältnis von Bogenlänge zur Zuglänge
• Tillerprofil, wenn der Bogen gespannt wird
• Sorgfalt, die beim Bau des Bogens aufgewandt wird
• Verwendete Holzart
• Verhältnis von Wurfarmbreite und Zuggewicht.

Ein sorgfältiger Umgang mit diesen „Zutaten" wird einen Holzbogen hervorbringen, der nur ganz wenig Stringfollow hat.

Zu Beginn des 20. Jahrhunderts benutzten Scheibenschützen in den USA und Großbritannien üblicherweise Langbogen im englischen Stil, mit schmalen und tiefen Wurfarmen und abgerundetem Bauch. Die allgemein akzeptierte Länge dieser Bögen war 72" (183 cm) bei einer Zuglänge von 28" (71 cm). Das ist ein Verhältnis der Bogenlänge zur Zuglänge von 2,57 zu 1. Während eines Wettkampfes schossen diese Schützen einen ganzen Haufen Pfeile an einem Tag, viele Stunden lang, bei heißem Wetter. Sie schossen mit ziemlich leichtem Zuggewicht von 40 oder 45 lb. und sie schossen auf Distanzen von 45 bis 91 Meter. Dabei verließen sie sich auf gleichbleibende Wurfkraft, die dafür sorgen sollte, dass sie ihre Pfeile auf solche Entfernungen sicher ins Ziel brachten, sehr wichtig für genaues Schießen. Dieses 2,57:1-Verhältnis ist für traditionelle Englische Langbogen recht sicher. Es hält die Belastung gut innerhalb akzeptabler Grenzen, wenn alles andere gleich bleibt, und ließ die alten Bogenschützen mit dieser altertümlichen Ausrüstung hervorragend schießen.

Als eine steigende Anzahl von Amerikanern anfing, mit Englischen Langbogen auf die Jagd zu gehen, nahmen sie dazu oft Bögen, die bei einer Zuglänge von 28" nur 68" (173 cm) lang waren, ein Verhältnis von 2,42 zu 1. Diese Bögen waren auch noch normalerweise über 60 lb. stark, oft sogar stärker als 70 lb. Saxton Pope schloss deshalb daraus, dass ein Teil der Sicherheit verloren gegangen sei, weil ihm und seinen Kameraden so viele Bögen abbrachen und sie deshalb glaubten, sie bräuchten ein Backing aus Rohhaut auf jedem Bogen. Das machte man normalerweise bei den leichteren Scheibenbogen seiner Zeit nicht.

Ein paar der erfahrenen Jäger führten auch Englische Langbogen mit einer Länge von 66"(168 cm) bei einer Zuglänge von 28", ein Verhältnis von 2,35 zu 1. Diese Schützen hatten so viel Erfahrung im Bogenbau, dass sie zu dieser Länge Vertrauen hatten.

Als die Amerikaner um 1930 anfingen, breitere Bögen mit rechteckigem Wurfarmquerschnitt zu benutzen, wurde allgemein ein Verhältnis von 2,35 zu 1 (66" langer Bogen, 28" Zuglänge) als sicher angesehen. Wenn der Wurfarmquerschnitt fast rechteckig ist, d.h. mit nur leicht gerundeten Seiten und/oder Bauch, mindestens doppelt so breit wie tief, ist das Verhältnis in Ordnung, weil die Wurfarme nicht so tief oder ausgeprägt rund sind wie bei traditionellen, Englischen Langbogen. (Wenn du hier „rechteckig" liest, meine ich damit wirkliche und auch abgerundete Rechtecke).

Je kleiner das Verhältnis wird, um so größer muss das Können des Bogenbauers werden, wenn der Bogen gut werden soll. Ein Verhältnis von 2,21 zu 1 (62" - Bogen, 28" Zuglänge) ist bei rechteckigem Wurfarmquerschnitt zwar machbar, erfordert aber eine makellose Arbeit.

Wenn du ein Anfänger bist, tust du gut daran, ein Verhältnis von mehr als 2,5 zu 1 für einen rechteckigen Wurfarmquerschnitt zu wählen. Anfänger neigen dazu, Fehler zu machen. Bis zu einem gewissen Grad gleicht eine größere Länge Schwachstellen aus. Nachdem du ein paar Bögen gemacht hast, kannst du leicht auf ein Verhältnis von 2,35 zu 1 herunter gehen. Bedenke jedoch, dass ich selbst fast immer ein Verhältnis von 2,48 zu 1 überschreite; mindestens 62" auf eine Zuglänge von 25" (etwa 155 cm auf 63 cm).

Die beschriebenen Verhältnisse sind für Holzbogen gedacht, die Griffe haben, die sich nicht biegen. Normalerweise haben sie schmale, steife Griffe. Wenn sich der Bogen jedoch über die ganze Länge biegt, wie es die meisten Bögen der nordamerikanischen Indianer taten, kann man die Bogenlänge um etwa 10% reduzieren und doch den selben Grad an Sicherheit erreichen.

Mit anderen Worten, ein Bogen mit 60" (152 cm) und einem rechteckigen Wurfarmquerschnitt, der sich auf seiner ganzen Länge biegt und 27" weit zieht, ist genau so sicher wie ein 66" (168 cm) langer Bogen mit steifem Griff. Das Verhältnis beim ersteren ist 2,22 zu 1 und beim zweiten 2,44 zu 1. Dazu kommt allerdings, dass unsere Längenverhältnisse am besten funktionieren, wenn die Wurfarme sich so nahe am Griff wie möglich zu biegen anfangen. Ist der Griff in der Mitte eines 14" (35 cm) langen Mittelteiles, das sich überhaupt nicht biegt, sind die angegebenen Verhältnisse nicht so zuverlässig.

Ein Jahrhundert lang oder sogar noch länger waren in den USA und Großbritannien Eibe, Osage Orange und einige Tropenhölzer wie Lancewood und Lemonwood die elastischsten und widerstandsfähigsten Holzarten, aus denen man Bögen machen konnte. Eibe ist heutzutage in den USA in vielen Gegenden schwierig zu bekommen. Tropenhölzer sind oft noch seltener.

Vor langer Zeit machten Bogenbauer Englische Langbogen aus diesen Hölzern mit Zuggewichten über 55lb. und einer maximalen Wurfarmbreite von 1" (2,54 cm). Obwohl diese Waffen brauchbar waren, kann ein beträchtliches Plus an Sicherheit erreicht werden, in dem man die Wurfarme 1,25" (3,2 cm) breit macht. Das setzt natürlich voraus, dass du ein Holz auftreiben kannst, das für so ein Design gut genug ist. Der Englische Langbogen braucht nämlich ein Holz, das hochelastisch ist. Deshalb machen manche heutzutage Englische Langbogen aus gebräuchlicheren Weißhölzern. Meist machen sie den Bogen aber übergroß, mit einem Verhältnis von 2,7 zu 1.

Heute bevorzugen die meisten Bogenbauer für die meisten ihrer Bögen den rechteckigen Wurfarmquerschnitt. Eine brauchbare Faustregel um die wirksame Wurfarmbreite zu messen, besteht darin, die Breite in der Mitte des Wurfarmes zu messen. Das ist auch richtig, wenn der Arm vom Griff bis zur Mitte sich hauptsächlich in der Breite verjüngt, oder in der Dicke oder in einer Kombination von beiden.

Bei Osage oder Eibe empfindet man oft eine Wurfarmbreite von 1,25" (3,2 cm) bei Zuggewichten von 45 bis 65 lb. als ausreichend, wenn die Bögen nach den bereits erwähnten Verhältnissen gebaut werden. Manche Bogenbauer haben die obigen Verhältnisse jedoch wirkungsvoll verkürzt, in dem sie die Wurfarme ihrer Osagebögen breiter gemacht haben, z.B. 1,5 oder 1,75" (3,8 oder 4,4 cm). Es muss jedoch gesagt werden, dass das Verhältnis von Breite zur Dicke in der Mitte der Wurfarme 4 zu 1 nicht überschreiten sollte. Ein Wurfarm, der breiter als 4 zu 1 ist, wäre viel schwieriger zu tillern. Das ist ganz unabhängig von der Bogenlänge oder dem Bogenholz.

Ein gutes Maß für die Breite der Wurfarmmitte bei Bögen aus weißem Holz ist

1,25" (3,2 cm)	für Bögen unter 35 lb. Zuggewicht
1,5" (3,8 cm)	bis 45 lb.
1,75" (4,4 cm)	bis zu 55 lb.
2" (5 cm)	über 55 lb.

Es gibt natürlich ein bisschen Raum zum Experimentieren. Ich selbst mache beispielsweise einen Bogen mit 55 lb. auch 2" (5 cm) breit.

Die obigen Empfehlungen kann man bis zu einem bestimmten Grad umgehen, wenn man ein Sehnenbacking aufleimt, aber nur, wenn das Backing dick genug ist und professionell aufgebracht wird. Du kannst davon ausgehen, dass es einen Haufen Sehne und viele Versuche mit verschiedenen Bögen erfordert, bis man einen solchen Grad an Geschicklichkeit erreicht. Mehr über Sehnenbackings kannst du im Kapitel 15 nachlesen.

Der Ausdruck „maximale Zugweite" ist übrigens nicht neues. Bereits in „*Archery the technical side*" (eine Sammlung von Artikeln, aus den 30er Jahren) und auch in Popes „*Jagen mit Bogen und Pfeil*" kam dieser Ausdruck vor.

7

Haltbarkeit

Die wichtigste Eigenschaft eines Holzbogens ist Haltbarkeit. Ein gut gemachter Bogen kann Jahre halten, ein schlechter wird schnell brechen. Ein starker Bogen, der nicht haltbar ist, wird keinem nützen, wenn er abgebrochen ist.
Es ist wichtiger als alles andere, dass ein Holzbogen haltbar ist.

Um das Maximum an Haltbarkeit und Dauerhaftigkeit herauszuholen
- nimm die Außenseite des Stammes
- vergewissere dich, dass die Maserung gerade verläuft
- verstärke den Bogenrücken
- baue ihn sorgfältig
- und zieh ihn nie weiter als die maximale Zuglänge aus.

Das vermutlich Wichtigste ist **gutes Tillern**, also die Wurfarme so zu machen, dass sie sich über die ganze Länge gleichmäßig biegen. Ein paar Zoll an der Spitze und nahe dem Griff eines jeden Wurfarmes können grundsätzlich steif bleiben, aber der Rest muss sich für maximale Haltbarkeit wirklich gleichmäßig biegen.

Das ist deshalb so wichtig, weil jede Stelle, die sich zu viel biegen muss, bald ausleiert. So eine Schwachstelle ist dasselbe wie ein schwaches Glied in einer Kette. Es wird als erstes brechen. Wenn eine Stelle zu schwach ist, wird die Elastizität ihrer Fasern ihre Grenze erreichen, bevor der Rest des Wurfarmes das tut. Es ist dasselbe, wie wenn eine Stelle im Wurfarm die maximale Zugweite erreicht hat, während der Rest des Wurfarmes sich noch immer biegt. Eine derart überlastete Stelle wird zuerst brechen.

Eine weitere Gefahr für Holzbögen ist das, was Insider „frets" nennen. Das sind Kompressionsbrüche. Das Holz wird zusammengedrückt und es entsteht ein Riss. Selbst wenn du solche Kompressionsbrüche noch nie gesehen hast, wirst du keine Probleme haben, sie zu erkennen.

Große Kompressionsbrüche verlaufen typischer weise über die gesamte Breite eines Wurfarmes und können ungefähr so aussehen:

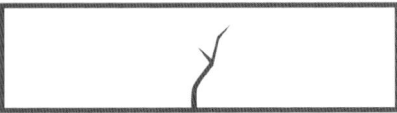

Kleine Kompressionsbrüche sehen so aus:

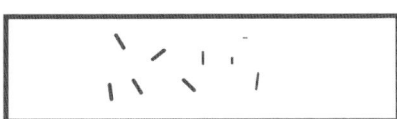

Jede Stelle, wo der Wurfarm zu dünn oder zu schmal ist, ist riskant. Eine solche Schwachstelle erhält Druck vom höheren Holz davor und dahinter. Deshalb wird diese Stelle „eingezwickt" und es entsteht ein Kompressionsbruch.

Ein gut getillerter Bogen kann eine solche dünne Stelle haben und deshalb einen Kompressionsbruch erleiden. Es ist die gleichmäßige Verjüngung des Bauches und der Seiten, die den Bogen vor Kompressionsbrüchen schützt.

Eine hundertprozentige Methode, schlimme Kompressionsbrüche zu reparieren, gibt es nicht. Bei kleinen Brüchen an neuen Bögen kann man Maßnahmen ergreifen um sie zu stoppen. Darüber sprechen wir im Kapitel über neue Bögen.

Wenn du versuchst, einen Kompressionsbruch wegzuschmirgeln, wird er nur noch schlimmer. Ford sagte, man solle die Stelle mit Schnur umwickeln, die in Leim getaucht ist. Falls du das versuchst, viel Glück! Viel besser ist es, auf einen gleichmäßigen Taper der Wurfarme zu achten, so dass Kompressionsbrüche gar nicht erst entstehen.

Ein schlechter, ungleichmäßiger Taper kann auch die Ursache für Risse auf Rücken oder Seiten sein, sogar wenn der Tiller okay ist.

Bei einem Bogen aus sehr krumm gewachsenem Holz, kann es passieren, dass sich die Wurfarme beim Spannen und Schießen etwas zur Seite biegen. Ist das sehr ausgeprägt, kann es sich auf die Haltbarkeit des Bogens auswirken, weil sich die Spannung nicht gleichmäßig über den Bogenrücken verteilt. Ein Teil der Spannung wird beim Spannen an den Seiten anliegen. Wird das zu viel, kann es wieder Kompressionsbrüche oder Risse geben. Die meisten verdrehten Bogen büßen jedoch nichts an Haltbarkeit ein, wenn man sie lang und breit genug macht.

Es kursieren viele Geschichten über Leute, die böse Verletzungen erlitten, als Compound- oder Glasfiberbögen brachen. Viele haben deshalb Todesangst, dass ein Bogen abbrechen könnte. Compounds und Glasfaser-Recurves stehen unter weit größerer Spannung als ein Holzbogen, und können wirklich mit großer Gewalt brechen. Herumfliegende Sehnen und Kabel eines Compoundbogens sind besonders gefährlich. Allein wenn die Sehne eines Compoundbogens beim Schießen abreißt, können dich die abgerissenen Teile verletzen.
Es kann dir keiner garantieren, dass du nicht auch durch einen abbrechenden Holzbogen verletzt wirst. Wahrscheinlich ist es jedoch nicht. Pope sagt, er und seine Freunde brachen viele Bögen ab, als sie den Bogenbau erlernten. Er hat nie erwähnt, dass er dadurch verletzt worden wäre. Mir selbst sind bisher 5 Bögen beim Ausziehen abgebrochen. Bei zweien brach ein Wurfarm und faltete sich zusammen, wobei er noch vom Backing gehalten wurde. Die anderen drei zerbarsten mit einem Knall. Kein Stück Holz hat mich dabei getroffen.

Ein Holzbogen geht aus einem von zwei Gründen kaputt. Spanne ihn weiter als seine maximale Zuglänge und du kannst es sofort haben. Wenn der Bogen mit einer Schwachstelle gebaut worden ist, wie z.B. schlechtem Tiller, kann es auch passieren. Solche Schwachstellen kann man aber vermeiden. Wenn du Angst davor hast, dass dein Bogen abbrechen könnte, pass besonders darauf auf.

Genauso wie die Bauweise eines Holzbogens Auswirkungen auf seine Haltbarkeit hat, wirkt sie sich auf seine **Leistung** aus. Ein schlechter Tiller bewirkt zuviel Stringfollow. Hat einer der Wurfarme eine schwache Stelle, wo er sich zu weit biegen muss, wird das Holz dort stärker verdichtet als beim Rest des Wurfarmes. Das Holz wird dazu neigen, die Biegung beizubehalten.

Ist ein Wurfarm schwächer als der andere, passiert dasselbe – das Holz dort verdichtet sich zu stark und bleibt gebogen.

Hat der Bogen jedoch ausbalancierte Wurfarme, die sich über ihre ganze Länge gleichmäßig biegen, neigen sie eher dazu, wieder gerade zu werden, wenn man die Sehne abnimmt, weil sie nirgends über Gebühr belastet wurden. Die Spannung ist gleichmäßig verteilt und es entsteht keine ernsthafte Verdichtung.

Ein gut getillerter Bogen, der sich im Griff mitbiegt, wird gerader bleiben als einer, der im Griff steif bleibt, wenn alles andere gleich ist.

Ford war ein großartiger Schütze, aber kein Bogenbauer. Er meinte, ein Bogen hätte einen flexiblen Griff, wenn er nach dem Entspannen reflex wäre. es ist genau andersherum! Ein Bogen kann nach dem Entspannen reflex bleiben, wenn er sich im Griff mitbiegt. Ein Stück Holz mit Reflex in sich kann seine Biegung leicht verlieren und Stringfollow bekommen, wenn seine Mitte steif bleibt, weil seine Wurfarme härter arbeiten müssen und mehr Verdichtung entsteht.

Wie lange hält nun ein Holzbogen? Pope sagt, wenn man einen kontinuierlich benutzt, wird er 3–5 Jahre halten. Manche brechen eher, manche später. Ford empfahl, 2 oder 3 Bögen zu haben und diese abwechselnd zu benutzen, dadurch würden sie alle länger halten. Das scheint mir ein guter Rat zu sein.

Interessant ist auch, dass von allen Compoundbögen, die in den 70ern verkauft wurden, als sie gerade in Mode kamen, kaum noch welche in Umlauf sind. Die meisten sind zerbrochen. Kein Bogen ist unverwüstlich.

8

Leistung

Wenn die Bestimmung eines Bogens die Jagd ist, ist seine Leistung eine berechtigte Frage. Sie ist berechtigt, weil der Schütze darauf vertrauen muss, dass seine Waffe das Wild töten kann. Ein Bogenbauer will auch wissen, welche Eigenschaften seinen Bogen zur Höchstleistung bringen.

Die Leistung von modernen Bögen, besonders der Compounds, erhält viel Aufmerksamkeit. Die Hersteller versuchen andauernd, sie zu verbessern. Viele Jäger wollen Bögen, die sehr schnell schießen. Diese Leute kümmern sich weniger um die Leistung, die für einen sauberen Kill erforderlich wäre. Die hätten sie auch mit einem langsameren Bogen. Was sie wollen, ist, die Sache einfacher zu machen. Eine höhere Pfeilgeschwindigkeit hat nämlich nur einen Vorteil: eine flachere Flugbahn. Jäger von dickfelligem afrikanischen Wild haben gezeigt, dass man größere Durchschlagskraft am besten mit schweren Pfeilen erreicht. Pfeile mit einem Gewicht von mehr als 1000 Grain (1 Grain (gr.) = 0,06 Gramm (g)) sind das Minimum für Elefanten, Kaffernbüffel und Nashorn.
Mit einer flacheren Flugbahn erreicht man eine gewisse Erleichterung beim Schießen von Wild. Es ist weniger wichtig, die Entfernung genau abzuschätzen und man kann sich ein wenig mehr verschätzen. Ein Jäger kann sich ein bisschen täuschen und trotzdem treffen.

Genau das ist es auch, was heutzutage beim Bogenschießen passiert. Der Schwerpunkt liegt bei leichter, leichter und immer leichter.
„Geschwindigkeitsmesser" ist ein Reizwort. „Pfeilgeschwindigkeit" und „m/sec." sind Ausdrücke, die nur das Blut von Technologie-Freaks in Wallung bringen. Deshalb werden wir sie hier nicht benutzen.
Die altbewährte Methode, die Kraft eines Bogens zu messen, ist die Ermittlung seiner **Höchstschussweite**. Und so wurden auch die Bögen dieses Kapitels getestet. Ich muss betonen, dass dieses sogenannte „Flight-Schießen" ein Zeitvertreib ist, der ein hohes Maß an Aufmerksamkeit erfordert.

Elmer erzählt, wie in den 20ern Flight-Schützen über Gebäude und Straßen auf ein Gelände schossen, das sie nicht einsehen konnten. So was ist idiotisch, und es passierte oft Furchtbares. Mehr als ein Zuschauer oder Spaziergänger wurde von einem solchen Pfeil getroffen.

Niemand sollte auch nur ans Flight-Schießen denken, wenn er nicht die folgenden Gegebenheiten hat: ein großes, unbebautes, flaches, übersichtliches Stück Land, das mindestens 100 yd (91 m) breit und 300 – 400 yd (274 m –366 m) lang ist. Man muss in der Lage sein, jeden Fleck des Feldes im Auge zu haben. Es darf keine Möglichkeit bestehen, dass irgendwelche Spaziergänger ins Gelände wandern. Je abgelegener es ist, desto besser.

Die Gesetze in einigen Staaten der USA sagen, dass ein Bogen für größeres Wild legal ist, wenn er einen eine Unze schweren Pfeil mindestens 140, 150 oder 160 yd (128, 137 oder 146 m) weit schießen kann. So ein Pfeil wiegt 437 Grain (ca. 28 Gramm). Deshalb wird dies unsere Untergrenze sein. Wenn ein Bogen einen 437 gr. schweren Pfeil 160 yd (146 m) weit werfen kann, wollen wir ihn als noch gut tauglich für Hirsche und ähnliches halten.

In seinem Buch „*The Adventurous Bowmen*" erzählt Pope, dass er und Young Bögen mit bis zu 90 lb. Zuggewicht benutzten. Die besten dieser Waffen konnten einen Jagdpfeil 200 yd weit werfen, sagte er. Die Jagdpfeile, die sie benutzten, waren aus Birke und wogen vermutlich über 600 gr. (39 g). Damit schossen sie Elenantilopen und Löwen.

Ein moderner, glaslaminierter Recurvebogen kann einen Pfeil mit ca. 530 gr. (34g) 200 yd (182 m) oder weiter werfen, wenn dieser Bogen etwa 60– 65 lb. zieht. Viel größere Distanzen kann man mit leichten Pfeilen und schmalen Federn erreichen. Sowohl Thompson als auch Pope berichten, dass sie einen leichten Pfeil mit niedrigen Federn benutzten, wenn sie wirklich weit schießen wollten.

Pope sagte, die Bögen, die er und Young benutzten, konnten einen sorgfältig gemachten Flight-Pfeil mit 310–320 gr. (20–21 g) an die 300 yd (274 m) weit schießen. Elmer schrieb, dass zwischen 1882 und 1925 kein Wettkampfschütze 300 yd (273 m) in einem Wettkampf überbieten konnte – außer, er spannte den

Bogen mit beiden Armen und Beinen. Alle diese Männer nahmen den dünnsten Pfeil, den sie kriegen konnten.

Für die Tests, die hier beschrieben werden, benutzte ich zwei verschiedene Pfeilsätze. Obwohl der oben erwähnte, legale Standardpfeil 437 gr. wiegt, sind die meisten Pfeile heutzutage ein bisschen schwerer. Deshalb nahm ich Pfeile, die gebräuchlicher sind. Die Pfeile im ersten Satz wogen 475 gr. (31 g), die im zweiten 530 gr. (ca. 34 g). Jeder Pfeil hatte 3 Federn, 5 Zoll (12,7 cm) lang, mit der Federstanze ausgestanzt und alle hatten Feldspitzen mit 125 gr. (8 g). Sowas ist kein Flight-Pfeil, der so weit wie möglich fliegen soll, es ist ein Pfeil mit jagdlichem Gewicht.

Es wurden verschiedene Vorkehrungen getroffen, um gleichbleibende und genaue Resultate zu erhalten. So wurde bei jedem Bogen ein Pfeil auf die Sehne gesetzt und mit einer Waage zurückgezogen. Die Zuglänge für ein bestimmtes Zuggewicht legte ich mittels Markierungen an den Pfeilen fest. Während der Tests zog ich die Bögen sorgfältig zur exakten Zuglänge aus. Auf diese Weise konnte ich sicherstellen, dass das gewünschte Zuggewicht genau erreicht wurde. Alle Bögen, die benutzt wurden, waren gut eingeschossen. Zur Vorsicht wog ich sie alle nochmals vor und nach dem Test.

Ich schoss die Bögen auf einem Feld, das ich abgeschritten und mit Pflöcken markiert hatte. Die angeführten Entfernungen konnten deshalb gut miteinander verglichen werden. Die Entfernungen wurden in Schritten angegeben, abgeschritten von mir selbst. Meine Schritte sind im Durchschnitt 1 Yard (0,91 m) lang, mit einer Fehlerquote unter 5%, wie ich ausprobiert habe, als ich bekannte Strecken abschritt.

Der Wind kann das Flight-Schießen spürbar beeinflussen. Ascham erwähnt viele Arten von Wind und wie der Schütze damit umgehen muss, das war sehr wichtig für den militärischen Weitschuss seiner Zeit.

Ich schoss viele Pfeile bei Gegenwind, Rückenwind und Wind von der Seite, um die Unterschiede herauszubekommen. Ich schoss auch bei nahezu Windstille. Es überraschte mich sehr, dass die Pfeile bei Windstille am weitesten flogen. Sogar wenn ich bei recht starkem Rückenwind schoss, konnte ich keine größeren Weiten erzielen.

Ich kam ein paar Rätseln auf die Spur, als ich den Pfeilen zusah, wie sie in den Himmel zischten. Bei Windstille saust der Pfeil schnurgerade davon wie eine Rakete. Bei Rückenwind taumelt oder schlingert der Pfeil oft. Rückenwind schiebt zusätzlich, bremst den Pfeil aber auch, weil er dessen geraden Flug stört.

Kommt der Wind nicht gerade von hinten sondern aus irgend einer seitlichen Richtung, passiert etwas seltsames. Die Pfeile fliegen nicht gerade, sondern in einem Winkel mit den Federn rechts oder links von der Spitze. Sogar wenn man die Federn nur einen Zoll lang und einen halben Zoll hoch macht, kann man diesen Effekt, der den Pfeil natürlich auch bremst, nicht verhindern,.

Schießen bei starkem Gegenwind von etwa 10–15 mph konnte den Pfeilflug um etwa 20 Schritte oder mehr verkürzen. Einige der besten Weiten konnte ich jedoch erreichen, als ich bei Gegenwind schoss und der Wind sich legte. Dies entsprach, zumindest teilweise, einer völligen Windstille.

Eine schlechte Schießtechnik kann auch ein Faktor sein. Ein Pfeil, der mit einem schlechten Ablass geschossen wurde, kann um 30 Schritte kürzer fliegen als einer, der mit sauberem Ablass abging.

Der Unterschied zwischen den 475-Grain-Pfeilen und den 530-Grain-Pfeilen variierte. Die Abweichungen waren von Bogen zu Bogen und von Tag zu Tag verschieden. Das kam vermutlich daher, weil beide normale Federn hatten, die die leichteren Pfeile stärker bremsten. Am wahrscheinlichsten schien das bei Wind zu sein, der die leichteren Pfeile verlangsamte. Die schwereren schienen weniger beeinflusst.

Um diese Theorie zu testen, schoss ich einen leichten Holzpfeil. Dieser hatte 4-Zoll- Federn und wog fast eine Unze (ca. 28 g). Er flog auch nicht weiter als der mit 475 gr. (31 g), möglicherweise, weil er im Spinewert zu weich war. Ich schnitt die Federn runter, bis sie sehr niedrig waren, dann konnte der leichte Pfeil den schwereren um etwa 20 Schritte schlagen. Mit der kleinen Befiederung flog der Pfeil jedoch praktisch seitlich durch die Luft, wenn er den Bogen verließ.

Ein Flight-Pfeil mit korrektem Spine könnte noch weiter fliegen.

Bogenarten

Wenn man von Leistung spricht, sollte man Bögen in zwei Arten einteilen: in normale und überdimensionierte. Ein normaler Bogen ist einer, der mit fast maximaler Auszugslänge geschossen wird.

Ein überdimensionierter Bogen ist einer, der sich viel weiter biegen kann als er muss. Man kann das sehen, wenn man den Bogen über seine normale Zuglänge hinaus spannt (behalte jedoch im Auge, dass das nicht empfohlen wird, weil es das Stringfollow erhöhen kann). So ein Bogen ist normalerweise recht lang oder zumindest einigermaßen lang mit breiten, flachen Wurfarmen.

Der Durchschnittsschütze ist mit einem **überdimensionierten Bogen** besser beraten. Solche Bögen sind normalerweise viel haltbarer, stabiler und weicher zu ziehen als ein normaler Bogen (siehe auch ab Seite 78 über solche Bögen).

Ein überdimensionierter Bogen schießt auch sehr schnell. Tim Baker aus Oakland, Kalifornien, hat einige normale und überdimensionierte Bögen mit einem Chronographen getestet. Dabei stellte er fest, dass nur die außergewöhnlichsten 'normalen' Bögen einen guten 'überdimensionierten' übertreffen können.

Ein guter Bogenschütze kann aber auch mit einem 'normalen' Bogen zufrieden sein. Die meisten Amateure bauen wahrscheinlich nichts anderes als normale Holzbögen. Solche Bögen können genauso gut alles Wild erlegen und sie können auch schnell schießen.

Sehen wir uns die Sache näher an.

Normale Holzbögen:

Im Verhältnis zum Zuggewicht eines Standardbogens zeigte der Test:

• Es schossen die Bögen am schnellsten, die ein Stringfollow von weniger als 2" (5 cm) aufwiesen und fast bis zur maximalen Zuglänge ausgezogen wurden. Eine solch starke Biegung erhöht jedoch auf die Dauer das Stringfollow eines Bogens. Dessen Leistung würde dann entsprechend fallen.

• Man kann mit reduzierter Leistung schießen. Dazu wurden Bögen genommen, die weniger als 2" (5 cm) Stringfollow aufwiesen und es wurde gut unterhalb der maximalen Zuglänge geblieben. Meistens kam eine recht kurze Auszugslänge dabei heraus.

• Am schlechtesten schossen Bögen, die ein Stringfollow von 4" (10 cm) und mehr hatten.

Einige der getesteten Bögen, die ich auch auf maximale Länge ausgezogen hatte, schoss ich auch mit kürzerem Auszug, wobei ich etwa einen Zoll (2,5 cm) unter dem Maximum blieb. Dabei verloren sie konstant 5 lb. Zuggewicht und bis zu 20 Schritten in Schussweite, egal, was das ursprüngliche Zuggewicht oder die Zuglänge gewesen sein mochte.

Drei von den Bögen, die getestet wurden, waren Nieten. Sie hatten starkes Stringfollow und schossen viel langsamer, als sie laut ihrem Zuggewicht sollten. Die nachstehende Tabelle listet die benutzten Bögen und ihr Zuggewicht auf. Die Bögen erhielten eine Nummer und behielten diese während des ganzen Tests.

Nr.	Holzart	Zuggewicht	Länge	Backing
1	Osage Orange	17 lb.	50"	–
2	Eibe	30 lb.	58"	–
3	Zitronenholz	35 lb.	66"	Fasern
4	Esche	50 lb.	66"	Rohhaut
5	Eibe	53 lb.	58"	6 Sehnen
6	Maulbeerbaum	53 lb.	60"	6 Sehnen

7	Osage Orange	55 lb.	59"	Rohhaut
8	Robinie	55 lb.	64"	3 Sehnen
9	Birke	57 lb.	66"	Rohhaut
10	Osage Orange	57 lb.	58"	5 Sehnen
11	Osage Orange	60 lb.	56"	4 Sehnen
12	Ulme	60 lb.	64"	Rohhaut
13	Esche (Recurve)	60 lb.	62"	Rohhaut
14	Walnuss	60 lb.	52"	3 Sehnen
15	Zitronenholz	71 lb.	68"	Bambus
16	Osage Orange	72 lb.	66"	Rohhaut
17	Hickory	75 lb.	60"	–

Die Länge eines jedes Bogens und sein Backing sind ebenfalls aufgelistet. Die Anzahl der Sehnen gibt die Gesamtzahl der verwendeten Beinsehnen an. Ein Bogen, der mit z.B. 6 Sehnen in der Tabelle steht, ist mit sechs Beinsehnen von durchschnittlich großen Ohio-Weißwedelhirschen belegt. Bei allen Sehnenbackings wurden nur Weißwedelhirschsehnen verwendet.

Die guten Bogen, die für den Test bis an die Grenze ihrer Zuglänge ausgezogen werden konnten, waren Nr. 6, 9, 10, 11, 12 und 13. Die Bogen 4, 14, und 15 waren die Versager. Sie hatten starkes Stringfollow und schossen relativ schlecht, auch wenn sie maximal ausgezogen wurden.

Ein Bogen, der wiederholt zur maximalen Zuglänge ausgezogen wird und das auch überleben soll, muss sehr gut getillert sein. Die Wurfarme müssen sehr gleichmäßig und die Biegung auf die ganze Länge übertragen sein.

Bei einigen der Bögen, wie Nr. 8, 9 und 13, ist der obere Wurfarm länger als der untere. Befolgt man Popes Rat, macht man dadurch den unteren Wurfarm steifer, weil er mehr Arbeit leisten muss.

Bogen Nr. 5 brach während des Tests. Er hatte einen Griff, der an das Holz des Bogenbauches geklebt worden war. Dieser Griff war nicht massiv genug, um die Spannung zu überstehen. Schon früh im Leben dieses Bogens bildeten sich ein paar Risse im Griff. Um jedoch an Erfahrung zu gewinnen, wurde er immer länger und länger ausgezogen. Schließlich brach der Bogen an der schadhaften Stelle im Griff. Das ist ein typisches Beispiel dafür, was alles passieren kann. Nr. 5 hätte wahrscheinlich ein langes und produktives Leben führen können, hätte man ihn nicht so weit ausgezogen.

Bogen Nr. 8 hatte eine Schwachstelle im oberen Wurfarm. Es ist schwer zu sagen, wo das Problem lag, da es keine sichtbare Ursache gab. Möglicherweise hatte er einen Riss entlang der Maserung unter dem Backing. Wenn Nr. 8 zu weit ausgezogen wird, macht er ein knackendes Geräusch und das Zuggewicht fällt um ca. 5 lb. Außerdem fängt der Wurfarm an, sich zu stark zu biegen. Das ist zweimal passiert. Jedes Mal wurde der obere Wurfarm, der anfangs lang war, gekürzt. Würde man versuchen, Nr. 8 weit auszuziehen, bräche er zweifellos ab. Bei einer sicheren Zuglänge ist er jedoch mittlerweile sehr oft geschossen worden, ohne Verschleißerscheinungen zu zeigen. Benutzt man diesen Bogen mit Verstand, wird er sicher lange leben.

Die Bögen Nr. 1 und Nr. 2 sind sehr leicht und haben kein Backing. Es wäre leicht, sie zu weit auszuziehen und sie dadurch abzubrechen.

Nr. 3 ist der alte Zitronenholzbogen, den ich schon erwähnte. Es ist der einzige Bogen, den ich nicht selbst gemacht habe. Er ist zwischen 30 und 40 Jahre alt. Obwohl er für eine Auszugslänge von 28 Zoll gedacht ist, habe ich ihn wegen seines Alters nicht weiter als 25" für diesen Test gezogen. Dieser Bogen ist eine Antiquität mit historischem Wert und es währe sinnlos, seinen Bruch zu riskieren.

Bogen Nr. 7 bleibt schön gerade, hat aber einige Macken im oberen Wurfarm. Er ist ein Veteran aus vielen Jagdausflügen und hat kleine Kompressionsbrüche im oberen Arm. Deshalb wurden ihm harte Schüsse mit langen Zuglängen erspart.

Bogen Nr. 16 brach lange, bevor die Idee zu diesem Test entstand. Nr. 16 und Nr. 4 waren die einzigen mit Wurfarmen im englischen Stil, also mit abgerundetem Bogenbauch. Bogen Nr. 4 beweist, dass das englische Design den Bogen auch nicht rettet, wenn der Tiller lausig ist.

Bogen Nr. 17 ist ein richtiges Monster. Er zieht mindestens 80 lb. Die Person, die den Test durchgeführt hat, konnte ihn jedoch nur bis 75 lb. ausziehen.

Während des ganzen Tests kam der Rückenwind nicht genau von hinten, sondern in einem leichten Winkel von rechts oder links. Die Leistung, die Nr. 12 bei Gegenwind, Rückenwind oder Windstille zeigte, war typisch. Er leistete, jeweils gleich weit ausgezogen, folgendes bei den verschiedenen Windverhältnissen:

Nr.	Wind	Zuggewicht	530 gr.-Pfeil	475 gr.Pfeil
12	starker Gegenwind	60 lb.	176 Schritte	176 Schritte
12	starker Rückenwind	60 lb.	180 "	187 "
12	Windstille	60 lb.	188 "	192 "

Verschiedene Bögen, an verschiedenen Tagen geschossen, verhielten sich bis zu einem bestimmten Grad alle ähnlich. Ein leichter Rückenwind beeinflusste die Ergebnisse kaum.

Bogen Nr. 6 zieht bei maximalem Auszug 53 lb. Bogen Nr. 7 zieht 55 lb., jedoch weit unter seiner Maximal-Zuglänge. Sieh dir den Leistungsunterschied an:

Nr.	Wind	Zuggewicht	530 gr.-Pfeil	475 gr.-Pfeil
6	ruhig	53 lb.	184 Schritte	188 Schritte
7	leichter Rückenwind	55 lb.	168 "	170 "

Nr. 7 ist kein schlechter Bogen. Er bleibt nach vielen Monaten intensiven Schießens gerade. Gemacht ist er aus Osage Orange, das fast 2 Jahre im Freien getrocknet wurde. Er kommt leicht über das gesetzliche Minimum von 160 yd bei einem 475-Grain-Pfeil. Er reicht jedoch nicht an die Leistung von Nr. 6 heran, einem Stück Maulbeerbaumholz, der bei jedem Schuss eine federnde Biegsamkeit zeigt. Nr. 6 ist aus schnellgetrocknetem Holz gemacht. Das besondere an Nr. 6 ist jedoch ein gutes Sehnenbacking.

Viele Schriftsteller haben berichtet, wie Plainsindianer ein dickes Sehnenbacking benutzten, um eigentlich schwaches Holz zum Schießen zu bringen. Ein Sehnenbacking erhöht eben das Zuggewicht und die Schusskraft. Deshalb schauen wir uns auch ein paar Bögen mit Rohhautbacking an.

Betrachten wir noch mal Nr. 12, 7 und 9. Nr. 9 ist ein Stück Birke, das bei maximaler Zugweite getestet wurde, wo es 57 lb. zog.

Nr.	Wind	Zuggewicht	530 gr.-Pfeil	475 gr.-Pfeil
12	ruhig	60 lb.	188	192
7	schwacher Rückenwind	55 lb.	168	170
9	„	57 lb.	187	194

Nr. 9 ist aus Birke, die schnell getrocknet wurde. Sein Zuggewicht ist um eine Idee höher als das von Nr. 7, dem Osage-Bogen. Birke ist so etwas Unbekanntes für die englische Schule, dass die alten Schriftsteller sie kaum je erwähnten.
Osage Orange jedoch wird für pure Magie gehalten. Trotzdem übertraf die Birke den Osagebogen um 24 Schritte mit dem 475-Grain-Pfeil. Man könnte kaum besser zeigen, wie schnell angebliche Vorzüge unter bestimmten Umständen verloren gehen können.

Hier sind die Werte für alle Bögen, die mit maximaler Auszuglänge getestet wurden.

Nr.	Wind	Zuggewicht	530 gr.-Pfeil	475 gr.-Pfeil
6	ruhig	53 lb.	184	188
9	leichter Rückenwind	57 lb.	187	194
10	ruhig	57 lb.	193	195
11	„	60 lb.	190	199
12	„	60 lb.	188	192
13	leichter Rückenwind	60 lb.	189	195

Hier haben wir Bögen aus verschiedenen Hölzern, die Zuggewichte von 53 lb. bis 60 lb. haben, mit verschiedenen Backings. Der Unterschied zwischen dem langsamsten und dem schnellsten 530-Grain-Pfeil ist 6 Schritte. Du kannst selbst entscheiden, ob für dich 6 Schritte ein gewichtiger oder ein eher unbedeutender Unterschied sind.

Nr. 10, ein besonders gut schiessender Bogen, ist im Griff weiter zurückgesetzt als Nr. 6, 9 und 11 bis 13.

Es ist interessant, diese Ergebnisse mit den Entfernungen zu vergleichen, die ein moderner, glaslaminierter, mittenschüssiger Recurvebogen erzielte. Er wurde auf dieselbe Art wie die Holzbogen auf demselben Gelände geschossen. Bei dem Bogen handelt es sich um einen 58-Zoll-Grizzly Recurve von Bear Archery, der laut Bear-Katalog nicht mehr lieferbar ist. Dieser Bogen ist repräsentativ für die „Wunder-Bogen", die in den 50er Jahren so hochgelobt wurden. Mit einem Zuggewicht von 55 lb. schoss er einen 530-Grain-Pfeil 188 Schritte bei Wind-stille. Bei weniger Auszug hatte er 50 lb. und schoss denselben Pfeil 169 Schritte weit.

Wenn wir die Zuglänge der Bögen Nr. 6 und 9 bis 13 verringern, fällt natürlich auch das Zuggewicht. Hier sind die Werte bei kürzerer Zuglänge:

Nr.	Wind	Zuggewicht	530 gr.-Pfeil	475 gr.-Pfeil
6	leichter Rückenwind	45 lb.	162	167
9	ruhig	53 lb.	170	173
10	ruhig	50 lb.	164	167
11	leichter Rückenwind	55 lb.	168	178
12	ruhig	52 lb.	163	165
13	leichter Rückenwind	55 lb.	169	175

Bogen Nr. 7 aus Osage Orange mit 55 lb. sieht jetzt im Vergleich viel besser aus. Bogen Nr. 11, der den 530- Grain-Pfeil bei maximaler Zuglänge 190 Schritte weit geschossen hat, zieht jetzt 55 lb. und schießt diesen Pfeil 168 Schritte weit, die gleiche Weite wie Nr. 7.

Es ist ebenfalls interessant, die Leistung von Nr. 6 (mit maximalem Auszug bei 53 lb. geschossen) und die Bogen Nr. 9–13 (nicht mit maximalem Auszug bei 50 – 55 lb. geschossen) zu vergleichen. Die Zuggewichte von Nr. 9–13 sind jetzt genau so hoch wie bei Nr. 6, nämlich 53 lb. Die geschossenen Entfernungen sind jedoch bemerkenswert kürzer, von 14–21 Schritten mit dem 530-Grain-Pfeil. Vergleichen wir diese Gruppe mit dem Rest der Bögen:

Nr.	Wind	Zuggewicht	530 gr.-Pfeil	475 gr.-Pfeil
1	schwacher Rückenwind	17	74	76
2	"	30	115	115
3	"	35	118	118
4	"	50	139	145
5	Windstille	53	173	177
8	schwacher Rückenwind	55	170	175
14	Windstille	60	170	173
15	schwacher Rückenwind	71	180	185
16	Windstille	72	189	x
17	"	75	200	202

Die Entfernungen von Nr. 4, 14 und 15, den Versagern unserer Gruppe, sind armselig im Verhältnis zu ihrem Zuggewicht. Diese drei haben ein Stringfollow von 4" (10 cm) oder mehr von der Rückseite des Bogengriffes gemessen.
Nr. 15 ist ein sehr gutes Beispiel dafür, das schlechte Arbeit einen schlechten Bogen ergibt. Nr. 15 ist aus Zitronenholz, belegt mit Bambus. Beide Hölzer haben einen guten Ruf. Außerdem ist Nr. 15 ein Bogen mit Holzbacking. Sowohl Thompson als auch Ford lobten holzbelegte Bögen in den höchsten Tönen.

Ford sagte, dass die Bogenbauer seiner Zeit so überzeugt vom Holzbacking waren, dass sie Eibenholz mit Eibenholz belegten. Sie dachten, wenn Eibe mit Eibe verklebt würde, wäre das besser als der ursprüngliche Eibenstamm selber.

Nr. 14 und 15 sind aber nicht wirkungslos. Sie würden als Jagdwaffen taugen. Bedenkt man jedoch die Materialien und Zuggewichte, ist ihre Leistung schlecht. Schlechte Arbeit ruinierte Nr. 15. Das Problem mit Nr. 14 war, dass er aus einem Stamm gemacht war, der sich von der Rinde wegbog. Obwohl die Wurfarme begradigt worden waren (wie es später beschrieben wird), bogen sie sich in ihre deflexe Form zurück.

Nr. 4 ist noch schlimmer. Er ist zu schwach als Jagdbogen. Man kann es wieder auf schlechte Arbeit schieben. Nr. 4 und Nr. 15 haben zuviel Stringfollow, weil sich Schwachstellen in den Wurfarmen zu sehr verdichtet haben. Diese schwachen Stellen entstanden durch schlechtes Tillern. Ein gut getillerter Bogen hätte keine solchen Stellen.

Wenn du dir die Distanzen ansiehst, die mit dem 530-Grain-Pfeil und einem guten 55 lb. Bogen geschossen werden, stellst du fest, dass jede Waffe konstant weiter als 170 Schritte schießt. Sowohl die Entfernung als auch das Pfeilgewicht sind höher als das gesetzliche Minimum von 160 Yards und 437 Grain Pfeilgewicht. Wenn dein erster Bogen mindestens 55 lb. bei deiner Zuglänge hat und nicht mehr als ein paar Zoll Stringfollow bekommt, kannst du sicher sein, dass er genug Dampf hat, um einen Hirsch auf vernünftige Entfernung zu erlegen.

Manche Staaten und Provinzen schreiben nur das Zuggewicht vor. Meistens heißt es, ein Bogen, der mindestens 40 lb. zieht, ist erlaubt. Sogar in den alten Tagen, als es nur Holzbögen gab, forderten einige Staaten ein Mindestzuggewicht von 40 lb. In solchen Staaten wäre Nr. 4 legal. Es wäre jedoch keine gute Idee, mit einem so schlechten Bogen wie Nr. 4 auf Hirsche zu jagen, legal oder nicht.
Die Bögen 1, 2 und 4 könnten zur Kleinwildjagd verwendet werden.

Mit einem 17-lb.-Bogen einen 530-Grain-Pfeil zu schießen ist zugegebenermaßen ziemlich doof. Ein zu Nr. 1 passender Pfeil wäre ein dünnes Ding, das wahrscheinlich unter 250 Grain wiegen würde. Damit könnte Nr. 1 um die 110 Schritte weit schießen. Ich zweifle nicht daran, dass eingeborene Stammeskrieger mit Bögen wie 1, 2 und 4 Tiere in Hirschgröße erlegten. Verglichen mit diesen wirklich primitiven Profis sind wir modernen Jäger aber allesamt Amateure. Deshalb sollten wir keine solch leichten Waffen auf größere Tiere verwenden. Wir müssen unser Wild möglichst schnell zu Boden bringen, damit wir es auch finden. Ein Buschmann kann der Spur von Wild viele Meilen weit folgen. Die meisten von uns können das nicht.

Bogen Nr. 16 zog 72 lb., es gibt jedoch keine Garantie, dass er beim Test auch soweit gezogen wurde. Er lebte nicht lange genug, um einen 475-Grain-Pfeil zu schießen.

Wir sollten uns den letzten Bogen aus der Testreihe genauer anschauen, die Nr. 17. Mit 75 lb. schoss dieser einfache Hickorybogen den 530-Grain-Pfeil 200 Schritte weit. Das ist nicht schlecht, im Vergleich mit den Bögen Nr. 6, 9, 10, 11, 12 und 13 aber nicht überragend. Zu seiner Ehrenrettung sei gesagt, dass er nicht mit maximalem Auszug geschossen worden ist. Nr. 17 würde dabei mindestens 80 lb. ziehen, wahrscheinlich sogar mehr.

Nr. 17 ist ein Bogen, der eigentlich nicht wirklich überdimensioniert ist, aber auch nicht bis an seine Grenze ausgezogen wurde. Was Nr. 17 jedoch auf jeden Fall macht, ist einen Pfeil bei verschiedenen Zuglängen stark genug zu schießen, um Hirsche oder ähnliches Hochwild sicher töten zu können.

Hier sind die Ergebnisse, die Nr. 17 mit verschiedenen Zuggewichten erzielte:

Nr.	Wind	Zuggewicht	530 gr.-Pfeil	475 gr.-Pfeil
17	ruhig	75	200	202
17	leichter Rückenwind	70	292	191
17	"	65	182	187

Bei 65 lb. ist Nr. 17 mindestens 15 lb. unter seinem maximalen Zuggewicht. Trotzdem schießt er hart genug, um ein Tier in Hirschgröße leicht erlegen zu können. Das Schöne an Nr. 17 ist jedoch, dass er schnell schießt, ohne dass es ihm etwas ausmacht. Man kann leicht vormachen, dass Nr. 17 ohne Probleme über seine Zuglänge hinaus gebogen werden kann. So kann der Schütze sicher sein, dass die enorme Spannung, die die Nrn. 6 und 9–13 aushalten mussten, Nr. 17 erspart bleibt. Wäre Nr. 17 etwa 64 oder 66 Zoll lang, wäre er ein echter überdimensionierter Bogen und hätte eine noch bessere Wurfleistung pro Pfund.

Im Vergleich dazu spielt ein Bogen, der permanent zur maximalen Zugweite ausgezogen wird, bei jedem Schuss mit seinem Leben. Ist so ein Bogen gut gemacht, kann er lange leben. Den Bögen Nr. 6, 9, 10, 11, 12 und 13 machen die maximalen Zuglängen nichts aus.

Den Bogen Nr. 5 brachte sie jedoch um und würde auch Nr. 8 und vermutlich auch Nr. 7 zerstören. Wenn du einen Bogen willst, auf den du dich verlassen kannst, komme was da wolle, brauchst du einen wie Nr. 17. Maximale Zuglänge ist eben tückisch und man vermeidet sie am besten.

Ich habe in alten, staubigen Büchern über Bogenschießen gestöbert und habe nur einen Autor gefunden, der genauer auf die Möglichkeiten und Stolpersteine des maximalen Auszugs einging, nämlich Arthur Lambert jun. Lambert war auch der Meinung, dass das was wir maximale Zuglänge nennen, die Grenze der Biegsamkeit eines Bogens darstellt und eine gut schießende Waffe ergibt.

Er nannte es jedoch „vollen Auszug". Das ist jedoch ein schlechter Ausdruck, weil er nur besagt, den Pfeil zurück zu ziehen, ohne Rücksicht auf den Zustand des Bogens.

Pope, Thompson, Elmer und andere Oldtimer behandelten dieses Thema nicht so genau wie Lambert. Aber Lambert war eben auch mehr Techniker als die anderen. Pope und seine Zeitgenossen geben jedoch ein paar Hinweise, wie sie selber darüber dachten. Thomas Waring, ein Bretone, der 1822 ein Buch über Bogenschießen schrieb, sagt, dass ein voll ausgezogener Bogen zu $7/8$ gebrochen sei. Dieser Ausspruch wurde viel beachtet. Pope sagte jedoch, es wäre richtiger, zu sagen, ein voll ausgezogener Bogen sei zu $^9/_{10}$ gebrochen, was darauf schließen lässt, dass er seine Bögen nahe an die maximale Zuglänge heranbrachte. Wir würden sagen, dass ein Holzbogen bei maximaler Zuglänge zu 99,9% gebrochen ist.

Elmer erzählt eine Geschichte, wie ein Bogenschütze einen sehr schweren Bogen aus Palma Brava, einer Palmenart, machte. Er wollte ihn zum Flight-Schießen benutzen, aber das Ding schoss nicht so weit wie ein guter Eibenbogen mit 50 lb. Solche Misserfolge beruhen wahrscheinlich auf einem schlechten Design des Palma-Brava-Bogens (siehe auch „Andere Faktoren").
Es gibt aber auch andere Gründe, die Leistungsunterschiede zwischen zwei Holz-bögen ergeben können. Würden wir Elmers Freund die Bögen Nr. 6 und 17 geben, hätte er diese Resultate erzielen können:

Nr.	Wind	Zuggewicht	530 gr.-Pfeil	475 gr.-Pfeil
6	ruhig	53 lb.	184	188
17	leichter Rückenwind	65 lb.	182	187

Ohne Zweifel hätte er dann Elmer und seinen Freunden die Ergebnisse erzählt und sie wären sich sicher einig gewesen: „ Dieses Hickory-Holz ist nicht so gut wie Maulbeerbaumholz. Hast du gesehen wie schwer es sich zieht und schiesst trotzdem nicht so weit!" Es ist nicht schwer zu erkennen, wie leicht solche Miss-verständnisse entstehen. Es ist auch nicht schwer zu erkennen, wie sich Vorurteile gegen gutes Bogenholz bilden.

Pope gibt uns einen Hinweis, dass gute Bogenbauer von früher Bescheid wussten und listet Entfernungen auf, die er mit Flight-Pfeilen erzielte.
Was Pope einen Flight-Bogen nannte, zog 65 lb. und schoss weiter als sein 75-lb.-Jagdbogen, ebenfalls aus Eibe. Wer immer auch diesen Flight-Bogen gemacht hat, wusste, was er tat. Und er hat darüber offenbar den Mund gehalten.
Pope sagte auch, dass er seine beste Weite nicht mit Eibe schoss, sondern mit einem Stück Eisenholz, belegt mit Hickory, 62" (157 cm) lang, mit einem Zug-

gewicht von 60 lb. Sehr wahrscheinlich wurden diese beiden Bögen, aus zwei Stücken zähen Holzes gemacht, mit maximalem Auszug geschossen.

Und zweifellos war der Bogen sehr sorgfältig gemacht, um das Stringfollow minimal zu halten.

Andere Faktoren

Es gibt noch andere Gründe, die die Leistung beeinträchtigt haben können, wenn die Oldtimer Hölzer wie z. B. Hickory ausprobierten. Die „weißen" Hölzer – Hickory, Esche, Ulme, Birke etc. – vertragen alle Kompression schlechter als Osage und Eibe. Das bedeutet, wenn ein Hickorybogen mit 70 lb. so schmal gemacht wird wie ein Eibenbogen mit 70 lb., wird das Holz im Hickorybogen Schaden nehmen. Dieser Schaden wird als Stringfollow sichtbar. Dasselbe wird mit anderen „Weißhölzern" passieren. Dieses Stringfollow wird die Leistung beeinträchtigen. Nur ein sehr guter Bogenbauer, oder einer mit viel Glück, wird dieses Stringfollow in einem so schmalen Bogen vermeiden können.

Die Antwort darauf ist, die Weißholzbögen breiter zu machen als einen Osage- oder Eibenbogen des gleichen Zuggewichts.

Auch ist wichtig, dass die Weißhölzer einen niedrigen Feuchtigkeitsgehalt haben, um die 8–10% (siehe auch das Kapitel über den Feuchtigkeitsgehalt).

Sogar wenn man Eibe oder Osage benutzt, ist es vorteilhaft, den Bogen breit zu machen, besonders, wenn er kurz ist, wie z. B. 56–62 Zoll. Ein kurzer Bogen, egal aus welchem Holz, mit Wurfarmen, die vom Griff bis zur Wurfarmmitte 2" (5 cm) breit sind (siehe auch „Maße für einen Anfängerbogen"), wird viel stabiler sein als einer, der 1 ¼" (3,2 cm) oder 1 ½" (3,8 cm) breit ist. Präzision wird sich beim durchschnittlichen Schützen oder Anfänger leichter einstellen, wenn er einen breiten Bogen hat. Diese Stabilität kann man auch bekommen, wenn man einen Bogen 68" oder 70" lang macht. So machten es die Oldtimer mit den Englischen Langbögen, die meistens 72" lang waren.

Nachdem ich eine Anzahl Bögen mit maximalem Auszug (oder nahe daran) gemacht habe und damit jagte, habe ich mich für die Jagd vollständig auf überdimensionierte Bögen umgestellt.

Überdimensionierte Bögen sind genauso schnell oder schneller als normale Bögen. Auch bleiben ihnen die Defekte erspart, die sich oft schnell bei normalen Bögen bemerkbar machen. Gute überdimensionierte Bögen sind eben sehr robust. Natürlich gibt es Begnadete, die mit jeder Art von Holzbogen schießen können. Man muss sich auch immer wieder eines ins Gedächtnis rufen: die beste Methode, um die größte Auszugslänge aus einem Holzbogen herauszukitzeln, ist immer noch die dafür zu sorgen, dass sich die Wurfarme auf ihrer ganzen Länge gleichmäßig biegen.

Der überdimensionierte Bogen

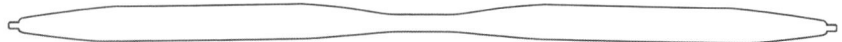

Bogen im Meare Heath-Stil, Ansicht vom Rücken, 66 Zoll lang.

Gegen Ende des Jahres 1989, nachdem die erste Ausgabe vom „*Bent Stick*" veröffentlicht worden war, fand ich heraus, dass ein maximaler Auszug für einen guten, schnell werfenden Bogen gar nicht notwendig ist. Diese Entdeckung machte ich, nachdem ich mir zwei Nachbauten vom Meare Heath Bogen fertigte, einem prähistorischen, englischen Bogen, der ungefähr 2.700 v. Chr. gebaut worden war. Diese Bogen machte ich aus Ulmenholz. Sie waren beide 66" lang. Die Wurfarme waren 2" (5 cm) breit vom Griff bis leicht über die Wurfarmmitte hinaus. Von da verjüngte sich der Wurfarm bis auf ½" (1,3 cm) an den Nocken.
Die Dicke der Wurfarme war ⁵/₈" (1,5 cm) einen Zoll vom Griff entfernt, ½" (1,3 cm) in der Mitte der Wurfarme und ³/₈" (0,9 cm) an den Nocken.
Diese Bögen sollten eine Frage beantworten, nämlich: „Was passiert, wenn ein Bogen weit unter seinem maximalen Auszug bleibt?" Noch einmal, maximaler Auszug ist die Grenze der Biegsamkeit eines Bogens.

Von bisherigen Rekonstruktionen des Meare Heath Bogens war offensichtlich, dass der Bogen weit mehr Biegefähigkeit hatte, als er brauchte. Der Meare Heath war extrem überdimensioniert.

Die Wurfarme waren viel breiter als nötig. Die Wurfarme waren viel dünner als nötig und der Bogen war viel länger als nötig. Als die Replikas fertig waren, gab es einige Überraschungen.

Sogar als die Bögen gut eingeschossen waren, blieben sie viel gerader als normale Bögen. Die Verdichtung des Holzes bewirkt bei jedem Holzbogen Stringfollow. Die Meare Heath Bögen, die viel mehr Biegefähigkeit hatten als sie brauchten, bekamen jedoch viel weniger Verdichtung am Bauch ab.

Die Bögen hatten eine bemerkenswerte Spannung am Anfang des Auszuges. Es brauchte etwa 15 lb., um die Sehne 3 Zoll über die Standhöhe eines 65 lb. Meare-Heath-Nachbaus zu ziehen.

Dieser 65-lb.-Bogen zeigte an der Waage, dass er fast 90 lb. ziehen konnte und sich trotzdem noch weich ausziehen ließ. Es könnte gut sein, dass das maximale Zuggewicht dieses Bogens weit über 100 lb. betrug.

Die größte Überraschung war jedoch, als dieser Bogen beim Flight-Schießen auf einem Gelände getestet wurde, das in Yards abgesteckt war.

Ich benutzte einen 500-Grain-Pfeil mit 3,5-Zoll-Federn aus der Federstanze. Der Bogen wurde auf dieselbe Art getestet wie in Kap. 8 beschrieben. Bei Windstille schoss der 65-lb.-Bogen 216 yd (198 m). Bei kürzerem Auszug mit 55 lb., schoss er denselben Pfeil 185 yd. Ich weiß nur eine vernünftige Erklärung für diese Leistung: Der Bogen erfährt nur sehr wenig Holzverdichtung. Deshalb ist das Holz wesentlich elastischer als bei jedem anderen normalen Holzbogen.

Das alte englische Bogenschützen-Sprichwort, dass ein voll ausgezogener Bogen zu $^9/_{10}$ gebrochen ist, bedeutet, dass weitere 10% den Bogen abbrechen lassen. Ein Bogen im Meare-Heath-Stil könnte wahrscheinlich noch mindestens 20% weiter ausgezogen werden, ohne dass er zerbricht.

Würde man einen Meare Heath Bogen kürzer oder schmäler machen, würde das sein gutes Leistungsvermögen ruinieren. Nochmals, wenn der Bogen so gemacht wird, dass sich das Holz stark verdichtet, wäre er ein Standardbogen. Wenn das passiert, ist es aus mit der außergewöhnlichen Leistung des Meare Heath Designs.

Tim Baker aus Oakland, Kalifornien, ist ein talentierter Bogenbauer und steht mit mir in Verbindung. Nachdem ich die Meare Heath Repliken getestet hatte, teilte ich Baker die Ergebnisse mit. Baker fertigte sofort einen 68-Zoll-Bogen an, wofür er Weißesche benutzte. Bei einem Zuggewicht von 65 lb. zieht sein Bogen mit den von mir gemachten gleich.

In der Geschichtsschreibung gibt es auch Hinweise, dass frühe Bogenbauer den Vorteil eines überdimensionierten Bogens kannten.
Saxton Pope machte eine Replika eines Mary-Rose-Bogens. Dieser mittelalterliche Langbogen wurde aus einem Schiff geborgen, das um 1500 sank.
Der Bogen war 76 ¾" (195 cm) lang und 1 ½" (3,8 cm) breit am Griff. Mit Flight-Pfeilen schoss dieser Bogen 256 yd (234 m) weit bei 75 lb. Zuggewicht. Bei 65 lb. schoss er denselben Pfeil 225 yd (205 m) weit. Dieses ähnliche Leistungsniveau lässt vermuten, dass Popes Bogen sich wie ein Meare Heath verhielt. Würde er richtig gebaut, könnte auch ein Englischer Langbogen mit 72" (183 cm) Länge bei einem Auszug von 27 oder 28" die Leistung des Meare Heath nachmachen.
Es reicht für einen Bogen nicht, einfach unter der maximalen Zuglänge zu bleiben. Um ein richtiger überdimensionierter Bogen zu sein, muss er **weit** unter der maximalen Zuglänge sein.
Höchstwahrscheinlich könnte ein Englischer Langbogen mit 66" Länge, der 28" weit ausgezogen wird, die Leistungen eines Meare Heath bei verschiedenen Zuglängen nicht nachmachen. Auch die Bögen einiger ostamerikanischer Indianer hatten die Abmessungen von Meare Heath Bögen. Baut man überdimensionierte Repliken dieser Waffen, können sie die Leistungen des Meare Heath Designs bestimmt wiederholen.
Ein überdimensionierter Bogen hat aber noch einen gewaltigen Vorteil: er lässt sich am Ende des Auszugs noch sanft ziehen. Das Zuggewicht wird sich am Ende des Auszugs viel weniger stark erhöhen als bei einem Standard-Bogen.

Ich überließ einem Mann, der normalerweise nur glaslaminierte, mittenschüssige Bögen schoss, eine meiner Meare-Heath-Nachbauten. Zuvor hatte er noch nie mit einem Holzbogen geschossen. Nachdem ich ihn instruiert hatte, wie er den Griff in die Hand nehmen musste, gab der Mann 3 Schüsse mit diesem Bogen ab. Er traf die Kill-Zone einer Hirsch-Scheibe mit jedem Pfeil auf 20 yd (18 m).

Zu guter Letzt ist ein überdimensionierter Bogen so weit unter seiner maximalen Zuglänge, dass er sehr robust ist, viel robuster als ein Standard-Holzbogen.
Ein normaler Holzbogen kann eine genau und schnellschießende Waffe sein, jedoch bin ich tief beeindruckt von der Leistung, dem sanften Auszug und der Haltbarkeit des Meare-Heath-Designs. Ich habe keinerlei Ambitionen mehr, zum Jagen irgend ein anderes Bogendesign zu benutzen.
Der Meare-Heath-Bogen ist ein großartiges Zeugnis des Wissens und der Geschicklichkeit unserer prähistorischen Ahnen, die ihn gebaut haben.

Du wärst aber gut beraten, für deinen ersten Bogenbauversuch keinen Meare Heath zu wählen. Dieser Bogen muss richtig gut getillert sein. Einen Bogen mit flachen, 2" (5 cm) breiten Wurfarmen zu machen, ist mehr Arbeit als bei einem schmaleren Standardbogen. Hast du jedoch einige Bogenbau-Erfahrung, sind die Aussichten, einen guten überdimensionierten Bogen zu machen, viel besser.
Arthur Lambert jun. schrieb in seinem Buch *„Modern Achery"*, dass das Bogenschießen „ ...nicht unbedingt mechanischen Gesetzen folgt...", und das erklärt möglicherweise seine unendliche Faszination. Der Meare-Heath-Bogen gibt Lambert recht. Der einzige Weg, um herauszufinden, ob ein Design etwas wert ist, besteht darin, den Bogen zu machen und zu sehen, was passiert.

Anmerkung:
In einem vorigen Kapitel wurde berichtet, dass der originale Meare Heath mit Sehne umwickelt war. Nach neueren Erkenntnissen jedoch war der Bogen mit Leder und Darm oder Sehne umwickelt.

Diese Bögen aus Ulme sind nach dem Muster des Meare-Heath-Bogens gebaut. Um mit einem relativ schwachen Holz wie Ulme optimale Leistungsfähigkeit zu erreichen, wären aber auch Varianten dieses Designs möglich.

Bei solchen Hölzern ohne Backing kann man mit folgenden Richtwerten gute Ergebnisse erzielen: Mache den Bogen ungefähr mannshoch und die Wurfarme in der Mitte ungefähr 4 cm breit für ein Zuggewicht von 50 bis 55 lb., oder 4,5–5 cm breit für mehr als 55 lb. Zuggewicht. Achte darauf, dass das Verhältnis von Breite zu Dicke in der Wurfarm-mitte nicht höher wird als 4 zu 1. Sonst wird es schwierig, einen beständigen Tiller zu erhalten.

Nachtrag: Weitere überdimensionierte Bogen

Im ursprünglichen Kapitel über den überdimensionierten Bogen wurde die Meinung vertreten, dass man auch einen Englischen Langbogen überdimensioniert bauen kann, wenn man es richtig macht.

Diese Ansicht wurde später bestätigt, als ich einen 70" langen, 55 lb. starken Eibenlangbogen mit D-förmigem Querschnitt baute. Dieser Bogen hat alle Attribute eines überdimensionierten Bogens: ausgezeichnete Wurfleistung bei verschiedenen Zugweiten und nur geringes Stringfollow.

Ich hatte mir vorher Fotos von Maurice und Will Thompson in alten Bogenbüchern angesehen. Die beiden Männer werden üblicherweise mit 6-Fuß (1,8 m) langen Bögen gezeigt, die nur einen Hauch von Stringfollow aufweisen. Diese Waffen wurden höchstwahrscheinlich um 1870 in England gemacht und zeigen, dass die besten Profis eben auch das Beste aus ihrem traditionellen Design machen konnten.

Das englische Design verspricht aber keinesfalls diese Qualitäten unter allen Umständen. Mein eigener 70-Zoll-Bogen ist aus einem ganzen Bogenstab gemacht und biegt sich ganz leicht im Griff. Auch die Bögen der Thompsons scheinen sich auf ihrer ganzen Länge zu biegen.

Ein gespleißter (aus zwei Einzelteilen, sog. „billets", im Griff zusammengesetzter) Englischer Langbogen mit einem steifen Griff kann leicht die Biegsamkeit vermissen lassen, wie man sie von einem überdimensionierten Bogen erwartet, wenn er nicht mindestens 68 oder 70" lang gemacht wird.

Zusammengefasst kann man sagen:

Englisch ist noch lange nicht überdimensioniert.

Wenn du einen Bogen machst, der sich auf der ganzen Länge biegt, so wie mein Eibenbogen, braucht man kaum mehr darüber sagen als dass er lang genug sein muss. Hat ein überdimensionierter Bogen jedoch einen steifen Griff, wie z. B. das Meare Heath Design, arbeiten die Wurfarme als zwei getrennte Einheiten.

Aus diesem Grund ist es notwendig, einen solchen Bogen so zu tillern, dass der obere Wurfarm bei einem gespannten Bogen mindestens 9 mm weiter von der Sehne weg ist. 12 mm wären vielleicht noch besser.

Ein Bogen im Meare Heath Stil, der genau gleiche Wurfarme hat, wird sich nämlich nach einigem Gebrauch im unteren Wurfarm mehr biegen.

Das Spannen des Bogens mit mediterranem Griff halbiert die Sehne ziemlich weit oberhalb der Mitte. Der Teil der Sehne, der den unteren Wurfarm spannt, ist deshalb länger als der Teil, der den oberen Wurfarm spannt. Das bedeutet mehr Zug und damit mehr Belastung für den unteren Wurfarm. Diese Tatsache bringt einen zwangsläufig dazu, den unteren Wurfarm steifer zu machen, weil es dem Bogen erlaubt, seinen guten Tiller beizubehalten.

In vielen alten Bogenbüchern kann man Abbildungen von Bögen sehen, die voll ausgezogen sind und bei denen sich der obere Wurfarm mehr biegt als der untere. Um es anders auszudrücken, die Spitze des oberen Wurfarmes ist auf diesen Bildern weiter zurück. Darüber gibt es heute manchmal einige Diskussionen. Ich muss mich jedoch auf die Seite der Oldtimer schlagen, weil es eine ganze Menge Gründe dafür gibt, dass der untere Wurfarm einer größeren Belastung ausgesetzt ist, egal, ob der Griff genau in der Mitte oder leicht darunter sitzt.

Hat der überdimensionierte Langbogen einen arbeitenden Griff, scheint sich der Bogen als Ganzes zu biegen. Nach allem was ich bisher weiß, verhält sich ein solcher Bogen anders als einer, bei dem die Wurfarme voneinander unabhängig wirken.

Einen überdimensionierten Bogen macht auch eher seine Leistung aus, als irgendwelche starren Maßvorgaben. Das Meare-Heath-Artefakt hat Wurfarme, die 2,6 " (6,6 cm) breit sind und der ganze Bogen wird wohl um die 74" (188 cm) lang gewesen sein. Trotzdem kann man davon ausgehen, dass ein Bogen im Meare-Heath-Stil mit einer Länge von 66" und 2" (5 cm) breiten Wurfarmen überdimensioniert ist.

Meine Bogenbauerfreunde und ich haben jedoch immer noch nicht die Grenzen ausfindig gemacht, die einen überdimensionierten Bogen definieren. Es gibt Gründe genug zu der Annahme, dass man einen 60-Zoll-Bogen überdimensionieren kann, wenn er nur breit genug und dünn genug ist und nicht weiter als 28" ausgezogen wird.

Für den Anfänger ist es die beste Rückversicherung, einen überdimensionierten Bogen zu bauen, wenn er ihn lang, breit und dünn macht. Einen Englischen Langbogen macht man lang mit einem Griff, der sich leicht biegt.

Es soll nicht unerwähnt bleiben, dass man einen überdimensionierten Bogen genausogut wie einen herkömmlichen Bogen tillern muss. Und genau wie ein herkömmlicher Bogen ist ein überdimensionierter dann am besten, wenn er ein bisschen reflex ist oder einen zurückgesetzen Griff hat.

9

Schnelles Trocknen

Sowohl Thompson als auch Pope wussten, dass ein Bogenbauer grünes Holz nehmen und daraus ziemlich schnell einen Bogen machen kann – so in ein paar Monaten. Sagen wir, du schlägst 3 Baumstämme. Einen legst du in den Schatten, im ganzen, so wie er ist. Dieses Stück wird am langsamsten trocknen.
Einen anderen spaltest du der Länge nach mit Keilen. Dieses Stück wird schneller trocknen. Den dritten spaltest du ebenfalls in der Mitte und entfernst die Rinde. Dieses Stück trocknet am schnellsten von allen. Die Natur hat die Rinde dafür gemacht, Feuchtigkeit zurückzuhalten und sie erfüllt ihre Aufgabe sehr gut. Ein gespaltenes Stück Holz kann an den gespaltenen Enden knochentrocken und unter der Rinde trotzdem saftig wie Gras sein.

Thompson sagte, man solle das Holz nehmen und es zu einem Bogenstab herunterarbeiten. Die Rinde solle man entfernen: „Bringe es an einen warmen, trockenen Ort", sagte er „und in ein paar Monaten ist es fertig."
Pope erwähnte einige Autoritäten, die dazu rieten, Holz im Winter zu schneiden, wenn es ohne Saft ist. Trotzdem kannst du Osage Orange im Februar schneiden und Saft heraussickern sehen. Pope sagte, man könne Holz zu jeder Zeit schneiden. Um es schnell zu trocknen, schrieb er, müsse man den Saft auswaschen. Man lege das Holz einen Monat lang in fließendes Wasser, dann lasse man es einen Monat lang an einem schattigen Platz trocknen. Die einzig sichere Methode, ein Stück Holz in einem Bach oder Fluss festzuhalten, ist die, es mit einem Seil an einen Baum am Ufer zu binden. Mit Steinen kann man das Holz unter Wasser halten.

Ein paar der in diesem Buch getesteten Bögen wurden aus schnell getrocknetem Holz gemacht. Bei einigen wurde Thompsons Methode angewandt. Bei anderen nahm ich Popes Methode. In den meisten Fällen war Thompsons Methode erfolgreicher. Mehrere Stücke Holz wurden 2 – 4 Wochen lang ins Wasser gelegt. Man konnte so ein Stück aus dem Wasser nehmen und einen Monat lang in Ruhe lassen und es war unter der Rinde immer noch tropfnass.

Nr. 13 (Esche) wurde 62 Tage, nachdem der Baum gefällt worden war, fertiggestellt. Am gleichen Tag, an dem er gefällt wurde, spaltete ich ihn auf und entfernte die Rinde. Das Holz war durch und durch nass. Ich lagerte es etwa 30 Tage lang im Schatten. Dann arbeitete ich die Form des Bogens heraus und ließ das Stück während des Sommers 10 Tage lang in meinem geparkten Auto. Die Temperaturen erreichten tagsüber um die 65°C. Im Lauf der nächsten 2 Wochen wurde immer wieder am Bogen gearbeitet und Holz entfernt. Als der Bogen fertig war, war das Holz perfekt durchgetrocknet. So hatte sich ein einfacher Weg zum schnellen Trocknen von Bogenholz gefunden.

Luftgetrocknetes Holz enthält um die 10–15% Feuchtigkeit. Wurde das Holz in einer heißen Trockenkammer getrocknet, kann der Feuchtigkeitsgehalt unter 5% fallen und es wird zu spröde. Ca. 65° sind wahrscheinlich das Äußerste, was man seinem Holz zumuten sollte. Was darüber liegt, ist riskant.

Achtung: Man sollte genau verstehen, warum der Eschenbogen schnell und gut trocknen konnte. Man sollte auch daraus lernen, dass mit dieser Methode viele Holzarten schnell getrocknet werden können.
Es klappt jedoch nicht bei jedem Holz. Verschiedene Hölzer können verschiedene Methoden erfordern.

Wenn du ein grünes Stück Holz nimmst und einen Bleistift oder einen Pfeilschaft daraus schnitzt, wird es sehr rasch austrocknen. Trocknet es jedoch zu schnell, kann es entlang der Längsmaserung aufreißen. Früher nannte man solche Risse „checks". Das ist auch der Grund, warum ich das Stück Eschenholz zuerst einen Monat im Schatten ließ. So konnte es soweit austrocknen, dass es eine gewisse Wärme aushalten konnte, ohne zu reißen. Diese Wärme ermöglichte es, das Holz soweit zu trocknen, dass ich den Bogen roh herausarbeiten konnte, ohne dass es zu Trocknungsrissen kam.
Die Nr. 12 (Ulme) machte ich nach fast genau derselben Methode wie den Eschenbogen mit exzellentem Erfolg; in 90 Tagen war er fertiggestellt. Ich ließ das Ulmen-

holz 50 Tage lang im Schatten. So ähnlich machte ich auch einen Birkenholz-
bogen. Nr. 9 (Birke) wurde herausgearbeitet, nachdem das Holz 3 Monate lang
auf einem warmen Dachboden gelegen hatte. Als ich am Bogen arbeitete, schien
mir das Holz noch etwas feucht zu sein. Es wäre wohl besser gewesen, gleich
nach einem Monat den Bogen roh herauszuarbeiten und den Rohling danach noch
einen weiteren Monat trocknen zu lassen, bevor ich den Bogen ganz fertig stellte.
Keines dieser Holzstücke zeigte Risse während der gesamten Herstellung, außer
an den Enden, wo sie ursprünglich vom Baum abgeschnitten worden waren.
Diese Risse tauchten in den ersten Tagen nach dem Abschneiden auf. Man kann
dieses Problem umgehen, indem man das Stück ein wenig länger lässt, mit etwas
Reserve an beiden Enden. Sowohl von der Esche als auch von Ulme und Birke
schälte ich die Rinde ab, als ich die Rohlinge mit Keilen spaltete.

Nr. 8 (Robinie) machte ich ganz ähnlich. Ich spaltete den Rohling ab, als ich den
Baum fällte und entfernte die Rinde. Dann lag er für 2 Monate auf dem warmen
Dachboden. Das Splintholz schien danach noch etwas feucht, nicht jedoch das
Kernholz. Das Splintholz entfernte ich total. Ich machte aus dem Kernholz gleich
einen Bogen und ließ ihn 10 oder 12 Tage im heißen Auto. Das Ergebnis war
perfekt getrocknet.

Nr. 2 und Nr. 5 (Eibe) machte ich nach Popes Methode. Ich legte die Spaltlinge in
fließendes Wasser. Die Rinde entfernte ich, als ich sie aus dem Wasser nahm.
Eines der Stücke kam für etwa eine Woche ins heiße Auto, das andere nicht. Der
Spaltling aus dem Auto ergab einen geraderen Bogen als der andere.

Bogen Nr. 17 (Hickory) war ebenfalls im Wasser und lag danach 2 Monate lang
im Haus. Als ich einen Bogen daraus machte, war das Holz immer noch feucht.
10 Tage im heißen Auto machten einen perfekt getrockneten Bogen daraus.
Man kann davon ausgehen, dass Hickory genau so erfolgreich wie Esche, Birke
und Ulme getrocknet werden kann. Bei jedem dieser Hölzer wird nur das Saft-
oder Splintholz verwendet.

Die Nr. 6 (Maulbeerbaum) kam ebenfalls in fließendes Wasser, wurde dann herausgenommen und lagerte wochenlang; die Rinde ließ ich daran. Als ich sie schließlich entfernte, war das Holz darunter noch immer mit Wasser vollgesogen. Nach einem weiteren Monat auf dem heißen Dachboden fühlte es sich sehr trocken an. Ich entfernte das Splintholz und arbeitete die rohe Bogenform heraus. Danach ging's für ein paar Tage ins heiße Auto. Der Bogen, den das Stück Maulbeerbaum ergab, schoss wirklich prima. Vielleicht wäre der Bogen aber noch besser geworden, wenn ich ihn ganze 2 Wochen im Auto gelassen hätte.

Ich unternahm mehrere Versuche, Osage Orange schnell zu trocknen. Einige davon schlugen fehl, endlich jedoch hatte ich Erfolg.

Wenn man ein frisch geschlagenes Stück Osage Orange spaltet und die Rinde abschält, wird es innerhalb von wenigen Tagen oder Wochen an der Außenseite aufreißen. Legt man es für ein paar Wochen ins Wasser und entfernt die Rinde erst dann, passiert dasselbe.

Die nächste Methode funktionierte. Von einem grünen Stück Osage wurde ein Spaltling abgespalten und zu einem kleinen Fluss getragen. Dort entfernte ich die Rinde mit einem Schälmesser. Das Holz kam danach sofort ins fließende Wasser, wo es 2 Wochen lang blieb. Dann nahm ich es heraus und lagerte es auf dem Dachboden. So trocknete das Holz schnell und ohne zu reißen. Ohne diese Behandlung sollte man Osage Orange mindestens 3–4 Monate lang mit der Rinde daran ruhen lassen.

In einem Punkt sind Maulbeere und Robinie dem Osage Orange ähnlich. Alle haben eine dünne Schicht weißes Splintholz und dickes, dunkles Kernholz.

Robinie und Maulbeerbaum könnte man genauso wie Osage behandeln und bestimmt auch gute Ergebnisse erzielen.

Ein Bogen aus Walnussholz wird fast ganz aus Splintholz bestehen, wenn man die Außenseite des Baumes nimmt. Walnussholz reißt wirklich nur ganz minimal, wenn überhaupt, beim Trocknen auf. Es könnte genau wie Esche oder Ulme getrocknet werden.

Manche Spaltlinge, wie z. B. Hickory, reißen gern von der Innenseite her, also dort, wo sie vom Stamm abgespalten wurden. Das kann man nicht verhindern und ist auch weiter kein Problem. Ist das Stück dick genug, reichen die Risse nicht bis in die äußeren Schichten und dort liegt auch der Bogen, eben in den äußeren Schichten.

Was meine ich aber, wenn ich von einem *perfekt getrockneten* Stück Holz spreche? Zwei Bögen, die in meinem Test benutzt wurden, waren aus Osage Orange. Nr. 11 stammt von einem Baum, der vor 5 Jahren umgefallen und gestorben war. Nr. 10 war aus einem Stück Stamm gemacht, der in der Mitte gespalten war und dann 3 Jahre herumlag. Das Holz war so trocken, dass die Rinde praktisch von selbst abfiel. Diese beiden Stücke kann man sicher als „gut durchgetrocknet" bezeichnen.

Keiner der anderen, aus schnell getrockneten Hölzern gemachten Bögen wies jedoch mehr Stringfollow auf als diese beiden Stücke Osageholz, die jahrelang trocknen konnten. Genauer gesagt, keiner von denen, die ich aus einem geraden Stück Holz machte.

Ich kaufte mir einmal einen Bogenstab aus Lemonwood. Der Verkäufer versicherte, dass das Holz vor 20 Jahren geschlagen worden war. Und obwohl es Anfangs hübsch gerade war, stellte sich trotzdem Stringfollow ein. Der Bogen war auch nicht gut getillert, was meine eigene Schuld war, und brach einige Zeit später.

Schau dir die Bilder in „*Jagen mit Bogen und Pfeil*" und „*The Adventurous Bowmen*" an. Es werden entspannte Bögen gezeigt und alle weisen Stringfollow auf. Und das obwohl Pope und seine Zeitgenossen bestimmt Holz benutzten, das zumindest ihrer Ansicht nach gut durchgetrocknet war.

Ist das Holz, das du benutzt, noch zu feucht, gibt es dir zwei Hinweise. Als erstes wird es noch nach grünem Holz riechen, wenn du hineinschneidest. Der zweite Hinweis ist noch besser: wenn du den neuen Bogen etwas biegst, sagen wir, 5 oder 8 cm, wird es ein wenig von der Biegung beibehalten. Ein gut durchgetrocknetes Stück Holz kann man zu einem Bogen verarbeiten, 5 oder 8 cm weit biegen, vielleicht sogar weiter, und es wird wieder in seine ursprüngliche Form zurückschnellen. Zieht man es jedoch 50 cm oder weiter, fängt es an sich zu verdichten und Stringfollow stellt sich langsam ein.

Für den Fall, dass du einen Bogen aus einem anderen Holz als dem hier beschriebenen machen willst, ist es eine gute Idee, vorher ein paar kleine Experimente zu machen. Schneide ein paar kurze Stücke ab und spalte sie. Entferne von einem die Rinde, lass sie an einem anderen dran. Dann siehst du, welches am schnellsten trocknet, ohne an der Außenseite aufzureißen.

Einige der früheren Schriftsteller äußerten sich recht kritisch darüber, Holz ins Wasser zu stecken. In den hier beschriebenen Tests hatte nur Osage Orange einen Vorteil davon. Das Saftholz kann sich dabei zwar verfärben, das macht aber nichts. Man schält es sowieso komplett ab.

Ebenso warnten die alten Autoren davor, Holz zu erhitzen. 65°C machen das Holz jedoch nur warm, heiß kann man das aber nicht nennen. Du wärst trotzdem gut beraten, die Temperatur nicht zu überschreiten. Lege ein Thermometer zum Holz, wenn es sein muss. Man kann einen Gasbrenner, eine Heizspirale, einen Heizlüfter oder irgendeine andere moderne Heizquelle nehmen. Wahrscheinlich ist es jedoch billiger, einen natürlichen warmen Fleck zu finden und sein Holz dort zu lagern.

Ohne Zweifel gibt es auch noch andere Möglichkeiten, die funktionieren. Völkerkundler berichten, dass amerikanische Indianer grünes Bogenholz direkt neben das Feuer legten. Sie fetteten es jedoch stark ein, was verhindern sollte, dass das Holz aufriss. Hast du es jedoch nicht eilig, gibt es nichts einfacheres, als deine Spaltlinge unters Dach zu bringen und sie dort ein paar Jahre lagern zu lassen.

Viele Jahre lang ließen amerikanische Holzbogenbauer ihr Holz draußen oder in einem Schuppen trocknen. Diese Leute verwendeten hauptsächlich Osage Orange oder Eibe, die beide sehr beständig gegen Fäulnis sind.

Andere Hölzer wie Esche, Ulme, Hickory usw. können jedoch sehr schnell verrotten. Versuche besser nicht, eines dieser Hölzer draußen zu trocknen, lass' es auch nicht in einem Gebäude, in dem es immer feucht ist. Wenn man das macht, schafft man gute Bedingungen, um das Holz verrotten zu lassen.

Es gibt einen Test, der dir verrät, ob Weißholz schon angefangen hat, zu faulen. Nimm ein Stück von der Außenseite des Stammes und schneide mit einer Säge eine Scheibe vom Querschnitt ab, etwa 1–2 mm dick. Diese dünne Scheibe hältst du gegen das Licht. Wenn der Fäulnisprozess schon angefangen hat, siehst du wahrscheinlich Licht durch kleine Löcher im Holz durchscheinen. Je schlechter das Holz schon ist, um so mehr der kleinen Löcher wirst du sehen. Die meisten von ihnen werden sich um das Frühholz konzentrieren, das ist das schwammige Holz, das in vielen Holzarten die Jahresringe voneinander trennt.
Wenn das Holz noch gut ist, siehst du wahrscheinlich nur sehr wenige oder gar keine Löcher. Bedenke dabei jedoch, dass zumindest eine Holzart, nämlich Eiche, ganz natürlich solche Löcher hat, auch wenn sie noch gesund ist.
Bei verrottendem Holz konzentrieren sich diese Löcher meist auf die äußeren Jahresringe. Mit solchem Holz zu arbeiten ist ein Glücksspiel. Vielleicht klappt es, vielleicht aber auch nicht.

Ich habe einen Baumstamm aus Ulmenholz untersucht, aus dem ein Freund zwei gute Bögen mit Backing gemacht hatte. Dieses Holz war so porös, dass man durch eine dünne Scheibe davon durchsehen konnte wie durch Fensterglas.
Ein anderer Freund von mir machte einen Bogen aus Walnussholz, der abbrach, als er nur leicht gebogen werden sollte. Dieses Holz wies die besagten kleinen Löcher in den äußeren 4 Jahresringen auf. Ein kleiner Testbogen, den wir ebenfalls aus den äußeren Jahresringen machten, brach bei einer leichten Biegung ab.

Wir machten einen weiteren kleinen Bogen aus dem gleichen Stück, aber diesmal von dem inneren Holz. Mit anderen Worten, der kleine Bogen war aus Holz, das einem Jahresring folgte, der tiefer in dem Stamm war. Dieses Holz hatte keine kleinen Löcher und dieser Bogen war ein Erfolg. Hätte mein Freund die äußeren 4 Jahresringe von seinem Walnussstamm abgetragen, hätte sein großer Bogen überlebt. Es hätte allerdings erfordert, einem inneren Jahresring zu folgen und ihn nicht zu durchschneiden.

Die kleinen Löcher in dem Walnussholz waren an sich nicht das Problem. Sie zeigten nur die eigentliche Ursache an, nämlich, dass die äußeren Jahresringe schon von Fäulnis befallen waren und das Holz bereits stark gelitten hatte.

Holzfeuchtemessgerät

Nachtrag: Mehr über den Feuchtigkeitsgehalt

Seit ich die erste Ausgabe von diesem Buch geschrieben habe, besorgte ich mir inzwischen ein elektronisches Messgerät, das den Feuchtigkeitsgehalt in Holz misst. Der Umgang mit diesem Gerät war ungemein lehrreich.

Das Messgerät zeigte mir,

- dass die besten Bögen aus Holz, einen Feuchtigkeitsgehalt von 8–10% haben. Feuchteres Holz weist mehr Stringfollow auf. Manche Hölzer wie z.B. Osage vertragen diese Feuchtigkeit bis zu einem gewissen Grad besser, bleiben jedoch bei 8–10% ebenfalls viel gerader.
- dass der Feuchtigkeitsgehalt ansteigt, wenn man manche Hölzer lange genug der Feuchtigkeit aussetzt. Die Feuchtigkeit in einem Stück Ulme stieg von 9 auf 13% nach einigen Regentagen.
- dass einige Holzarten ihre Feuchtigkeit sehr langsam verlieren. Eine davon ist Hickory. Ein Stück Hickory kann einen Feuchtigkeitsgehalt von 15% haben und ein Stück Eibe 9%, auch wenn sie wochenlang nebeneinander an der selben Stelle gelegen haben.

Zwei Sachen habe ich gelernt.

- Holz muss trocken sein, wenn man einen Bogen daraus macht. Wenn das örtliche Klima nicht mitspielt, können manche Hölzer nie trocken genug sein, wenn man sie nicht künstlich erwärmt.
- Ist der Bogen erst fertig, braucht er ein wasserfestes Finish, um die Eigenheit des Holzes, Feuchtigkeit anzuziehen, zu bekämpfen.

Für ungefähr 12 $ habe ich mir einen Holztrockner gebaut. Er besteht aus einer elektrischen Lampe mit einer 100-W-Glühbirne und 2 Ofenrohren von 15 cm Durchmesser. Die zwei Ofenrohre wurden zusammengesteckt und stehen auf einem Ende. Die Lampe stellte ich innen auf den Fußboden. Über der Lampe bohrte ich Löcher ins Ofenrohr und flocht dünnen Draht durch die Löcher, so dass eine Plattform über der Lampe entstand.

Man kann seine Rohlinge hineinstellen und mit einem Handtuch oder Alufolie das obere Ende verschließen. Die Temperatur im Innern des Rohres variiert von 38–54°C. Mit einer 75-Watt-Birne wäre es etwas kühler.

Und so benutzt man das Rohr richtig:

Als erstes fällt man den Baum. Einerlei, welches Holz es ist, am besten man spaltet es sofort. Im Sommer ist es eine gute Idee, von Esche, Ulme, Birke, Walnuss, Eiche, Hickory, Eibe oder jedem anderen Holz, das hauptsächlich aus weißem Saftholz besteht, gleich die Rinde zu entferne. Macht man das im Sommer, geht die innere Rinde gleich mit ab.

Als nächstes werden die Schnittstellen großzügig mit irgendeinem Lack eingestrichen (Wachs würde im Trockner schmelzen). Dann lässt man das Holz drinnen trocknen, bis es sich nicht mehr feucht anfühlt. Das kann eine Woche oder länger dauern. Fühlt es sich trocken an, hat es einen Feuchtigkeitsgehalt von 15–20 %. Mit diesem Feuchtigkeitsgehalt kann man das Holz mit eingeschalteter Lampe eine Stunde lang in den Trockner tun. Schalte dann die Lampe aus und nimm das Holz heraus. Sieh es dir genau an. Weist das Holz an den Enden Risse auf, lackiere noch mal drüber. Wenn es das Ende ist, das auf der Drahtplattform steht, kann es deswegen reißen, weil der Trockner dort am heißesten ist.

Nun lässt du das Holz außerhalb des Trockners 24 Stunden lang in Ruhe, tust es danach wieder für eine Stunde hinein und siehst es dir wieder genau an.

Zeigt das Holz keine weiteren Risse, kann es dauernd im Trockner bleiben. Drei Tage im 24-Stunden-Betrieb reichen bei den meisten Holzarten, den Feuchtigkeitsgehalt auf 9% zu senken. Manche längeren Stücke müssen nach 3 Tagen umgedreht und noch mal 3 Tage drin gelassen werden.

Es ist natürlich möglich, einen Trockner zu bauen, der wirkungsvoller als unser Ofenrohr ist. Der große Vorteil des Rohrtrockners ist jedoch, dass er so billig ist.

Stand das Holz im Baumstamm unter Spannung, wird es sich beim Trocknen verziehen, egal, ob es in einer warmen Umgebung ist oder nicht. Immer wenn sich Holz im Trockner verzieht, ist Spannung im Baumstamm die wahrscheinliche Ursache.

Für Osage Orange, Robinie und Maulbeerbaum braucht man eine andere Methode. Die Wahrscheinlichkeit ist groß, dass grünes Holz dieser Arten stark aufreißt, wenn die Rinde entfernt wird und man das Saftholz dran lässt.

Diese Hölzer trocknet man so:

Fälle den Baum und spalte den Stamm auf. Lass das Holz trocknen, bis es sich nicht mehr feucht anfühlt. Dann entfernst du die Rinde **und** das Saftholz. Schäle das Saftholz ab so schnell du kannst. Danach lässt du es wieder liegen, bis es sich trocken anfühlt und kannst dann weitermachen wie oben beschrieben.

Wenn du keinen Feuchtigkeitsmesser hast, ist der beste Test eines neuen Bogens der, ihn am Tillerbrett leicht zu biegen, etwa so weit, als würde er 15 cm hoch aufgespannt. Bewirkt diese leichte Biegung bereits Stringfollow, ist das Holz noch zu grün. Kehrt es zu seiner ursprünglichen Form zurück, ist es trocken genug.

Nachtrag: Verzogenes Holz

Viele Hölzer verdrehen sich, wenn sie zu langen, schmalen Bogenrohlingen geschnitten werden und das Holz noch zu feucht ist. Um das zu vermeiden, schneide nur Bäume, die mindestens 5 " (12,7 cm) dick sind. Spalte den Stamm in der Mitte und lass es dabei. Arbeite nicht weiter an dem Holz, bis es ziemlich trocken ist. Feuchtes Holz zu erwärmen kann ebenfalls dazu führen, dass es sich verzieht. Schütze das Holz vor Sonne und Wind, bis es einigermassen trocken ist.

Bei Verwendung eines hoch belastbaren Holzes wie Osage Orange kann der Bogen relativ schmal und kurz sein.

10

Holzarten

Für dieses Buch wurden 10 verschiedene Arten von Bogenholz getestet, nämlich Osage Orange, Eibe, Zitronenholz (Lemonwood), Esche, Hickory, Maulbeerbaum, Ulme, Robinie, Birke und Walnussholz. Ein Bogen hatte ein Backing aus einem 11. Holz – Bambus.

Esche, Hickory, Ulme und Birke sind meist nur aus weißem Splintholz. Manche dicken Baumstämme können auch dunkleres Kernholz in der Mitte haben. Der Anteil an Kernholz variiert auch oft von Unterart zu Unterart. Walnuss hat auch eine sehr dicke Schicht Splintholz, oft etwa 5 cm dick. Osage Orange, Eibe, Maulbeere und Robinie haben dunkles Kernholz und nur dünnes Splint- oder Saftholz, meist 6 bis 12 mm dick.

Es ist viel darüber geschrieben worden, wie zäh Osage Orange ist. Man hält es für fast unzerstörbar. Ich habe mehr Bögen aus Osage Orange gemacht als aus den anderen Holzarten. Einige dieser Bögen tauchen in den Tests nicht auf – weil sie abbrachen!

Kein Holz ist so widerstandsfähig, dass es schlechte Bogenbautechnik aushalten kann. Wenn du Bögen aus allen aufgezählten Hölzern machen würdest, könntest du glauben, dass Eibe das am wenigsten robuste Holz der ganzen Sippschaft ist. Hast du jedoch einen guten Eibenbogen fertiggebracht, ist er nicht nur dauerhaft, sondern er wird auch gute Leistung bringen. Das gleiche gilt auch für die anderen Hölzer. Sie sind alle zäh, schwer, hart und kompakt, verglichen mit vielen anderen Holzarten. Es sind erstklassige Bogenhölzer. Für Holzbögen sind sie hervorragend geeignet.

Wenn der Bogen aus einem geraden oder reflexen Rohling gemacht worden ist, wenn das Holz gut getrocknet worden ist, wenn der Bogen gut getillert worden ist, wenn die Wurfarme keine arg verdichteten Stellen haben, dann kann ein Bogen aus irgendeinem der genannten Hölzer genau so gerade bleiben wie Eibe oder Osage.

Interessanterweise lobte Thompson (1870) Osage Orange, das er bei seinem französischen Namen nannte – Bois d'Arc – nicht besonders. Er hielt viele andere Arten für geeigneter. Aber schon um 1920 wurde Osage Orange hochgejubelt. So ändern sich die Ansichten über Holz, und das sind ja auch nur Ansichten.

Die Holzsorten, die ich in diesem Buch testete, verwendete ich deshalb, weil ich gelesen hatte, dass sie irgendwer schon früher mal verwendet hatte. Die meisten von ihnen, Hickory, Birke, Esche, Ulme, Robinie, Eibe und Osage, wurden sogar schon von den amerikanischen Indianern benutzt.

Es gibt genügend andere Sorten, die hier hätten auftauchen können – wenn ich sie nur bekommen hätte. Das bringt uns zu einer wichtigen Erkenntnis: man muss einige Punkte beachten, wenn man sich für ein bestimmtes Holz entscheidet, und Verfügbarkeit ist ein ganz wichtiger Punkt. Solltest du mit dem geringsten Aufwand eine kleine Sammlung von hölzernen Jagdbögen anlegen wollen, tust du gut daran, Holzarten zu nehmen, die es in deiner Gegend reichlich gibt.

Die nachstehenden Bäume können ebenfalls auf die Liste der Weißhölzer gesetzt werden, aus denen man gute Bögen machen kann: Hackberry (Zürgelbaum - celtis occidentalis) Weißeiche, Roteiche, Zuckerahorn und nahezu jeder Obst- oder Nussbaum, der einen geraden Bogenrohling enthält. Diese Hölzer kann man so behandeln wie Esche, Ulme oder Hickory. Die beste Wurfleistung pro Pfund kann man erwarten, wenn man aus ihnen einen überdimensionierten Flachbogen ähnlich dem Meare Heath macht.

Auswahlkriterien für Bogenholz

Es gibt natürlich noch einige andere Gesichtspunkte. Einer ist, wie leicht man das Holz bearbeiten kann. Im prähistorischen Europa war Eibe das Holz, das am meisten benutzt wurde, wenn es zu bekommen war. Wenn du einen Bogen machen müsstest und nichts als Steinwerkzeuge zur Verfügung hättest, wäre Eibe zweifellos das Holz deiner Wahl. Im Vergleich zu anderen Hölzern ist es viel, viel einfacher zu bearbeiten.

Fast genauso einfach lässt sich Esche bearbeiten. Für gewöhnlich wächst es schön gerade und lässt sich sehr gut spalten. Man kann es auch gut schneiden und schaben.

In mancher Hinsicht hat man es mit den anderen weißen Hölzern oder Splintholzarten wie Ulme, Birke, Hickory und Walnuss auch recht einfach. Ist nämlich die Rinde erst einmal abgeschält, blickt man auf den zukünftigen Rücken des Bogens. Bei Hölzern wie Osage Orange, Robinie und Maulbeerbaum ist es bestimmt besser, den Bogen nur aus Kernholz zu machen. Das weiße Splintholz zu entfernen, macht viel mehr Arbeit. Ulme, Birke und Hickory wachsen ebenfalls normalerweise gerade.

Bei Osage ist es am einfachsten, das Saftholz zu entfernen. Zum einen ist es relativ dünn. Dann sind das Splintholz und das Kernholz schön unterschiedlich gefärbt. Deshalb sieht man gut, was man macht. Robinie und Maulbeere neigen dazu, eine dickere Saftholzschicht zu haben und man kann sie auch schwerer unterscheiden.

Es gibt keinen Grund, warum sich ein Bogenbauer auf die Hölzer beschränken sollte, die ich hier aufgezählt habe. Ich habe sie nur deshalb genommen, weil sie bereits vor mir jemand verwendet hat und sie mir deshalb als sichere Kandidaten schienen. Man könnte ein Leben oder auch zwei damit verbringen, alle Arten von Bäumen allein in Nordamerika auf ihre Eignung als Bogenholz zu testen. Kein Buch kann dir alles über alle sagen. Es gibt auch keinen Grund, sich 100prozentig auf alles zu verlassen, was man hört oder liest, wenn man sich ein bestimmtes Holz aussucht. Es kostet nicht viel Zeit, um Holz auf seine Tauglichkeit zu prüfen. Es gibt schon einige Merkmale, die das Potential eines Holzes beschreiben. Ist es schwer und hart und schwer zu biegen? Lässt sich ein Ast oder Schössling von ungefähr 3 cm Dicke nur schwer biegen, wird vielleicht ein Bogen daraus. Manche Hölzer sind aber zu gummiartig. Andere sind wie Gummi, überraschen dich aber mit ihrer Federkraft, wenn sie getrocknet sind.

Die meisten guten Bogenhölzer sind recht schwer. Sogar Eibe, die im Vergleich zu den anderen 9 Arten, über die wir sprachen, ziemlich leicht ist, wird in Baumbüchern als festes, schweres Holz beschrieben. Verglichen mit vielen anderen Spezies ist sie es auch. Ist dein Holz aber leicht und porös und kannst du mit deinem Messer ohne Schwierigkeiten 8 oder 10 cm tief hineinstechen, ist es nichts für dich. Es gibt auch Hölzer, die zu spröde sind.

Tests für Bogenholz

Es gibt jedoch nur eine wirklich zuverlässige Methode, Holz zu beurteilen: mach einen Bogen draus. Und das machst du so: Schneide dir ein Stück von etwa 30 cm Länge zu und spalte einen schmalen Streifen von der Außenseite ab. Lass den Streifen durchtrocknen. Dann schnitz einen kleinen Bogen daraus.

Einer der ersten Bögen, die ich je gebaut habe, war ein winziger Osagebogen, der vielleicht 20 cm lang war und 3 lb. zog. Ich machte kleine Pfeile aus Zweigen dafür, die ich mit Federn von Sperling und Rotkehlchen befiederte, die ich vom Rasen aufgesammelt hatte und mit Faden an die Schäfte band. Die Pfeile waren recht lang für den kleinen Bogen und waren angespitzt (siehe auch das Kapitel über Pfeile). Der Bogen war mit einem einzigen Dacronfaden bespannt.

Diese kleine Waffe kann durch beide Wände eines Styropor-Kaffeebechers schießen. Sie kann seine kleinen Pfeile 10 m hoch schießen und wenn man im 45° Winkel schießt, fliegen sie 35 m weit. Dieser Zwerg schießt wirklich!

Als ich die ersten Versuche starten wollte, Bögen aus Maulbeerbaum und Birke zu machen, kamen mir Zweifel. Keine der beiden Holzarten schien richtig fest zu sein. Besonders Birke schien mir recht schwach zu sein und leicht zu brechen.

Also machte ich kleine Bögen aus Maulbeere und Birke, jeder so groß wie der Osagebogen. Die kleinen Bögen entpuppten sich als kernige Burschen und konnten die kleinen Pfeile genauso gut schießen. Auch die großen Maulbeer- und Birkenbögen waren ein voller Erfolg.

Es kostet höchstens eine Stunde, vielleicht weniger, um so einen kleinen Bogen zu machen. Es hilft dir aber dein Auge und deine Bogenbauerfähigkeiten zu entwickeln. Du wärst wirklich gut beraten, auf alle Fälle mit solch kleinen Bögen zu üben. Vor allem wenn du ein neues Holz ausprobieren möchtest, mach dir erst einen kleinen Bogen und schieß kleine Pfeile damit. Womöglich erlebst du eine Überraschung.

Tests für Splintholz

Solche Tests können dir auch sagen, was man mit dem Splint- oder Saftholz macht. Ich habe Versuche gemacht, Bögen aus Osage und Robinie zu machen und eine dünne Schicht Splintholz daran zu lassen. Beide Bögen brachen an einer Stelle, wo das Splintholz abriss, das Kernholz darunter jedoch intakt blieb. Es war klar, dass das Splintholz schwächer war als das Kernholz. Wenn ein Stück Holz dünnes weißes Saftholz und dunkleres Kernholz hat, weißt du vielleicht nicht, was du tun sollst.

Schneide dir einen Streifen davon zurecht, etwa 2,5 cm breit und 6 bis 12 mm dick. Mach' die Anteile an Kern- und Saftholz je etwa 3 bis 6 mm dick und biege den Streifen, vom Rücken weg, bis er bricht. Reißt das Saftholz und das Kernholz bleibt ganz, ist es ein Zeichen dafür, dass das Kernholz stärker ist. Entferne in diesem Fall das Saftholz.

Bricht der Streifen als Ganzes, wie es beispielsweise bei Eibe der Fall wäre, kannst du eine dünne Schicht Saftholz dranlassen.

Aufgrund dieses Tests habe ich das Saftholz vom Maulbeerbaumholz abgenommen. Solltest du den Wunsch verspüren, das Saftholz an Osage, Robinie oder Maulbeerbaum dranzulassen, nur zu. Wundere dich aber nicht, wenn ein Wurfarm bricht, der nur eine kleine, schwache Stelle hatte.

Verschiedene Hölzer erkennen

Es gibt zwei gute Möglichkeiten, wie man die verschiedenen Hölzer kennen lernt. Einmal kannst du dir jemanden suchen, der sich auskennt und sie dir zeigen kann. Oder aber du kannst Bücher lesen. Bücher über Bäume gehören zu den beliebtesten Bänden in jeder Leihbücherei. Sogar eine kleinere Bücherei hat nicht selten ein Dutzend oder mehr verschiedene Ausgaben. Leih dir ein paar davon aus und bring dir selber was bei.

Diese Bücher werden vermutlich die natürlichen Verbreitungsgebiete der verschiedenen Baumarten beschreiben. Verlass dich aber nicht zu sehr darauf, weil sich viele Spezies weit verbreitet haben. Andere Arten sind fast völlig aus manchen Gegenden verschwunden.

Osage Orange ist ursprünglich in weiten Teilen von Texas, Oklahoma, Arkansas und Louisiana beheimatet. Mittlerweile hat es sich so weit im Osten verbreitet, dass man es fast überall finden kann. Wo ich wohne, ist es sehr leicht zu finden. Birke ist im Norden zuhause, wurde aber auch oft im Süden angepflanzt. Viele der östlichen Harthölzer wie die Ulme wurden im Westen angesiedelt.

Andererseits sagen die Bücher, dass z. B. die Östliche Rotzeder in jeder Gegend von Ohio zuhause ist. Bis jetzt habe ich jedoch noch nicht einen Zweig dieses Baumes in den vielen Wäldern und Feldern von Ohio gefunden. Möglicherweise wurden sie alle für Zederntruhen und -schränke gefällt, oder sie wurden auch von einer Obstkrankheit vor vielen Jahren befallen. Auch Maulbeerbaum soll in der selben Gegend heimisch sein, bis jetzt habe ich aber nur eine Handvoll Maulbeerbäume in meiner Gegend gefunden.

Es ist auch sehr amüsant, wie man meilenweit durch das ländliche Ohio fahren kann, ohne eine einzige Robinie zu finden und dann stolpert man in einen ganzen Wald davon. Dasselbe kann einem mit Esche, Hickory, Osage Orange und manchen anderen Arten passieren. Nur im Osten kann man erwarten, bestimmte Bäume in bestimmten Gegenden zu finden und andere in bestimmten anderen.

Sehen wir uns ein paar näher an.

Esche

Bogen Nr. 4 und 13 sind aus Weißer Esche gemacht. Esche gibt es in vielen Arten, 65 davon in Nordamerika. Eine Gruppe soll laut Buch stärkeres Holz haben. Sie schließt Weiße Esche, Rote Esche, Grüne Esche, Texas-Esche und Oregon-Esche ein. Eine andere Gruppe soll etwas schwächeres Holz haben. Dazu gehören Schwarze Esche und Blaue Esche. Die schwächeren Arten wären immer noch lohnend für Bogentests, weil einfach jede Esche starkes Holz ist.

Eschenunterarten kann man von einer Küste der Vereinigten Staaten zur anderen finden. Eine Art wurde von Engländern im Mittelalter und andere von amerikanischen Indianern im Osten und Westen verwendet.

Es trocknet fast ohne Risse, wächst üblicherweise gerade und mit wenig Ästen und Knoten. Man kann es leicht spalten wenn es noch grün ist und die Rinde kann man leicht mit der Hand ablösen. Esche besteht fast nur aus weißem Splintholz. Es bräuchte schon einen dicken Stamm, um Kernholz zu enthalten.

Ulme

Ulme gibt es in einer Vielzahl von Unterarten in Nordamerika und Europa. Alle Arten werden in Fachbüchern als schwer und hart beschrieben. Aus allen kann man Bögen machen. Ich selber habe mir nie die Mühe gemacht, herauszufinden, aus welchen Unterarten die Nr. 12 gemacht ist. Das Holz hatte jedoch eine dicke Rinde und sehr wenig Kernholz. Ulmen stechen wegen ihrer auffälligen Rinde ins Auge. Bei näherer Betrachtung scheint sie aus mehreren Lagen übereinander zu bestehen. Dies fällt besonders auf, wenn die Rinde nass ist.

In meiner näheren Umgebung ist die Ulme zuhause und wächst buchstäblich überall. Ich habe noch keinen Baumbestand gefunden, wo keine Ulme stand. Ulmen findet man in einer Gegend, die vom Atlantik im Osten, den Rockies im Westen, dem südlichen Kanada im Norden und Texas im Südwesten begrenzt wird.

Wenn man eine Ulme fällt, kann das Holz genau wie Esche behandelt werden. Ulmenholz ist sehr schwer zu spalten und es spaltet sich niemals sauber. Die Holzfasern versuchen so sehr zusammenzuhalten, dass man Ulme praktisch nicht entlang der Maserung spalten kann. Lass dich davon nicht entmutigen. Wenn dein Spalt nicht gerade läuft, hilf ruhig mit einer Axt oder Säge nach. Wegen dieses Verhaltens ist Ulme vermutlich die einzige Ausnahme davon, dass man exakt der Längsmaserung folgen muss.

Ulme hat man in England und dem prähistorischen Europa verwendet. In einem Klima, das zu rau für für Eibe war, war Ulme die erste Wahl für steinzeitliche Europäer. Amerikanische Indianer in weiten Gebieten benutzten ebenfalls Ulme. In früheren Jahren nahmen Amerikaner Ulmenholz als Backing für ihre Bögen. Ich habe auch einmal versucht, aus Ulmenholz einen Bogen ohne Backing zu machen. Es stellten sich jedoch auf dem Bogenrücken Splitter auf. Ich legte ein Backing aus Rohhaut auf und das Problem war beseitigt.

Hickory

Hickory ist sehr hart, es braucht keinerlei Backing und ist so schwer abzubrechen wie nur irgendein Bogenholz. Nr. 17 ist ein sehr starker Bogen, ohne ein Backing zu haben. Er wurde aus Smoothbark Hickory gemacht, aber jede Hickoryart wird einen Bogen ergeben. Lambert unterschied zwischen weißem Hickory-Splintholz und dem, was er „dunkles Waldhickory" nannte. Er hielt das dunkle Holz für spröder als das Saftholz und ist der einzige der alten Autoren, der das erwähnte. Leider machte er sich keine große Mühe, genau zu erklären, was er damit eigentlich meinte. Es sieht so aus, als spräche er von dicken Balken aus Hickory-Holz, bei denen das dunklere Kernholz zum Bauen von Bögen benutzt worden ist. Nr. 17 ist ganz aus weißem Saftholz.

Wie schon erwähnt, können Trocknungsrisse an der Innenseite entstehen, wenn man Hickory spaltet. Sind die Spaltlinge dick genug, reichen diese nicht bis zur Außenseite.

Die Rinde blieb an Nr. 17 dran, als das Holz dafür geschnitten wurde, trotzdem erschien mindestens ein Riss an der Außenseite des Spaltlings. Vermutlich ist es am besten, die Rinde einen Monat lang dran zu lassen, bevor man weiterarbeitet.

Walnuss

Thompson und einige andere der alten Schriftsteller sagen, Walnuss mit Hickory belegt sei ein guter und schöner Bogen. Was sie mit Walnuss meinten, ist das berühmte dunkle Kernholz, was einfach bedeutet, dass sie Bretter verarbeiteten. Nr. 14 ist aus der Außenseite des Baumes gemacht. Die Wurfarme sind ganz aus Saftholz. Nr. 14 besteht aus einem Stück Holz, das sich von der Rinde wegbiegt. Das ist der Hauptgrund, warum Nr. 14 soviel Stringfollow aufwies. Als das Holz noch grün war, hatte es eine weißliche Farbe, mit dem Alter dunkelte es nach und es erschienen Streifen darauf.

Wenn Walnussholz noch grün ist, kannst du gleich die Rinde entfernen. Du kannst auch davon ausgehen, dass es nicht reißen oder sich verdrehen wird, während es trocknet. Für einen Bogen mit soviel Stringfollow schießt Nr. 14 nicht schlecht.

Birke

Vom Atlantik bis zu Pazifik, in weiten Gebieten Kanadas und Nordamerikas, wachsen Millionen von Birken. Es gibt verschiedene Arten davon, aber das Holz ist ziemlich dasselbe und aus jedem kann man einen Bogen machen.

Nr. 9 ist aus Papierbirke gemacht. Ich hatte mir einen Stamm Schwarzrindenbirke besorgt, konnte aber keinen Bogen daraus machen, weil ich ihn durch einen Unfall verlor. Weiter habe ich mich um die Unterarten nie gekümmert. Wenn ich mir die Birken in Nord-Ontario so ansehe, scheint es, als wüchsen die Schwarzrindenbirken gerader als die mit weißer Rinde. Deshalb wären sie vermutlich unkomplizierter zu verwenden und ich würde sie mir eher aussuchen. Die Maserung des Holzes hat mich an Weißesche erinnert.

Birke kann man genau wie Esche trocknen. Ist einmal die Rinde herunter, sieht man an der Außenseite kleine Grübchen, die sich jedoch leicht wegschmirgeln lassen. Sie sind auch kein Hindernis, wenn man den Bogen mit einem Backing versehen will. Birkenholz kann einem ein bisschen zu biegsam vorkommen, wenn es noch feucht ist, wird aber beim Trocknen steifer. Es scheint auch einen typischen Geruch zu verbreiten, wenn man hineinschneidet, auch wenn es schon trocken ist.

Die Indianer im Norden verwendeten Birkenholz, und sie konnten damit einen hohen Grad an Perfektion im Bogenbau erreichen.

Robinie

Robinie ist im Osten der Vereinigten Staaten heimisch. Die östlichen Indianer verarbeiteten das Holz, und manche Historiker glauben, dass Indianer aus Virginia es bei ihnen zu Hause anpflanzten, um Bögen daraus machen zu können.

Robinie hat eine raue Rinde, die oft einen grünlich-blauen Schimmer zu haben scheint, mit einer Schattierung von Orange zwischen den raueren, äußeren Riefen. Ich habe Robinie an zwei Plätzen gefällt, die 30 Meilen voneinander entfernt sind, und jedes Stück hatte zu Lebzeiten Besuch von Holzkäfern. Die Larven dieser Käfer hinterlassen Tunnel sowohl im Saft- als auch im Kernholz. Dies kann ein örtlich auftretendes Problem sein, das es woanders nicht gibt.

Nr. 8 wurde wie Esche getrocknet, aber im Nachhinein betrachtet war das möglicherweise ein Fehler. Für eine erfolgreiche, schnelle Trocknung ist es wahrscheinlich besser, während des ersten Monats die Rinde dranzulassen, oder, wenn man sie doch entfernt, das Holz ins Wasser zu legen, wie es für Osage Orange empfohlen wurde.

Robinie ist hart und zäh, obwohl es spröder erscheint als jedes andere hier beschriebene Laubholz.

Es hat einen nahen Verwandten, die Honigrobinie. Das Holz der Honigrobinie ist weiß und viel poröser als Robinie. Auch ist es voller langer Stacheln. Aus diesem Grund habe ich es mir verkniffen, Honigrobinie auszuprobieren.

Maulbeerbaum

Maulbeere kann man in drei Arten finden; Papiermaulbeerbaum, Weißer und Roter Maulbeerbaum. Das Holz sieht bei allen drei gleich aus, nämlich weißes Splintholz und gelb-braunes Kernholz. Nr. 6 ist aus Rotem Maulbeerbaum.

Maulbeere ist mit Osage Orange verwandt. Noch näher ist es jedoch mit Sassafras verwandt. Thompson benutzte in seiner Jugend oft Maulbeerbaumholz und sagte, Sassafras wäre genauso gut.

Autoren von Bogenbüchern lobten Maulbeerbaum überaus, stellten es sogar oft auf eine Stufe mit Osage Orange. Einige empfahlen, eine dünne Schicht weißes Splintholz auf dem Bogen zu belassen. Meine eigenen Tests überzeugten mich jedoch davon, alles Splintholz zu entfernen. Maulbeerbaum wächst sehr schnell und Jahresringe von 9 mm sind keine Seltenheit.

Poliert man es mit feiner Stahlwolle und reibt es leicht mit Leinölfirnis ein, bevor man es lackiert, sieht Maulbeerbaumholz sehr gut aus. Die Oldtimer hatten sicher etwas für dunkles Holz mit interessanter Maserung übrig und mochten die Bögen aus weißem Saftholz offenbar nicht besonders. Ihr Pech.

Osage Orange

Osage Orange hat einen Vorteil, den man nicht leugnen kann. Das Holz ist einfach wunderschön. Wenige Holzbögen sind ein derartiger Blickfang wie einer aus Osage Orange mit einer lebhaften Maserung, die sich über die Wurfarme windet. Ein Bogen aus weißem Splintholz ist ein hässliches Entlein, verglichen mit einem aus Osage. Genau wie bei Maulbeerbaum kann man mit feiner Stahlwolle und etwas Leinöl die Schönheit von Osage ans Tageslicht bringen.

Manche Osage-Bäume haben leuchtend gelbes Holz, das Holz von anderen ist dunkel orange. Man kann davon ausgehen, dass die Außenseite jedes Holzstückes beim Trocknen mit der Zeit nachdunkelt.

Osage hat einige Nachteile. Das Splintholz muss herunter und das bedeutet mehr Arbeit. Osage wächst typischerweise verdreht, aber viele Bäume, die entlang von Bächen und Flüssen wachsen, sind schön gerade. Man findet bei Osage Orange auch viel mehr Knoten als in jedem anderen beschriebenen Holz, auch Robinie und Maulbeerbaum. Es macht viel mehr Mühe, um diese Knoten herumzuarbeiten. Aber wenn Osage in deiner Nähe wächst, nimm es auf alle Fälle. Osage ist unter einer ganzen Anzahl von Spitznamen bekannt. Im Osten zum Beispiel nennt man es einfach Hecke oder Heckenapfel, weil es große, grüne Früchte hat, die man in den Ästen hängen sehen kann, wenn im Herbst das Laub fällt. Die Rinde und auch die Früchte haben oft einen orangen Schimmer.

Wenn du einen Stamm aus Osage Orange spaltest, findest du manchmal, dass sich die Maserung um einen Knoten windet wie die Streifen einer Zuckerstange. Vielleicht kommst du zu der Entscheidung, dass das Stück zu verdreht sei für einen Bogen und damit nutzlos ist. In so einem Fall hast du nichts zu verlieren. Versuchs mal so: Spalte ein Ende deines verdrehten Stückes ungefähr bis zur Hälfte. Das gespaltene Ende wird sich weiten, besonders, wenn das Holz noch grün ist, und eine Y-Form annehmen. Schau jetzt von hinten darauf. Vermutlich stellst du fest, dass das Spalten eine Seite mehr verdreht hat. Eine Seite wird dagegen gerader sein. Schlage einen Holzkeil in den Schlitz des Y und du wirst sehen, dass eine Seite davon ziemlich gerade geworden ist, vielleicht sogar gerade genug, um einen Bogen daraus zu machen. Lass das noch grüne Stück gut trocknen, dann kannst du das verdrehte Stück wegschneiden.

Schneidest du ein Stück Osage ungefähr so ein...

... und lässt es ein paar Tage liegen, sieht es meist so aus:

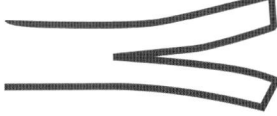

Ein anderer guter Trick geht so: Angenommen, du hast ein gerades Stück frischen Osage-Stamm in der Mitte gespalten und gefunden, dass die Maserung gerade verläuft. Sagen wir, der Stamm war 30 cm dick und dein Spaltling misst nun 15 cm. Jetzt nimmst du eine Säge und schneidest 2,5–5 cm von der gespaltenen Seite weg, etwa so:

Hier sägen $\longrightarrow$

In ein paar Tagen wirst du sehen, dass sich das Stück auf die Rinde zukrümmt. Es wird eine reflexe Form annehmen und diese behalten, wenn das Stück trocken ist. Bogen Nr. 10 wurde aus einem Stück Holz gemacht, das so behandelt wurde. Obwohl der Stamm ursprünglich ganz gerade war, wies der Rohling schließlich eine reflexe Form auf und ist im Griff weit zurückgesetzt.

Die Fasern im Osageholz sind verhältnismäßig lang. Wenn man mit einer Säge durch sie hindurchschneidet, schwächt sie das. Die Fasern unter der Rinde, die nicht durchschnitten wurden, sind stärker. Deshalb verzieht sich das Stück in Richtung Rinde. Bei manchen anderen Hölzern kann man das auch beobachten, aber nicht in dem Ausmaß wie bei Osage Orange.

Solltest du mit der Säge einen Bogen aus Osageholz grob herausschneiden, machst du das besser in einem Aufwasch.

Eibe

Eibe ist ein immergrüner Baum. Die teuerste Eibe wächst in höheren Lagen. In Europa und dem pazifischen Nordwesten dauert es etwa 40 Jahre, bis solche Bäume 2,5 cm im Durchmesser zunehmen. Genau wie Osage Orange ist ein solches Stück Holz sehr schön. Die feine Maserung kann einen schon in ihren Bann schlagen und die Farbe kann von zartem Rosa bis tiefem Rot variieren. Ähnlich der Birke wirkt Eibe ein bisschen schlapp, wenn sie noch grün ist, und wird beim Trocknen steifer.

Ford fing mit Gerüchten an, dass englische Eibe nur mittelmäßig sei. Es handelt sich jedoch um dieselbe Sorte wie die spanische oder italienische Eibe, nur dass ihre Maserung gröber ist. Die amerikanische Eibe ist eine andere Sorte, aber Eibe aus den amerikanischen Bergen ist sehr feinringig. Wie Osage Orange hat Eibe gerne Knoten und Drehwuchs.

Die Bögen Nr. 2 und 5 sind aus japanischer Eibe, die eigentlich als Zierbäume gepflanzt wurden. Sie hat ungefähr 16 Ringe pro Zoll. Abgesehen davon sieht sie genauso aus wie pazifische Eibe. Sei es wie es will, Ford, der alte Snob, hätte dieses Holz als Müll bezeichnet.

Verglichen mit Osage, Esche, Ulme usw. ist Eibe weich und empfindlich. Lass so ein Teil auf den Boden fallen und du hast lauter kleine Dellen. Aschams Buch ist voller Warnungen, wie man einen Eibenbogen behandeln muss, damit er ja nicht zerbricht. Die Oldtimer rieten dem Anfänger, mit einem Bogen aus Lemonwood zu beginnen, weil Eibe empfindlicher sei und leichter zerbreche. Das weiße Saftholz der Eibe ist weit weniger spröde als das Kernholz. Es ist allgemein üblich, als Vorsichtsmassnahme gegen Bogenbruch eine dünne Schicht Saftholz auf dem Bogenrücken zu lassen.

Die Eibe hat Verwandtschaft in Kalifornien und Florida, genannt Torreya, California Nutmeg oder Stinkende Zeder. Indianer benutzten dieses Holz zum Bogenbau und das überzeugt schon. Höchstwahrscheinlich kann man auch hier das Saftholz dranlassen.

Andere entferntere Cousins sind die Wacholderarten. Ishi, der indianische Begleiter von Pope, ließ bei seinen Bögen aus Wacholder das Splintholz dran. Ein Wacholderbaum aus dem Osten ist die östliche Rotzeder. Die Oldtimer bemerkten, dass Rotzeder und Eibe größere Abmessungen brauchten als Osage Orange, um das gleiche Zuggewicht zu erreichen. Die Wurfarme von Bogen Nr. 5 waren so dick und so breit wie die von Nr. 17, aber der Hickorybogen zog 80 lb. und der Eibenbogen nur 53 lb.

Wenn du im Westen der USA lebst, sei gewarnt! Westliche Rotzeder ist keine Wacholderart wie die östliche. Aber wer weiß, probiere es aus und vielleicht kann man sie auch verwenden. Obwohl keine immergrüne Pflanze, wurde ein anderes im Westen gebräuchliches Holz, Baumwollstrauch, von den Indianern verwendet.

Ein Problem für den Jäger, der sich seinen eigenen Eibenbogen machen will, besteht darin, dass es Eibe in den USA nur örtlich sehr begrenzt gibt. Ich traf nur einen anderen Jäger, der sich seine Jagdbögen selbst machte, meist Englische Langbögen aus Osage Orange. Dieser Bursche zahlte 80 Dollars für einen Rohling aus pazifischer Eibe. Er machte einen Langbogen daraus, mit Hornnocken und dem ganzen Brimborium. Ein kleiner Fehler in den Abmessungen verursachte aber einen gewaltigen Kompressionsbruch auf dem Bauch des einen Wurfarmes. Englische Langbögen sind verzwickt und Eibe ist es auch. Der sentimentale Hang zum historischen Aussehen bleibt jedoch stark.

Tropenholz

Ungeachtet des Namens hat Zitronenholz nichts mit Zitronen oder Zitronenbäumen zu tun. Es wächst nur in Kuba und sein richtiger Name ist Degame. Um 1860 fingen die Engländer an, Bögen aus Degame zu machen und wegen seiner gelblichen Farbe nannten sie es Zitronenholz. Der Name ist ihm geblieben.

Wie die meisten Tropenhölzer hat es keine Jahresringe, nicht wie die Bäume des Nordens, die im Winter zu wachsen aufhören.

Die einzige Möglichkeit, Zitronenholz zu kriegen, ist, es von jemandem zu kaufen, der es importiert. Ein dicker Rohling kann durchaus noch ein bisschen grün sein, wenn du ihn kaufst. Es wäre bestimmt eine gute Idee, die Bogenform roh herauszuarbeiten und das Werkstück eine Zeit lang ins Warme zu legen, bevor du mit dem tillern anfängst.

Obwohl Zitronenholz keine Jahresringe hat, wird es brechen, wenn es sich verdichtet hat und du versuchst, es zurückzubiegen. Ich habe einen schneidigen Zitronenholzbogen, belegt mit Bambus, verloren, als ich das probierte.

Du bekommst bestimmt auch andere tropische Hölzer, z.B. Purpleheart, Snakewood, Palme, Lancewood, Beefwood, Greenheart, Ipe und weiß Gott noch alles. Es wachsen Hunderte von Arten im Dschungel und Dutzende davon sind schwer und hart und würden einen guten Bogen ergeben.

Natürlich bist du auf Gedeih und Verderb demjenigen ausgeliefert, der dir das Holz verkauft. Ich selber habe einmal ein Brett aus einem Tropenholz namens Goncalo Alves gekauft. Man sagte mir, das würde härter schießen als Lemonwood. Es war ein wunderbares Holz, mit hellen und dunklen Streifen getigert. Ich hob es mir auf, bis ich mir sicher war, einen perfekten Bogen bauen zu können. Ich legte ein dickes Backing aus Rohhaut auf. Dann tillerte ich den Bogen, brachte ihn zum Biegen so vorsichtig ich nur konnte. Als er mir gleichmäßig schien, zog ich ihn ein paar Zoll weiter. Der Bogen fing an, sich am Bauch zu falten und ein Wurfarm brach ab! Auch wenn Tropenholz keine Jahresringe hat, Maserung hat es eben doch. In meinem Fall lief die Maserung seitlich *und* am Rücken aus dem Stück und dort war es auch, wo der Bogen brach. Aus diesem Rohling einen Bogen zu machen, wäre ein Ding der Unmöglichkeit gewesen.

Die meisten Hölzer kann man durch Erhitzen und Biegen formen. Wiederholte Versuche, Lemonwood und Goncalo Alves zu erhitzen und zu biegen, schlugen fehl. Hast du erst einen Wurfarm aus Tropenholz beim Tillern arg verdichtet, ist das Spiel aus. Meist gibt es keine Möglichkeit mehr, ihn wieder hinzukriegen. Diese Hölzer brauchen noch mehr Sorgfalt beim Tillern.

Solltest du die Gelegenheit bekommen, einen ganzen Stamm Tropenholz zu kriegen, wäre es klug, den Bogen von der Außenseite des Stammes zu machen, ähnlich wie bei den nördlichen Bäumen. So wäre er sehr viel stärker als ein Bogen aus einem Brett. Am besten versieht man einen Bogen aus Tropenholz, der aus einem Brett gemacht ist, mit einem starken Backing.

Einen Grund gibt es, einen Bogen aus Tropenholz zu machen. Er wird ein wunderbares Sammlerstück. Wahrscheinlich zahlst du $ 35, $ 40, $ 60 oder noch mehr für das Holz für einen einzigen Bogen. Darum gibt es vom praktischen Standpunkt aus überhaupt keinen Grund, Tropenholz zu kaufen oder auch nur darüber nachzudenken. Der nordamerikanische Kontinent ist voller Bäume, die einen erstklassigen Bogen ergeben.

Bögen aus Brettern, Tricks mit der Maserung

Es ist Standard geworden, am Bogenrücken einem Jahresring zu folgen und dadurch sicherzustellen, dass der Faserverlauf dort nicht durchschnitten worden ist. Sind die Fasern durchtrennt worden, kann der Bogen brechen. Läuft die Maserung aus Bauch und Rücken, kann auch ein mit Rohhaut oder Sehne belegter Bogen in die Brüche gehen. Je mehr Fasern durchtrennt sind, um so größer das Risiko.

Gewitzte Bogenbauer haben jedoch herausgefunden, wie man die Jahrerringe durchschneiden und trotzdem einen intakten Faserverlauf am Bogenrücken haben kann. Eine Möglichkeit sieht man auf den Bildern A und B.

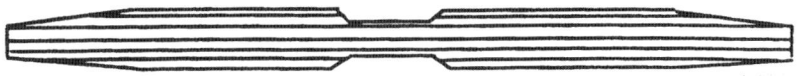

A: Ideale Ausrichtung von durchtrennten Jahresringen, gesehen vom Rücken eines Bogens ohne Backing

B: Ideale Ausrichtung von durchtrennten Jahresringen von der Bogenseite aus gesehen (für einen Bogen ohne Backing)

Zeigt ein Brett durchtrennte Jahresringe sowohl auf dem Rücken als auch auf den Seiten als gerade Linien, die mit den Brettaußenkanten parallel verlaufen, kann man einen Bogen ohne Backing daraus machen. Diese geraden Linien wird man auf dem fertigen Bogen genau so sehen können, wie sie auf den Zeichnungen abgebildet sind. Es genügt nicht, wenn man diese Linien nur auf dem Rücken oder nur an den Seiten sieht. Sie müssen auf beiden sein. Je perfekter die Linien sich dem Ideal nähern, umso größer ist die Wahrscheinlichkeit des Erfolges bei so einem Bogen.

Tim Baker aus Oakland, Kalifornien, hat hunderte von solchen Bögen aus Ahorn-, Birken-, Hickory-, Eschen-, Pecan- und anderen Hartholzbrettern gemacht.

Manche Hölzer wie Kirsche sind von Haus aus schwächer und man legt am besten ein Backing auf.

Manchmal sehen solche geraden Linien von durchtrennten Jahresringen nur auf einer Seite eines Brettes gut aus. In so einem Fall nimmst du eben nur den gut aussehenden Teil des Brettes für den Bogen.

Die durchschnittenen Jahresringe, die man auf Bild B sieht, würde man auf einem Bogen sehen, der sich in der Breite kaum oder gar nicht verjüngt. Würde man den Bogen in der Breite verjüngen, sähen die Linien, die ursprünglich gerade waren, so aus, als würden sie aus Bauch und Rücken laufen. Deshalb beurteilt man die seitlichen Jahresringe am besten an einem Brett mit parallelen Seiten.

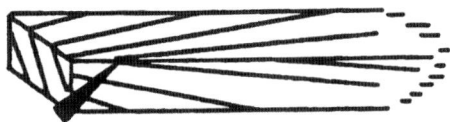

C: Wenn man die Stelle findet, wo die durchtrennten Jahresringe an der Kante eines Brettes ein „V" bilden, kann man einen innenliegenden Ring aufspüren.

D: Holz kann noch brauchbar sein, wenn die Maserung quer durch das Stück läuft (entweder von einer Seite zur anderen oder von Bauch zu Rücken), wenn der Abstand von X zu Y 38 cm oder mehr beträgt.

Bei den meisten Brettern erscheinen durchtrennte Jahresringe irgendwo an den Kanten als „V", wie es der schwarze Pfeil auf Bild C zeigt. Folgt man den Linien vom „V" aus, kann man einem einzelnen Jahresring auf die Spur kommen. Diesen Jahresring kann man meistens zu einem Bogenrücken abarbeiten.

Sogar wenn die Linien von A und B nicht hundertprozentig parallel sind, kann man manchmal aus dem Brett noch einen Bogen machen. Einer der alten Bogenbauer, James Duff, berichtete, wie ein Brett, dessen Maserung von einer Seite zur anderen (oder von Rücken zum Bauch) auf einer Länge von 15" (31 cm) oder mehr intakt ist (wie in Bild D gezeigt) noch einen Bogen ergeben kann. Unter solchen Umständen muss der Bogen jedoch so lange wie möglich sein. Um das Risiko so gering wie möglich zu halten, sollte man ein Backing auflegen, wenn die Maserung wie beschrieben von Rücken zum Bauch läuft. Ohne Backing ist die Wahrscheinlichkeit groß, dass er zerbricht.

Sogar bei einem guten Bretterbogen besteht die Gefahr, dass der Rücken entlang der Kanten bricht. Baker sagt, die beste Versicherung dagegen sei, die Kanten bei solchen unverstärkten Bögen abzurunden.
Hat man als Bogenbauer irgendwelche Zweifel, ist es immer besser, ein Backing aufzulegen.
Für die Glücklichen, denen Bretter aus den beschriebenen Hölzer zur Verfügung stehen, können die beschriebenen Techniken gute Bögen ergeben. Ich selber habe jedoch bis jetzt noch niemanden gefunden, der aus einem Zedernholzbrett aus einem Sägewerk einen guten Bogen hätte machen können. Bei mir und auch bei einigen Freunden hat das Holz böse Falten geworfen.

Legt man ein Backing aus Bambus oder Hickory auf, ist die Richtung der Maserung im Brett fast völlig egal; es wird trotzdem einen Bogen ergeben.
Man hört oft, dass man aus Brettern keine guten Bögen machen kann. Man glaubte auch, Grund zu der Annahme zu haben, dass kein Brett die Belastung aushalten könnte, die man einem Bogen zumutet, dessen Rücken einem einzigen Jahresring folgt.

Aus Brettern werden aber haltbare und starke Bögen, wenn:
• der Bogenbauer den obigen Richtlinien, die Maserung betreffend, folgt.
• der Bogen gut getillert ist
• der Bogen für den Auszug lang genug ist.
• der Bogen für das Zuggewicht breit genug ist.

Eine einfache Möglichkeit, die Belastung der Wurfarme auf ein erträgliches Maß zu reduzieren, besteht darin, Bauch und Rücken möglichst flach und breit zu machen.

E: Ein solcher Verlauf der Maserung übers Eck wurde bei prähist. Bögen in Europa benutzt.

Das kann schwierig sein, wenn der Rohling aus einem noch recht schmalen Baum stammt, etwa 10 cm oder weniger. Solche dünnen Bäume sorgen für eine ziemliche Rundung auf dem Bogenrücken.

Die Bogenbauer im steinzeitlichen Europa behoben dieses Problem, in dem sie ihren Bogenrücken abflachten, wie man es auf Bild E sieht. Die durchtrennten Jahresringe sahen aus wie gerade Linien, parallel zu den Wurfarmen. So ein Bogenrücken würde der Abbildung A sehr ähneln.

Meine eigenen Experimente mit solchen Bogenstäben lassen vermuten, dass man den besten Erfolg hat, wenn die Bogenarme gleich lang sind und sich gleichmäßig biegen. Diese Wirkung erreicht man am besten, wenn der ursprüngliche Stamm eine sehr gerade Oberfläche ohne Beulen oder Höcker hat. Der fertige Bogenrücken muss dann parallel zur ursprünglichen Außenseite des Baumes sein.

11

Holz besorgen

Wo bekommen wir jetzt das Holz her, nachdem wir besprochen haben, welche Sorten es gibt und wie man sie trocknet? Natürlich kann man Bogenholz kaufen, aber du wirst anständig dafür zahlen müssen. Natürlich kann man auch einen Holzbogen kaufen, aber auch dafür wirst anständig löhnen.

Im Interesse der Sparsamkeit geht nichts darüber, sich das Holz selbst zu schlagen, wenn man sich eine Anzahl Jagdbögen aus Holz zulegen will. Auf Regierungsland kann man oft einige Bäume legal für den Eigengebrauch fällen. Es wäre nicht verkehrt, in dieser Richtung nachzuforschen, wenn Regierungsland in deiner Nähe ist. Vergewissere dich auf jeden Fall, dass es erlaubt ist.[1]

Je nach dem, was du für einen Baum willst und in welcher Gegend du wohnst, kriegst du manchmal Unterstützung von privaten Landbesitzern. Oft wirst du Punkte sammeln, wenn du erzählst, dass du das Holz für einen Bogen brauchst. Erzähl ihnen, dass du nur dicke Äste brauchst, wenn du glaubst, das hilft dir. Auf diese Weise würdest du nicht den ganzen Baum töten – falls das den Besitzer stören würde. Viele der hier beschriebenen Bögen sind aus dicken Ästen, sag ruhig, dass du nicht unbedingt einen 20-Meter-Baum brauchst. Im Allgemeinen ist der Stamm gut, wenn er 15–20 cm im Durchmesser hat. Natürlich kann man auch dickere oder dünnere Stücke nehmen.

Eine gute Idee ist es, dem Besitzer einen deiner selbstgemachten Bögen zu zeigen. So weiß er, wovon du redest.

Manche Bäume wollen die Grundbesitzer auch einfach loswerden. Osage Orange wird unglücklicherweise oft als Plage angesehen. Andere Bäume werden hochgeschätzt. Einen Walnussbaum kann man gut an einen Holzhändler verkaufen. Deshalb kann es gut sein, dass dich der Besitzer den Baum nicht mal anfassen lässt. Bist du jedoch selbst der glückliche Besitzer einer ganzen Farm voller Walnussbäume, warum dann nicht einen fällen?

---

[1] Auch hier in Europa unbedingt vorher beim zuständigen Forstamt nachfragen

Bietet dir ein Grundstücksbesitzer an, dass du dir alles gewünschte Osage Orange, Eschenholz, Ulme, oder was auch immer, schneiden kannst, dann ziere dich nicht und schneide dir ein paar schöne Stücke. Es ist nie verkehrt, ein bisschen Extraholz bei der Hand zu haben, auch wenn du es erst in ein paar Jahren brauchst.

Eins jedoch zu Warnung: Wer Bäume ohne die Erlaubnis des Besitzers fällt, begeht einen Diebstahl. Es kann übel bestraft werden, je nachdem, wie viel du dir nimmst. Lass es lieber.

Wenn du oft auf die Jagd gehst, kennst du wahrscheinlich einige Grundbesitzer. Meiner Erfahrung nach haben solche Leute im allgemeinen nichts dagegen, etwas Holz für Bogenschützen lockerzumachen. Manche sind überaus willig und fahren dich sogar mit ihrem Traktor und einer Kettensäge herum. Solche Freundschaften muss man pflegen!

Grünes Holz kann man schnell mit bestem Erfolg in einen Bogen verwandeln. Man kann auch totes, trockenes Holz verwenden; es kommt auf dessen Zustand an.

Osage Orange ist eines der wenigen Hölzer, das jahrelang herumliegen kann, ohne zu verrotten. Andere Arten können innerhalb weniger Monate zu faulen anfangen.

Totes Holz, das draußen trocknete, hat üblicherweise Trocknungsrisse. Nochmals, das sind Risse, die entlang der Maserung oder des Faserverlaufs beim Trocknen auftreten. Es gibt winzige und schmale, aber auch breite und tiefe Risse. Sie werden grundsätzlich an jeder Holzart auftreten, die lange genug herumgelegen hat. Sind sie sehr zahlreich und tief, kann das den Bogenbau komplizieren.

Du kannst keine großen, langen Risse brauchen, die aus der Seite eines Wurfarmes laufen. Läuft der Riss von Rücken zum Bauch, ist das auch nicht gut. Kurz gesagt, je kleiner die Risse, um so kleiner ist auch das Problem.

Sind sie nicht allzu tief und laufen sie nicht seitlich aus einem Wurfarm, gibt es im allgemeinen gar kein Problem.

Frisch geschlagenes, grünes Holz wird an den Enden aufreißen. Pope riet dazu, die Enden mit Farbe einzustreichen. Wenn es dir nichts ausmacht, ein bisschen mehr Gewicht zu tragen, dann schneid dir dein Holz besonders lang ab. So kannst du später die aufgespalteten Enden einfach abschneiden.

Manches tote Holz wird schnell von Ameisen befallen. Du merkst das sofort, wenn du es spaltest. Einige Arten werden auch zu trocken und spröde. Ist das Holz immer noch schwer und hart, ist es wahrscheinlich in Ordnung, hast du jedoch Zweifel, kannst du immer noch den Mini-Bogen-Test machen.

Am besten ist es immer, das Holz gleich zu spalten, wenn du es geschlagen hast. Auch wenn du noch keine Pläne damit hast, bringt es Vorteile. Das Holz wird schneller trocknen und der beste Weg, zu sehen, ob es nicht doch zu verdreht gewachsen ist, besteht immer noch darin, es mit Vorschlaghammer und Keilen zu spalten.

Hast du vor, einen Bogen mit 5 cm breiten Wurfarmen zu machen, machst du dir vieles einfacher, wenn du einen Baum mit mindestens 15 cm Durchmesser fällst.

Holzhandlungen und Sägewerke sind generell schlechte Quellen für Bogenholz. Die wenigsten führen geeignetes Holz.

Tim Baker, ein Bogenbauer aus Kalifornien, hat eine Menge Bögen aus Hickory, Esche und Eiche gemacht, die kammergetrocknet worden waren. Wiederum muss ich sagen, dass es ziemlich wenige Holzhandlungen gibt, die solche Sachen verkaufen. Das andere Problem ist, dass Baker einen Berg von Planken durchsuchen muss, bis er ein Stück mit gerader Maserung findet, aus dem er einen Bogen machen kann. Der Faserverlauf muss von einem Ende zum anderen absolut gerade sein. Für einen Bogen ohne Backing muss ein ganzer Jahresring entlang einer Seite der Planke liegen, der dann den Bogenrücken ergibt. Kann man die Maserung an einer Seite als perfekte, parallele Linien sehen, könnte man vielleicht auch daraus einen Bogen ohne Backing machen.

Die alten Bogenbücher (und auch frühere Ausgaben dieses Buches) warnen davor, kammergetrocknetes Holz zu verwenden. Es gibt auch einen Grund für diese Warnung. Kammergetrocknete östliche Rotzeder (die ich selber ausprobieren wollte) faltet sich schnell und fällt auseinander, wenn man einen Bogen daraus macht. Ohne Zweifel würden andere Hölzer genauso reagieren.

Hickory, Eiche und Esche dagegen sind schwere, harte Hölzer. Baker machte viele Bögen mit bis zu 60 lb. Zuggewicht aus solchen kammergetrockneten Hölzern. Das Material, das er verwendete, hatte einen Feuchtigkeitsgehalt von mindestens 8 bis 9 Prozent.

Wegen dieser Unwägbarkeit bei künstlich getrocknetem Holz ist es für den durchschnittlichen Bogenbauer immer noch am besten, sich sein Holz selbst zu schlagen.

Greifzirkel und Messinstrumente

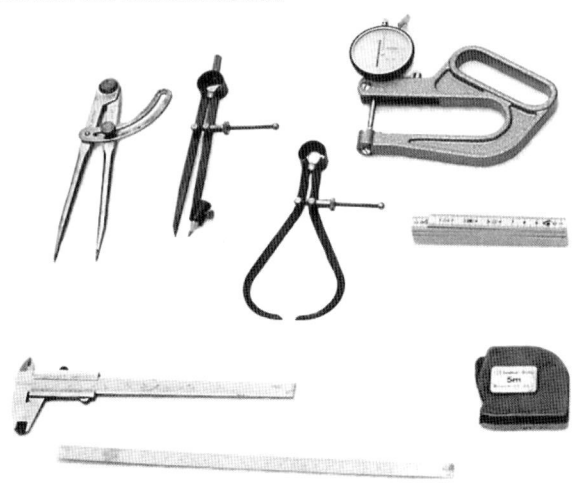

12

Werkzeug

Einen Baum oder Ast kann man mit einer Säge oder einer Axt umlegen. Gutes Bogenholz ist jedoch eine widerstandsfähige Sache. Eine Kettensäge wird dir die Arbeit wesentlich leichter machen.

Um einen Baumstamm zu spalten, brauchst du einen Vorschlaghammer und Keile. Am besten geht ein 8- bis 10-pfündiger Hammer. Die Stahlkeile, die für Holzhacker gedacht sind, funktionieren ebenfalls sehr gut. Es kann ein bisschen schwierig werden, einen kleineren Stamm so spalten zu lassen, wie du es dir vorstellst, wenn du einen zu breiten Keil nimmst. Man kann die Schneide einer Axt vorsichtig in das Ende des Stückes schlagen, um einen Anfang zu machen. Dann wechselt man zu Keilen über.

Für das eigentliche Bogenbauen braucht man zwei Arten von Werkzeugen. Solche die Holz schnell entfernen und solche, die Holz langsam entfernen. Zu denen, die Holz schnell entfernen können, gehören Motorsäge, Handsäge, Axt und Keile. Falls die Maserung sehr gerade verläuft, wäre es ohne weiteres möglich, den Rohling mit schmalen Keilen auf eine Breite von 5 cm oder weniger zu bringen.

Jeder, der mit motorgetriebenen Werkzeugen arbeitet, muss sich eins vor Augen halten: ein normaler Holzbalken ist wie ein Stück warme Butter im Vergleich zu den meisten Bogenhölzern. Man muss wirklich aufpassen und mit der Motorsäge langsam vorgehen.

Das wichtigste Werkzeug der Bogenbauer vergangener Jahre war vermutlich das **Zugmesser** oder auch Schäleisen. Wenn du damit ein etwas Übung kriegst, kannst du eine Menge Holz in kurzer Zeit entfernen. Zugmesser sind heutzutage nicht mehr gebräuchlich und viele Menschen haben keine Ahnung, was das eigentlich ist.

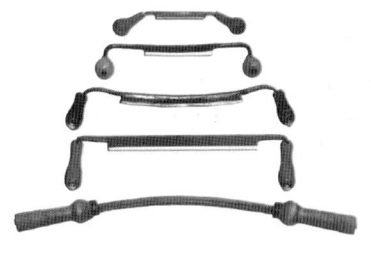

Am besten findet man sie in Fachgeschäften für Holzbearbeitung. Vielleicht musst du die gelben Seiten der nächsten, größeren Stadt durchstöbern, um so ein Geschäft aufzutreiben. Willst du ein Zugmesser benutzen, so wie es sich gehört, ist auch ein Schraubstock ein Muss.

Um Holz langsam zu entfernen, kannst du Schmirgelpapier oder einen Bandschleifer nehmen. Du kannst auch ein altmodisches Gerät benutzen, das Speichenhobel oder auch Schweifhobel heißt.

Ein **Speichenhobel** ist wie ein kleines Zugmesser, aber es hat eine Klinge, die man so einstellen kann, dass nur ein sehr flacher Schnitt gemacht werden kann. Vielleicht findest du heraus, dass es zwei Arten von Speichenhobeln gibt. Die einen haben eine Klinge wie ein Messer, nur von einer Seite geschliffen. Die anderen schneiden mit der Kante eines flachen Stahlstückes, das

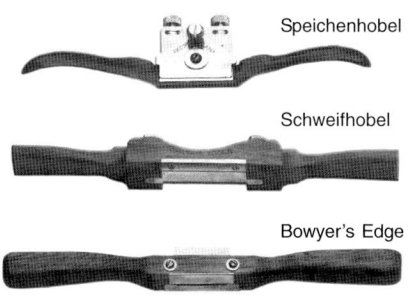

Speichenhobel

Schweifhobel

Bowyer's Edge

die Klinge bildet (Schabhobel). Falls du beide ausprobierst, gefällt dir wahrscheinlich der mit der geschliffenen Klinge am besten. Natürlich kannst du auch ohne Speichenhobel einen Bogen bauen, aber er ist ein handliches und nützliches Gerät. Man kann ihn mit Schraubstock anwenden, es geht aber auch ohne.

Eine **Holzraspel** kann man in fast jedem Werkzeuggeschäft kaufen. Das ist wirklich ein wichtiges Werkzeug, das du zu schätzen lernen wirst. Hast du erst einmal damit gearbeitet, gibst du sie nie wieder her, denn du kannst sie auch überall dort nehmen, wo die Maserung nicht gerade verläuft. Jedes andere schneidende Werkzeug würde an einer solchen Stelle das Holz aufreißen. Achte darauf, dass du eine Raspel mit schönen scharfen Zähnen kaufst.

Ein modernes Werkzeug, das man gut gebrauchen kann, ist der Präzisionshobel von Stanley. Dieses Gerät ist eine Art Allzweck-Hobel. Es kann ziemlich schnell Holz abtragen, hinterlässt aber eine raue Oberfläche und reißt eine nicht ganz so gerade Maserung vielleicht auf.

Geradezu ein Muss für den Bogenbauer ist der **Schaber** (Ziehklinge). Das kann ein scharfes Messer, eine Glasscherbe (wobei Glas schnell stumpf wird), oder ein Sägeblatt mit abgeschliffenen Zähnen sein. Den Schaber nimmt man im Endstadium des Bogenbauens. Man will vorsichtig Holz entfernen und gleichzeitig schon eine glatte Oberfläche haben. Dafür ist der Schaber gut. Falls du noch nie einen Schaber benutzt hast, nimm dir ein glattes Stück Holz und ein scharfes Messer. Setze die Klinge in einem 90° Winkel auf das Holz und schabe damit auf der Oberfläche. Ist das Messer scharf, gibt das einen sehr feinen Span.
Schaber müssen scharf sein. Wenn du ein Messer nimmst, wirst du oft pausieren und die Schneide abziehen müssen. Manche Geschäfte verkaufen Schaber zu Abkratzen von Farbe, die auch gut zum Bogenbauen sind. Diese haben eine Klinge, die über die Oberfläche gezogen werden muss.(Die kleinen Dinger zum Drücken mit Einsätzen wie Rasierklingen sind nicht das, was du brauchst.)

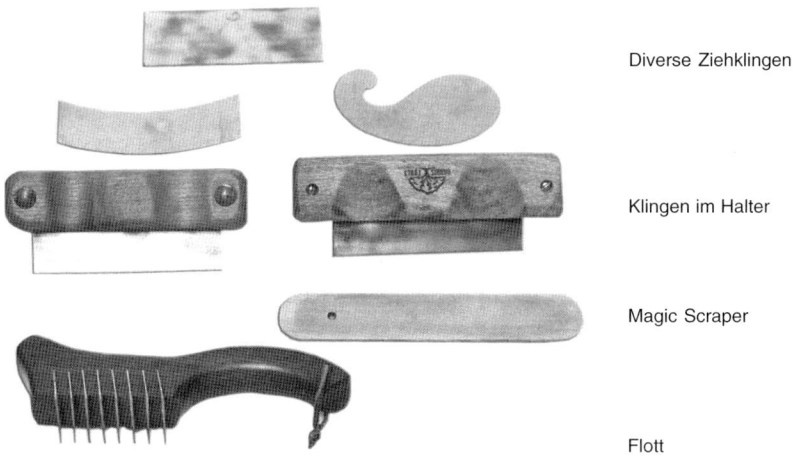

Diverse Ziehklingen

Klingen im Halter

Magic Scraper

Flott

125

Mit einer Feile oder einem Schleifstein kannst du die scharfen Ecken an den Schabern abrunden. Mit einer Schlichtfeile hält man die Klinge gut scharf. Mit so einem Farbkratzer kann man mit viel Druck arbeiten.

Sowohl ein Speichenhobel als auch ein Schaber neigen dazu, auf hartem Holz zu rattern oder zu hoppeln. Wenn sie das tun, sieht die Oberfläche wie ein Waschbrett aus. Dann macht man sie mit Schmirgelpapier oder einer Raspel wieder glatt. Grobes Schmirgelpapier um einen Klotz gewickelt eignet sich sehr gut zum Erzeugen einer flachen Oberfläche oder einer geraden Linie. Gut geht das auch mit einer Raspel. Sie hinterlässt zwar eine raue Oberfläche, die man aber mit dem Schaber leicht wieder glatt bekommt.

Vielleicht probierst du auch einen kleinen Zimmermannshobel. Sei aber nicht überrascht, wenn das nicht allzu gut klappt. Ein Bogen kann viele Rundungen in sich haben und ein Hobel wie dieser ist für ganz gerade Flächen gedacht.

Wenn dich nur interessiert, wie es am einfachsten geht und Zeit für dich keine Rolle spielt, kannst du einen wunderbaren Bogen mit nichts anderem als einer Raspel und einem Schaber machen.

Was man noch braucht, ist eine Bogenwaage. Man findet sie im Bogenzubehör-
handel. Ohne eine Waage weißt du nicht,
wie stark dein Bogen ist.

Fotos Werkzeuge: Volkmar Hübschmann

13

Konstruktion

Viele Elemente, die einen guten Bogen ausmachen, haben wir uns im Detail ange-
schaut. Ich habe darüber berichtet, bevor wir zum Bogenbauen selber kamen,
weil deren Verständnis sehr zum Erfolg beiträgt.

Der Anfänger glaubt vielleicht, dass man am besten einen Holzbogen macht, in
dem man ein Muster mit vorgegebenen Maßen kopiert. Wenn der Bogen aus einem Brett gemacht wird, kann das sogar funktionieren, da das Material dann gleichmäßig wäre. Bogen Nr. 3, der von einem Profi von früher gemacht wurde, sieht
genauso aus wie einer, den ich mal in einem Bogengeschäft an der Wand hängen
sah. Es wäre möglich, dass beide von ein und derselben Person nach demselben
Muster angefertigt worden sind, mit dem Unterschied, dass Nr. 3 aus Zitronenholz ist und der Bogen im Geschäft aus einem Hickorybrett gemacht wurde.

Forest Nagler, ein Bogenbauer aus den alten Tagen, hat einmal eine Tabelle er-
stellt mit Breiten und Dicken, auf einen Hundertstel Zoll genau. Man sollte meinen, dass man einen Bogen mit dem genannten Zuggewicht bekommen würde,
wenn man sich nach dieser Tabelle richtet. Diese Methode könnte funktionieren,
aber es gibt Probleme damit.

Als Erstes braucht man für ein Muster, das irgend einen Nutzen haben soll, ein
homogenes, gleichförmiges Material. Bäume, die im Wald wachsen, sind aber
alles andere, nur nicht gleichförmig. Verschieden große Baumstämme ergeben
verschiedene Konturen entlang des Rückens. Das ergibt eine andere Masse im
Wurfarm, auch wenn Breite und Dicke gleich scheinen.

Zum Zweiten können verschiedene Hölzer verschiedene Abmessungen brauchen,
um das gleiche Zuggewicht zu erreichen. Wie wir gesehen haben, hatten ein
Hickorybogen und ein Eibenbogen grob die gleichen Maße, aber ein total unter-
schiedliches Zuggewicht.

Drittens: Wenn du nach einem Muster arbeitest, müsste deine Geschicklichkeit
makellos sein. Ist sie es nicht, könnte der Tiller leiden, was bedeutet, du müsstest
nachkorrigieren und würdest dadurch den Vorteil verlieren, den ein Muster bietet.
Mit anderen Worten, wenn du nicht hundertprozentig genau nach Muster arbeitest, erhältst du ein fehlerhaftes Produkt.

Einen Holzbogen macht man am besten, indem man ausprobiert, wie er wird, beim Bauen die entsprechenden Änderungen vornimmt und die letztendlichen Maße dadurch gewinnt, dass man sich dem Holz anpasst.

Wenn du das kannst, dann kannst du einen Bogen aus fast allem machen, was wächst. Du brauchst kein gleichförmiges Material und du brauchst auch kein Muster. Aus dir wird auf diese Art ein intelligenter, unabhängiger und professioneller Bogenbauer.

Solltest du versuchen, deinen ersten Bogen gleich aufs Endmaß auszuschneiden, ohne ihn je auszuprobieren, dann die Sehne aufzulegen und ihn sofort auf seine ganze Zugweite auszuziehen, zerspringt er dir wahrscheinlich sofort.

Testest du ihn jedoch immer wieder, indem du ihn solange vorsichtig biegst bis er passt, kannst du Brüche, schlimm verdichtete Stellen und andere Alpträume vermeiden.

Wo fangen wir an?

Angenommen, du hast einen langen Baumstamm, in der Mitte gespalten, evtl. ist die Rinde schon entfernt. Falls du zuvor noch nie einen Holzbogen gemacht hast, soll dich die folgende Prozedur in die Lage versetzen, gleich beim ersten Mal Erfolg zu haben. Ich möchte auch noch erwähnen, dass man bei unterschiedlichen Hölzern auch unterschiedliche Methoden anwenden muss, um einen Bogen daraus machen zu können. In der jetzigen Anfangsphase ist die Grundmethode jedoch immer die gleiche, egal, was du für ein Holz hast.

Ist die Rinde noch dran, muss sie jetzt runter. Ein Zugmesser ist ein ausgezeichnetes Werkzeug, um die Rinde zu entfernen. Wenn das Holz schön trocken ist, springt die Rinde jedoch schon weg, wenn du nur einen Schraubenzieher nimmst.

Manche Holzarten haben eine dicke Innenrinde, so dick, dass sie fast wie Holz aussieht. Bei grünem Holz geht sie oft gleich mit der Rinde selber ab. Alles was von der Innenrinde noch dranbleibt, schabst du ab. Sie ist üblicherweise weicher als das eigentliche Holz.

Wenn du zwei Holzstücke hast, eins gerade und eins, das sich vom Bauch weg-biegt und einen reflexen Bogen ergeben würde, dann nimm für deinen ersten Bo-gen das gerade Stück. Du tust dir damit einen Gefallen.

Am Besten fängst du damit an, die Umrisse des Bogens auf die Außenseite des Baumstammes zu zeichnen. Aus dieser wird später der Bogenrücken. Als Erstes malst du eine gerade Linie auf den Stamm. Um diese Mittellinie zeichnest du die Umrisse des Bogens. Je gerader du die Mittellinie machen kannst, um so gerader wird der Bogen werden.

Die vielen Vorteile eines Bogens mit breiten, flachen Wurfarmen haben wir schon besprochen. Hier ist noch einer: Nehmen wir an, du zeichnest die Umrisse so auf, dass die Wurfarme 5 cm breit sind, vom Griff bis zur Mitte gemessen, und von da an gerade zulaufend bis auf 2,5 cm Breite an den Tips. Damit kannst du davon ausgehen, dass du die passenden Maße für einen Bogen bis zu 70 lbs hast, oder aber so leicht wie du möchtest, egal, wie lang du ihn machst oder was für ein Holz du nimmst. Soll der Bogen unter 55 lbs werden, wäre eine Breite von etwa 4,5 cm angebracht, um Tillerprobleme zu vermeiden. Wenn der Bogen 68 Zoll lang ist, werden die Wurfarme ziemlich dick, ist er 56 Zoll lang, werden sie merklich dün-ner. Mit Wurfarmen der angegebenen Breite kann man alle nötigen Abstimmun-gen über die Wurfarmdicke vornehmen.

Bei Flachbögen ist es möglich, den Taper durch gerade Linien vom Griff bis zu den Tips festzulegen, so dass sich ein Wurfarm wie ein langgezogenes Dreieck ergibt. Falls du dieses Design wählst, brauchst du die Dicke der Wurfarme vom Griff zu den Tips kaum oder vielleicht sogar überhaupt nicht verringern. Auf diese Weise vermeidet man eine unnötig starke Biegung an den Wurfarmspitzen. Ver-giss jedoch nicht, dass eins der zuverlässigsten Maße, das etwas über die Haltbar-keit des Bogens aussagt, die Breite in der Mitte des Wurfarms ist (das andere Maß ist die Bogenlänge). Ist so ein Dreieck-Bogen in der Wurfarmmitte zu schmal für sein Zuggewicht, wird er starkes Stringfollow kriegen.

Für den Fall, dass dein erklärtes Ziel ein richtiger Englischer Langbogen mit typischem halbrunden Bogenbauch ist, wärst du gut beraten, so einen erst als zweiten oder dritten Versuch einzuplanen. Die Wurfarme eines Englischen Langbogens können recht unberechenbar sein. Dazu kommt, dass man für so einen Bogen nur hochelastische Hölzer wie Eibe, Osage Orange oder Lemonwood nehmen kann, damit das Stringfollow sich in Grenzen hält.

Willst du auf gar keinen Fall warten und hast auch das passende Holz, wäre dein nächster Schritt, die Wurfarme auf eine Breite von etwa 3,5 cm oder schmäler bis zur Wurfarmmitte zu reduzieren und sie dann auf eine Nockbreite von 1,5 cm zulaufen zu lassen. Wenn dir das für einen Englischen Langbogen breit vorkommt, denk daran, dass die zusätzliche Breite übermäßiges Stringfollow verhindern und die Wurfkraft erhöhen hilft.

Möchtest du deinen Engländer 28 Zoll weit ausziehen, sollte er mindestens 68 Zoll lang sein. Beim ersten Bogen wären 70 oder 72 Zoll besser, weil die Länge Fehler beim Tillern besser verkraftet. Ein Bogenbauch wie ein gotischer Bogen ist wegen der zusätzlichen, hohen Druckbelastung eine ganz schlechte Idee. Wenn du spaßeshalber so einen Bogen machen willst, dann mach ihn extralang.

Deinen ersten Bogen machst du am besten mindestens 68 Zoll lang, ganz gleich, für was für eine Stilrichtung du dich entschieden hast. Ein längerer Bogen verkraftet eben einfach Verarbeitungsfehler besser.

Ist deine Zuglänge größer als 28 Zoll, musst du einen Bogen länger als üblich machen. Beim Flachbogen ist 70 Zoll eine gute Länge für einen 30-Zoll-Auszug, 72 Zoll sind gut für eine 31-Zoll-Zugweite und ein 74-Zoll-Bogen ist gut für 32 Zoll Auszug. Rechne mindestens 2 Zoll dazu, wenn es dein erster Bogen ist oder wenn du einen Englischen Langbogen aus Eibe oder Osage machst.

Bei einem Englischen Langbogen ist es ein guter Plan, mit flachen Seiten und flachem Bauch anzufangen und erst später damit zu beginnen, den Bauch abzurunden. Dieses Verfahren hilft dir, im Auge zu behalten, was du eigentlich tust. Wenn dein Rohling nicht groß genug ist, um an der breitesten Stelle 5 cm breit zu sein, kannst du trotzdem einen breiten Flachbogen daraus machen. Mach einfach die Wurfarme so breit wie du kannst. Das können 4 cm sein und der Bogen ist trotzdem für 50 oder 60 lb. gut. Du musst jedoch darauf gefasst sein, dass er ziemliches Stringfollow kriegt, wenn du ihn nicht lang genug machst.

Hat ein breiter Bogen Wurfarme, die über ihre ganze Länge gleich dick sind, wird sich der Bogen vermutlich am Griff ziemlich stark biegen. Gleichmäßiges Verringern der Breite verhilft einem solchen Bogen zu gutem Tiller.

Wenn der Bogen aus der äußeren Schicht eines Stammes gemacht ist, wäre es klug, abrupte Änderungen in der Breite zu vermeiden und lieber die Dicke vom Griff zu den Nocken zumindest leicht zu verjüngen. Dadurch verringerst du die Chancen, dass du Kompressionsbrüche oder Risse im Wurfarm bekommst. Das liegt an den Unregelmäßigkeiten der Oberfläche, die in fast jedem Stamm zu finden sind.

Hat so ein breiter Flachbogen Wurfarme, die zu den Wurfarmspitzen hin deutlich dünner werden, wird er dazu neigen, nahe dem Griff steifer zu sein. Einen solchen Bogen tillert man am besten, indem man die Breite und die Dicke gleichmäßig verringert.

Wenn du einen echten Englischen Langbogen mit einem halbrunden Bogenbauch machen willst, kannst du ohne weiteres diese Rundung auf der gesamten Länge des Wurfarmes lassen. Die gleichmäßige Biegung erreichst du ebenfalls durch verjüngen von Dicke und Breite.

Wo man den Griff platziert

Ziehe eine Linie und markiere die Mitte. Der nächste Schritt ist der, dass man den Griff festlegt. Thompson riet, den Griff unterhalb der Bogenmitte anzubringen. Auf diese Art passiert der Pfeil den Bogen genau in der Mitte und würde den unteren Wurfarm mindestens 4" (10 cm) kürzer als den oberen machen. Thompson sagte: „ ...der Bogen für einen Mann solle sechs Fuß lang sein."

Wenn dein Bogen 180 cm lang werden soll, dann kannst du den Griff so legen und Glück damit haben. Willst du aber einen kurzen Bogen, so um die 150 cm oder weniger, kannst du dir viel ersparen, wenn du die Wurfarme nicht so unterschiedlich lang machst.

Pope meinte, der Pfeil solle 4 cm über der Mitte anliegen. So würde der untere Wurfarm um 2,5 cm kürzer werden als der obere (bei einem Griff mit 10 cm Länge); weit weniger als Thompson empfiehlt. Ein solcher Griff würde beim Bogenbau kaum größere Mühe bereiten.

Die dritte Alternative wäre, den Griff genau in die Mitte des Bogens zu legen. So würde der Pfeil 5 cm oberhalb der Mitte anliegen.

Wo der Griff ist, hat nichts mit der Genauigkeit zu tun, mit der der Bogen schießt. Die Japaner machten Bögen, deren obere Wurfarme doppelt so lang waren wie die unteren. Wenn du Gelegenheit hast, so einen Bogen zu schießen – sie werden immer noch in Japan gemacht und benutzt, die meisten sind heute glasbelegt – wirst du sehen, dass die Pfeile gerade fliegen.

Die Umrisse ausschneiden

Hast du erst einmal die äußeren Umrisse auf das Holz gezeichnet, ist der nächste Schritt, das Holz zuzuschneiden. Womit du das machst, hängt davon ab, was du zur Verfügung hast. Du könntest das Holz mit einem Messer abschaben, würdest aber vermutlich einen ganzen Monat brauchen. Wenn das Holz eine sehr gerade Maserung hat, könntest du probieren, das überstehende Holz bis fast zu den Markierungen abzuspalten. Die Verjüngung der Wurfarme müsstest du aber wieder per Hand vornehmen. Du kannst auch versuchen, das Holz mit der Axt abzuhacken, wenn du gut mit einer Axt umgehen kannst. Wenn du einen Schraubstock und ein Zugmesser hast, kannst du auch das verwenden.

Wenn du schlau und vorsichtig bist, kannst du auch eine elektrische Säge nehmen. Viele der in diesem Buch getesteten Bögen wurden mit einer Kreissäge ausgeschnitten. Ich machte einen flachen Schnitt genau an der Außenseite der Markierung und machte den Schnitt dann immer tiefer. War das Holz wirklich dick, schlug ich Keile in den Schnitt, um den Überstand abzuspalten.

Einmal mehr möchte ich betonen, dass es größter Vorsicht bedarf, wenn man Werkzeugmaschinen zum Bearbeiten von zähem Bogenholz benützt. Versuch nur mal, mit einer Kreissäge zuviel auf einmal zu sägen und mit Sicherheit wird sich das Sägeblatt festfressen und die Säge wird wie ein Geschoss losgehen. Lass es langsam angehen!

Ein erstklassiges Werkzeug zum rohen Ausschneiden eines Bogens ist eine Bandsäge mit einem Motor mit mindestens einen halben PS. Es ist jedoch riskant, damit die Dicke eines Bogenarmes mit einem einzigen Schnitt aussägen zu wollen. Die Chancen sind groß, dass du mit einer zu dünnen Stelle irgendwo im Bogenarm dastehst. Viel besser ist es, die Wurfarme auf zweimal zu schneiden und die Schnitte in einem Winkel zu machen, so dass in der Mitte des Bogenbauches mehr Holz stehen bleibt. Dieses Holz kannst du dann mit weniger riskanten Handwerkzeugen entfernen.

Wenn du eine Schreinerwerkstatt hast oder ein erfahrener Holzfachmann bist, kennst du vielleicht noch andere gute Methoden, den Bogen auszuschneiden.

Sind die Umrisse erst ausgeschnitten, sieht dein Bogen noch recht merkwürdig aus. Er wird die Konturen eines Bogenrückens haben, aber 5 – 15 cm dick sein. Ist noch Saftholz daran, das entfernt werden muss wie z. B. bei Osage, ist jetzt die Zeit dazu.

Du kannst jedes Werkzeug dazu nehmen, das dir Spaß macht, wird es jedoch dünn, tust du besser daran zu einer Raspel oder einem Zugmesser zu greifen. Wird es wirklich dünn, nimmst du am besten einen Schaber. Das Saftholz von Osage Orange ist sehr einfach zu entfernen, weil Kernholz und Saftholz nicht dieselbe Farbe haben und man sie leicht unterscheiden kann. Auch ist Saftholz sehr porös und wird sich in Staub verwandeln, wenn du mit deinem Schaber aufs Kernholz stößt.

Bei Maulbeere und Robinie ist es ein bisschen schwerer zu unterscheiden, wo das Saftholz aufhört und das Kernholz beginnt, weil die Farben sich nicht so sehr unterscheiden. Mach es so gut du eben kannst. Wenn du ein paar dünne Flecken von Saftholz hier und da stehen lässt, ist das kein Beinbruch.

Bei Eibe machst du die Saftholzschicht etwa 3 bis 5 mm dünn. Versuche auch hier, den Rücken aus einem Jahresring zu machen.

Das Tillern der Wurfarme

Der nächste Schritt ist das Tapern der Wurfarme.

Wenn der Bogen breite Wurfarme hat und 64" (162 cm) oder länger ist, arbeite die Wurfarme auf eine Dicke von etwa 19 mm herunter. Ist der Bogen 60" (152 cm) oder kürzer, können die Wurfarme etwas dünner sein. Falls du planst, einen schmalen, tiefen Griff zu machen, musst du aufpassen, dass du dafür genügend Holz stehen lässt. Machst du einen englischen Langbogen oder sonst einen langen Bogen mit schmalen Wurfarmen, dann lass etwa 30 mm Dicke stehen, die sich an den Spitzen auf etwa 16 mm verjüngt.

Bei einem guten, starken Bogen sollte folgendes als nächster Schritt passieren: Du tillerst den Bogen soweit, dass sich die Wurfarme gleichmäßig biegen. Während dieses Vorgangs biegst du den Bogen nur leicht, denn er sollte in diesem Stadium noch sehr stark sein.

Dafür gibt es einen guten Grund. Wenn du den Bogen gleich dünn genüg machst, so dass du ihn aufspannen und ausziehen kannst, hat er vielleicht das von dir gewünschte Zuggewicht, ist aber schlecht getillert. Um das zu korrigieren, muss man vielleicht viel Holz abtragen und dein Bogen ist dann viel schwächer als du geplant hattest.

Tillerst du den Bogen jedoch, wenn er noch sehr stark ist, kannst du sicher sein, dass du dein gewünschtes Zuggewicht erreichst und auch behältst. Bei einem Bogen mit breiten Wurfarmen ist es sehr leicht, ihn schwächer zu machen. Du musst nur gleichmäßig auf der ganzen Länge des Bogens vom Bauch oder den Seiten Holz abtragen.

Um das zu erreichen, brauchst du zwei Dinge. Eins davon ist ein Tillerbrett. Das ist ein Stück Holz, 60–90 cm lang. An einem Ende hat es eine tiefe Einkerbung, die den Bogengriff aufnimmt.

An der Seite sind weitere kleinere Kerben eingeschnitten, die die Bogensehne halten, ungefähr so:

Als nächstes brauchst du eine Tillersehne, das ist eine Bogensehne, die lang genug ist, um über die Nocken gestreift zu werden, ohne dass man den Bogen biegen muss.

Bevor du damit anfängst, schau dir noch mal deinen Bogen an. Ist er voller Riefen und Kerben von einer Kreissäge oder einem anderen Werkzeug, mach ihn erst glatt. Eine Holzraspel oder ein Hobel, oder auch beides, sind gut dafür. Versuch, lange, gerade Striche zu machen, ohne Dellen oder Buckel an Bauch und Seiten. Ist das geschafft, schneidest du die Sehnenkerben in die Nocken.

Beim Abarbeiten der Wurfarme mit Raspel, Hobel oder Schaber versuchst du ebenfalls, lange Striche zu machen, wenn du irgend kannst. Das wird dir dabei helfen, dünne und schwache Stellen zu vermeiden. Sind die Wurfarme am Bauch uneben, begradige sie mit der Raspel, bevor du ans Verjüngen gehst.

Bringe dann die Tillersehne an den Nocken an und lege den Bogen mit dem Bauch nach oben auf den Boden. Setz das Tillerbrett auf den Griff und ziehe die Sehne in die erste Kerbe, so dass der Bogen sich soweit biegt, dass sich die Nocken 8 oder 10 cm weit bewegen. Wenn es nötig ist, stelle die Füße auf den Bogen neben dem Tillerbrett. Ein Bogen aus einem reflexen Stück Holz kann versuchen, sich seitlich vom Tillerbrett wegzudrehen. Deshalb ist es einfacher, seinen ersten Bogen aus einem geraden Stück zu machen.

Lege jetzt das Ganze flach hin, so dass du den Bogen von der Seite betrachten kannst. Sollte der Bogen aus irgendeinem Grund so aussehen, kannst du dich glücklich schätzen. Die Wurfarme biegen sich gleichmäßig.

Wahrscheinlich siehst du aber etwas anderes. Wenn sich die Wurfarme am Griff zu sehr biegen, sieht das etwa so aus:

Biegen sie sich an den Tips zu weit, ist es eher so:

Hat ein Wurfarm eine schwache Stelle in der Mitte und der andere Arm ist noch steifer, wirst du auf so etwas blicken:

Es muss Holz abgetragen werden, entweder vom Bauch oder von den Seiten, überall dort, wo der Wurfarm noch zu steif ist. Üblicherweise hat ein Wurfarm eine steife Stelle, die etwa 15 – 30 cm lang ist. Diese steifen Stellen markierst du mit einem Bleistift oder Filzschreiber, wenn der Bogen noch am Tillerbrett ist. Das hilft dir dabei, zu sehen, was noch zu tun ist.

Lässt du so eine fehlerhafte Stelle wie sie ist, verdichtet sich das Holz dort und du bekommst ein „Knie". Ein Bogen mit zwei Knien in der Mitte wird so aussehen.

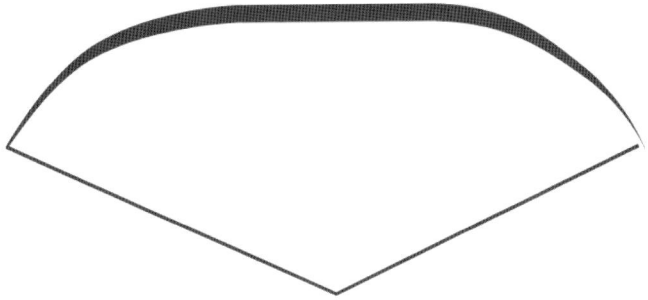

Nimm jetzt den Bogen vom Brett herunter. Kehren die Wurfarme brav in ihre ursprüngliche Stellung zurück, ist das ein gutes Zeichen dafür, dass das Holz gut durchgetrocknet ist. Behalten sie etwas von der Biegung, besteht die Gefahr, dass das Holz noch zu feucht ist. Wenn das passiert, hör sofort auf. Lies dir noch mal das Kapitel über schnelles Trocknen durch und sorge für weniger Feuchtigkeit im Holz. Wenn du keine andere Möglichkeit hast, als das Holz in die Ecke zu stellen, dann lass es mindestens einen Monat dort, bevor du weitermachst.

Beim Tillern solltest du oft pausieren und den Fortschritt auf dem Tillerbrett kontrollieren. Man entfernt sehr leicht zu viel Holz, wenn man nicht aufpasst. Während des ganzen Tillerprozesses musst du darauf achten, dass sich deine Wurfarme sanft und gleichmäßig verjüngen. Prüfe das sorgfältig aus jedem Blickwinkel. Man will alle Verdickungen an den Seiten oder dünnere Stellen am Bauch vermeiden, da solche Stellen leicht zu Kompressionsbrüchen führen können.

Tillerprofile

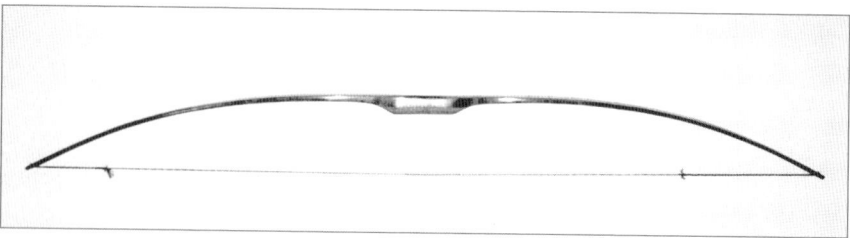

Dieser Bogen ist 68 Zoll lang, er hat ein schmales und hohes Griffstück und breite und flache Wurfarme. Er wurde aus einem perfekt geraden Stück Holz gefertigt. Die gleich langen Wurfarme biegen sich gleichmäßig über ihre ganze Länge. Dieser Bogen ist nur so hoch aufgespannt, dass die Pfeilbefiederung den Bogen nicht berührt. Den Bogen höher aufzuspannen würde stärkeres Stringfollow verursachen.

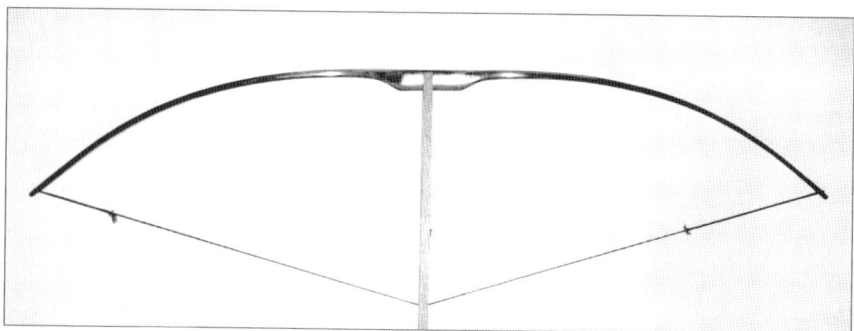

Dies ist derselbe Bogen, auf ungefähr zwei Drittel seiner Auszugslänge gezogen.

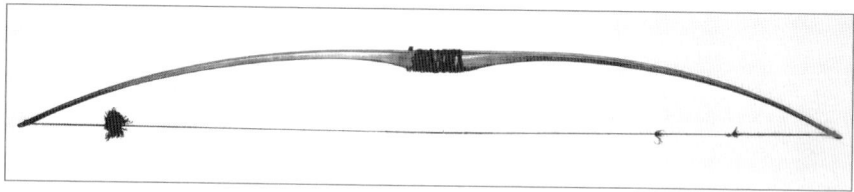

Dies ist ein guter Tiller für einen Bogen, bei dem der untere Wurfarm ein wenig kürzer ist als der obere. Hier ist der untere Wurfarm rechts.

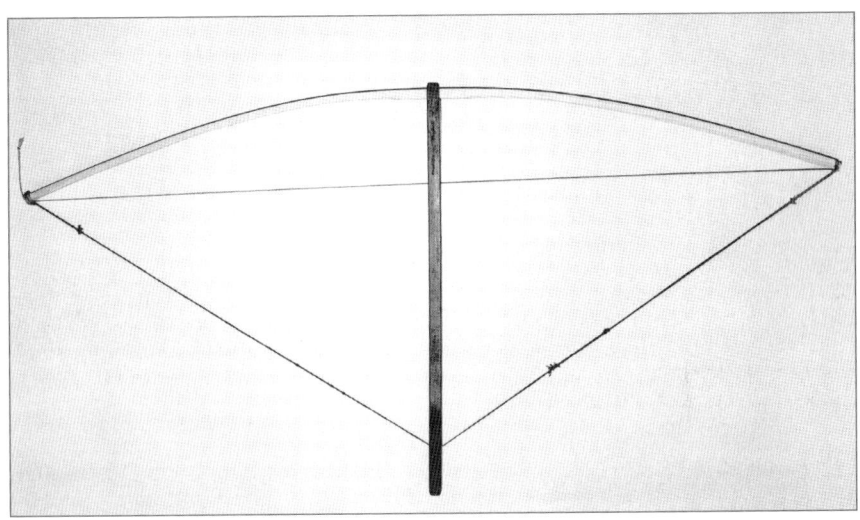

Dieser Bogen biegt sich in Griffnähe etwas zu stark, um wirklich perfekt zu sein.
Zur Korrektur muss weiter außen auf der Bauchseite der Wurfarme Holz entfernt werden.

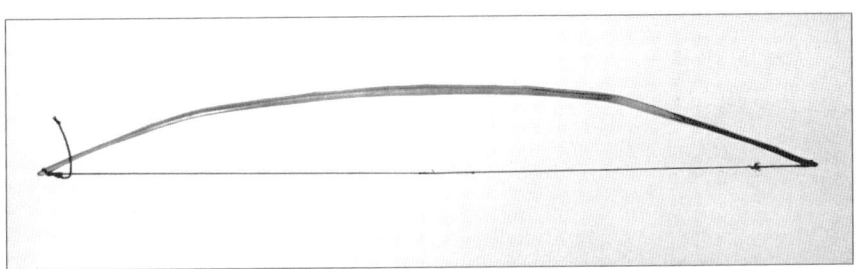

Dieser Bogen sieht so aus, als hätte er in beiden Wurfarmen einen Knick, also eine Stelle,
wo er besonders viel biegt. Aber das ist eine optische Illusion, denn diese Stellen sind keine
Knicke, sondern an diesen Stellen hatte der ursprüngliche Stave Buckel auf dem Rücken.
Solche Stellen im Holz wird man gewöhnlich auch im fertigen Bogen haben, für einen Tiller
wie in den Fotos oben braucht man ein perfekt gerades Stück Holz. Dieser Bogen hat seinen
oberen Wurfarm rechts im Bild. Er ist 60 Zoll lang, zieht 50 lb., sein D-Profil ist sorgfältig
getillert. Er hat nur sehr wenig Stringfollow und zieht sich weich bis 28 Zoll.

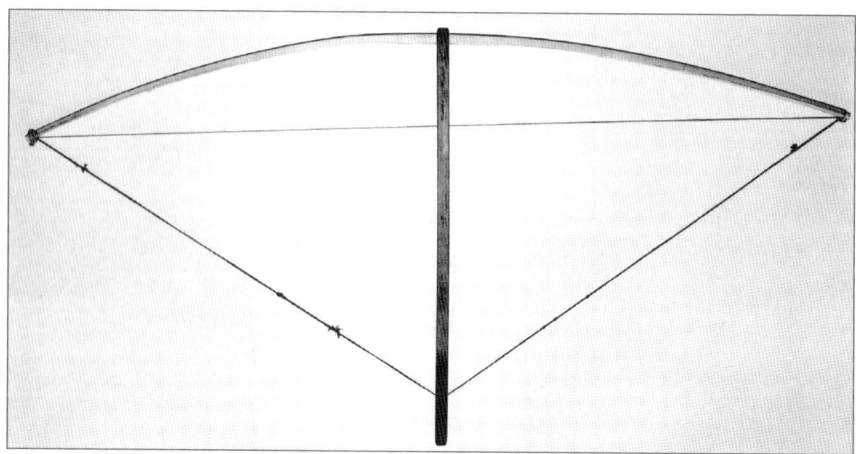

Der linke Wurfarm biegt in Griffnähe zu stark, im Vergleich dazu biegt sich der rechte Wurfarm viel zu wenig. Zur Korrektur muss der ganze rechte Wurfarm reduziert werden, und am linken Wurfarm ab dem Knick nach außen hin Holz weggenommen werden.

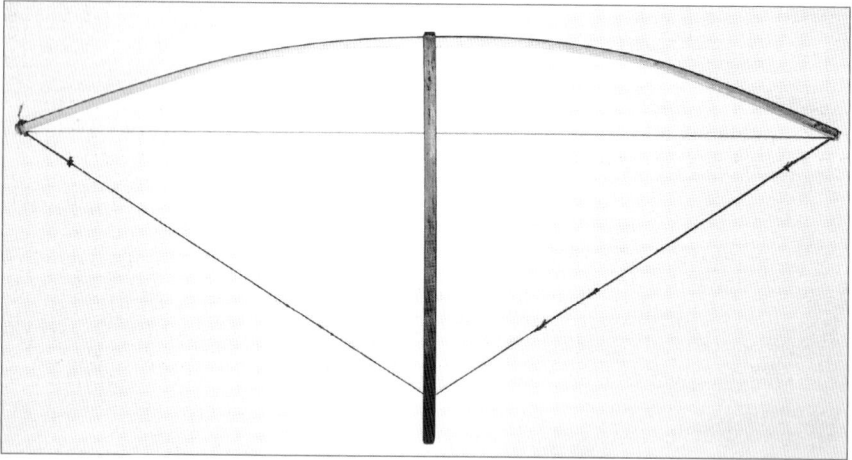

Dieser Bogen zeigt in der Mitte des rechten Wurfarms einen leichten Knick. Zur Korrektur muss an jeder anderen Stelle auf der Bauchseite Holz weggenommen werden, auch am anderen Wurfarm.

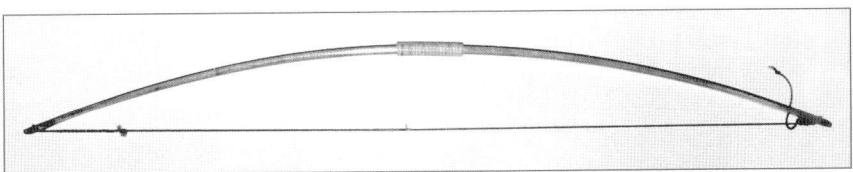

Dieser Bogen hat einen flachen Bauch, der Griff entspricht im Querschnitt den Wurfarmen. Der Bogen biegt im Griff leicht mit, was ihm das Aussehen eines Halbkreises gibt. Deshalb werden solche Bögen oft „D-Bogen" genannt. Vergleiche dieses Profil mit dem unteren Bogen, der ein schmales und steifes Griffstück hat. Die meisten primitiven und Indianer- bögen waren D-Bogen. Solche Bogen sind für den Anfänger eine gute Wahl, weil sie einfacher herzustellen als solche mit steifem Griffstück. Sie lassen sich auch weicher ziehen. Bei längeren Bögen reduziert das das Stringfollow, falls der Bogen für ein Design mit steifem Griffstück zu schmal sein sollte.

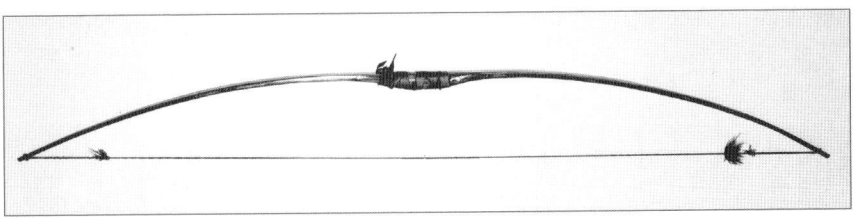

Dies ist ein guter Tiller für einen Bogen mit gleich langen Wurfarmen. Der obere Wurfarm ist rechts, er biegt sich etwas mehr als der untere. Wenn man den Bogen aufspannt kann man das feststellen, indem man den Sehnenabstand an der jeweils tiefsten Stelle misst.

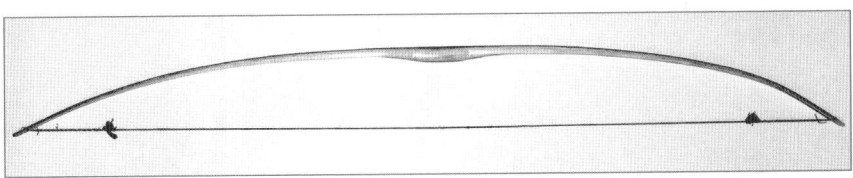

Dieser Bogen biegt im rechten Wurfarm in Nocknähe zu weit. Dieser Bogen ist hunderte mal geschossen worden, beide Wurfarme sind gleich lang. Diese Korrektur ist schwieriger als wenn der Bogen noch im Tillerstadium wäre, weil eine Abnahme von Holz egal wo auf der Bauchseite das Zuggewicht deutlich vermindern würde. Wenn der Bogen lang genug dafür ist, könnte man beide Wurfarme um ein Zoll verkürzen und den Bogen neu tillern.

Ein kritischer Moment

Bei deinem ersten Bogen ist der ganze Prozess sehr wichtig. Eigentlich ist er immer wichtig. Lass dich nicht hetzten. Wenn die Sache nicht so läuft wie sie soll, dann berichtige sie, bis sie es doch tut. Geduld ist nie mehr so wichtig wie jetzt. Früher oder später hast du dann den Bogen so weit, dass er sich in einer gleichmäßigen Kurve am Tillerbrett biegt. Jetzt ziehst du ihn ein bisschen weiter bis zur nächsten Kerbe. Sieht er jetzt immer noch schön gleichmäßig aus? Falls nicht, zieh ihn nicht weiter! Arbeite an ihm, bis die Kurve wieder ebenmäßig aussieht, dann hängst du die Sehne in die nächste Kerbe. Nochmals: wenn während dieses Vorgangs der Bogen ungleichmäßig aussieht, ziehe ihn nicht weiter aus. Tust du es doch, kann sich eine Schwachstelle so stark verdichten, dass man es vielleicht nie wieder ausgleichen kann. Behebe die Unregelmäßigkeit und ziehe den Bogen erst dann ein Stück weiter.

Irgendwann bist du dann soweit, dass sich die Bogenenden 10 oder 15 cm von ihrer ursprünglichen Position wegbewegen und sich der Bogen gleichmäßig biegt.

Wenn der Bogen kein Backing hat und du eines aufbringen willst, muss das jetzt passieren. Mehr darüber in einem späteren Kapitel. Hat der Bogen ein Backing und du bist mit seinem Tiller zufrieden, tust du gut daran, die Tillersehne am Bogen zu befestigen, notfalls mit beiden Füßen auf den Bogen zu treten, und ihn ordentlich auszuziehen, soviel er eben verträgt.

Das ist deshalb vorteilhaft, weil man damit erreicht, dass sich das Holz etwas verdichtet, bevor man den Bogen richtig aufspannt. Macht man das nicht, können ein paar komische Dinge passieren. Abhängig davon, wie du den Bogen aufspannst, kann es sein, dass er mit aufgelegter Sehne gut aussieht, eine Stelle jedoch überlastet wurde, weil das Holz nicht genügend verdichtet war. Wenn du den Bogen jetzt spannst, kann der Tiller völlig aus dem Ruder laufen, eine sehr unschöne Überraschung, nicht wahr?

Gibst du dem Holz aber eine gewisse Verdichtung, kannst du sicher sein, dass dir solche Überraschungen erspart bleiben (Achtung: diese Methode ist nur für

Bögen mit Backing gedacht!) Wenn der Bogen noch zu stark zum Auflegen der Sehne ist, musst du das Zuggewicht verringern (wie beschrieben im nächsten Abschnitt).

Den Bogen aufspannen

Um den Bogen aufzuspannen, gibt es mehrere Möglichkeiten. Wenn du oberhalb der Nocken genug Holz stehen hast, kannst du eine normale Spannschnur dazu nehmen. Du könntest auch die Durchsteigmethode verwenden. Dabei wäre z.B. die untere Bogenspitze mit der Sehne daran an der Außenseite deines linken Fußes. Der Rücken des Bogens zeigt nach rechts. Die Bauchseite des Bogengriffes liegt an der rechten Seite deines rechten Oberschenkels an. Du greifst den oberen Wurfarm und ziehst ihn nach links, um so die Sehne in die obere Nocke streifen zu können. Einen glasbelegten Recurvebogen so spannen zu wollen, ist eine wirklich schlechte Idee, weil man Gefahr läuft, die breiten, dünnen Wurfarme zu verdrehen. Bei einem Holzbogen besteht diese Gefahr nicht.

Dann gibt es noch die „Schieben-Ziehen"-Technik. Die Sehne an der unteren Nocke ist fest und die untere Bogenspitze drückt gegen die linke Seite des linken Fußes. Der Bogenrücken zeigt auf dich. Die rechte Hand packt den Griff und zieht ihn auf dich zu. Der linke Handballen drückt gegen den oberen Wurfarm und zwingt ihn dadurch, sich zu biegen, wenn du am Griff ziehst. Wenn die Biegung groß genug ist, streift die linke Hand die Sehne in die Nocke.

Es gibt natürlich noch andere Möglichkeiten, die Sehne an einem Holzbogen aufzulegen. Man kann einen Wurfarm auf die Erde stellen, oder gegen eine Mauer oder einen Baum, und mit dem Knie gegen den Griff drücken, um so den Bogen zu spannen. Manche Zeichnungen zeigen Engländer des Mittelalters, die ihre Bogen spannen, indem sie die untere Nocke auf den Boden stellen, die obere Nocke packen und einfach nach unten ziehen, so dass der Druck in gerader Linie zur unteren Nocke ausgeübt wird.

Wenn deine Nocken nur einfache Holzstifte sind, wirst du wahrscheinlich schnell dazu übergehen, die untere Nocke auf deinen Schuh oder Stiefel zu stellen, um das Holz davor zu schützen, dass es sich in den Boden bohrt.

Ist dein Bogen so groß wie du, ist es besser, das kleinere Sehnenohr am oberen, und das größere am unteren Wurfarm anzubringen. Auf diese Weise drehst du den Bogen herum, wenn du ihn mit der Durchsteig-Methode spannst. Wenn man einen Bogen auf die herkömmliche Art, also richtig herum, spannt, bringt man mit der Durchsteig-Technik oft zuviel Biegung in den unteren Wurfarm. Diese Biegung wird dann beibehalten, wenn der Bogen geschossen wird. Wird der Bogen jedoch anders herum aufgespannt, verschwindet diese Biegung gewöhnlich nach ein paar Schuss. Diese Vorsichtsmaßnahme kann verhindern helfen, dass der untere Wurfarm bei längerem Gebrauch eine stärkere Biegung behält.

Änderungen beim Zuggewicht

Die Wahrscheinlichkeit ist recht hoch, dass du dich in der Situation befindest, wo der Tiller zwar gut, der Bogen aber noch viel zu stark ist. In diesem Fall ziehe den Bogen nicht bis zum vollen Auszug. Wenn du das tust, ist starkes Stringfollow die Folge. Solange man den Bogen nicht voll auszieht, sondern gut unterhalb des vollen Auszuges bleibt, gibt es auch kein starkes Stringfollow, wenn der Bogen zu stark, aber der Tiller gut ist.

Will man den Bogen schwächer machen, ist der Trick, dabei diesen guten Tiller beizubehalten, den du dir so hart erarbeitet hast. Das Holz muss gleichmäßig abgetragen werden. Gut dafür sind eine Raspel und ein Schaber.

Als erstes machst du den Bogenbauch glatt. Mit der Raspel raust du ihn dann gleichmäßig auf. So ist es einfach, festzustellen, wo du gearbeitet hast, weil der Bauch jetzt Riefen hat. Glatte Stellen, wo du noch nicht warst fallen auf. Ist der Bauch gleichmäßig aufgeraut, schabe ihn wieder glatt.

Ohne diese Prozedur besteht die Gefahr, dass der Bogenbauer unwissentlich zuviel Holz an einer Stelle abträgt. Eine solche Schwachstelle kann ohne weiteres den Tiller ruinieren.

Jede solche Behandlung mit Raspel und Schaber verringert das Zuggewicht vermutlich um ein oder zwei lb., wenn überhaupt. Sei trotzdem geduldig. Ein guter Tiller ist viel zu wertvoll, um ihn durch Sorglosigkeit zu verderben. Entferne bei jedem Durchgang gleichmäßig Holz und prüfe jedes Mal sorgfältig den Tiller.

Hattest du die Sehne schon aufgelegt, lege sie nach jedem Durchgang mit Raspel und Schaber wieder auf. Ziehe den Bogen mindestens 30 mal mindestens bis zur halben Zugweite. Die Zuggewichtsreduzierung zeigt sich sonst meist nicht sofort, wenn man ihn nicht wie beschrieben auszieht.

Hat der Bogen einmal das gewünschte Zuggewicht, gehe mit 60er Schmirgelpapier, das du um einen Schleifklotz gewickelt hast, über den Bauch. Das ist fast alles, was du tun musst, um Unebenheiten zu glätten, die sonst Kompressionsbrüche verursachen könnten.

Dies ist vermutlich die einfachste Technik, um sicherzugehen, dass ein Bogen das gewünschte Zuggewicht erreicht:
Als erstes tillere den Bogen so, dass du ihn so weit biegen kannst, als würdest du eine Sehne auflegen. Wenn du soweit bist, dass keine weiteren Änderungen notwendig sind, spannst du ihn auf dem Tillerbrett auf diese Höhe und lässt ihn etwa 30 min so stehen. Dabei wird der Bogen etwa 10 lb. verlieren, als würde er eingeschossen. Danach spannst du ihn mit einer Spannschnur auf. Überprüfe den Tiller und wenn alles gut aussieht, hängst du eine Bogenwaage an die Sehne.

Willst du einen Bogen, der 60 lb. stark ist, dann merke dir, wie weit sich der Bogen spannt, wenn du mit 60 lb. an der Sehne ziehst. Dazu benutzt du einen Pfeil mit Zolleinteilung darauf.
Wenn du die 60 lb. bei 17" erreichst, aber 27" weit ziehen willst, ziehe jetzt nicht weiter als 17". Du entspannst den Bogen und arbeitest sorgfältig und gleichmäßig

den Bogenbauch ab. Eine Raspel und ein Schaber eignen sich gut dafür. Spanne den Bogen wieder und prüfe den Tiller. Prüfe ihn immer, wenn du den Bogen erneut spannst.

Der Witz dabei ist, den Bogen nie dadurch zu überlasten, in dem man ihn weiter zieht, als sein späteres Zuggewicht sein soll.

Mehr übers Tillern

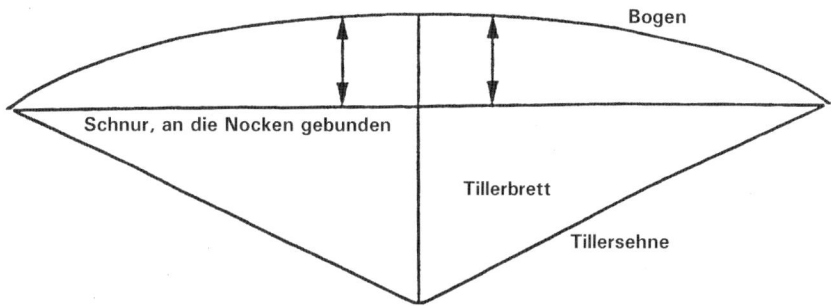

Hier ist eine gute Möglichkeit, deine Fortschritte beim Tillern zu überprüfen. Spanne den Bogen in einer leichten Biegung auf das Tillerbrett. Dann nimmst du ein Stück dünne Schnur mit einer Schlinge an einem Ende. Diese Schlinge legst du um eine Nocke. Binde das andere Ende der Schnur an die zweite Nocke. Damit schaffst du den Effekt, als wenn der Bogen aufgespannt wäre. Als nächstes misst du die weiteste Entfernung von einem Wurfarm zur Schnur. Vergleiche diese Maß mit der selben Stelle am anderen Wurfarm. Dieser kleine Kunstgriff hilft dir dabei, die Wurfarme im Gleichmaß zu halten, während du den Bogen tillerst.

Viele schlecht getillerte Bögen haben eines gemeinsam: Es gibt flache Stellen in der Biegung der Wurfarme. Ein gut getillerter Bogen wird keine solchen flachen Stellen haben. Mit den möglichen Ausnahmen ganz am Ende der Wurfarme und nahe dem Griff wird die Biegung gleichmäßig über den Großteil des Wurfarmes gehen. Dies ist eine gute Möglichkeit, diese Biegung bei einem Bogen zu prüfen.

Nimm etwas, das eine gerade Kante hat und etwa 15 cm lang ist. Schneide ein Lineal in der Mitte durch, wenn du nichts anderes findest. Spann deinen Bogen mit leichter Biegung auf das Tillerbrett. Halte jetzt deine Lehre an den Wurfarm, so dass beide Enden am Arm anliegen. Du wirst einen Bogen zwischen deiner Lehre und dem Wurfarm sehen (Zeichnung A). Schiebe jetzt deine Lehre vom Griff bis zu den Nocken. Wenn sich der Bogen nicht ändert, bedeutet das, dass die Biegung gleichmäßig ist. Vielleicht siehst du aber, dass der Bogen flacher wird. Das würde so ähnlich aussehen wie der Wechsel von Zeichnung A zu B. Wenn du das feststellst, heißt das, dass du dort eine flache Stelle im Wurfarm hast. Das ist eine Stelle, wo sich der Arm mehr biegen muss. Gleichmäßiges Verjüngen in der Dicke oder Breite wird die Biegung bei einer flachen Stelle verstärken.

Zeichnung A   Zeichnung B

Beachte: die oben beschriebene Methode funktioniert am besten mit Wurfarmen (von der Seite gesehen), die gerade sind, wenn der Bogen nicht gespannt ist. Wenn die Wurfarme eines ungespannten Bogens von der Seite gesehen krumm und wellig sind, gibt es zwei Alternativen. Eine ist, die Lehre so zu benutzen, dass man die welligen Stellen des ungebogenen Bogens mit den selben Stellen beim gespannten Bogen vergleicht. Man kann auch ein Lineal nehmen und eine Anzahl gerader Striche auf die Kanten des ungespannten Bogens vom Griff bis zu den Nocken zeichnen. Wenn sich die welligen Wurfarme gleichmäßig biegen, biegen sich auch die geraden Linien, wenn der Bogen auf dem Tillerbrett ist.

Verdichtung in den Wurfarmen

Wurde der Bogen nur leicht am Tillerbrett gebogen? Wenn ja, wird jedes Entfernen von Holz an den Wurfarmen eine sofortige Änderung im Tiller bewirken, sobald der Bogen wieder ans Tillerbrett kommt.

Haben die Wurfarme angefangen, erste Anzeichen von Stringfollow zu zeigen? Zeigt sich Verdichtung am Holz? Wenn ja, kann es sein, dass Abtragen von Holz nicht sofort zu einer Änderung im Tiller führt. Die Änderung sieht man vielleicht erst, wenn man ein paar Mal gut am Bogen gezogen hat.

Hat ein Wurfarm Stringfollow und der andere nicht, wenn der Bogen entspannt ist? Wenn ja, hat sich der Wurfarm mit Stringfollow mehr verdichtet als der andere. Die beste Methode ist, den Bogen so zu tillern, dass der nichtverdichtete Wurfarm ein bisschen steifer ist. Das ist deshalb eine gute Idee, weil sich beide Wurfarme gleichmäßig verdichten, wenn der Bogen gut eingeschossen ist. Daran führt kein Weg vorbei und wenn das passiert, wird der Wurfarm, der ursprünglich gerade war, genau so viel Stringfollow haben wie der andere. Also wird sich der Arm, der gerade war, jetzt mehr biegen müssen. Angenommen, der Tiller war schön gleichmäßig, als sich ein Wurfarm mehr verdichtete als der andere. Du fängst an, mit dem Bogen zu schießen und es wird nicht lange dauern, bis sich der Wurfarm, der sich nicht so stark verdichtet hatte, zu stark biegt.

Um Probleme mit der Verdichtung zu vermeiden, halte dich an folgendes.

- Verwende Holz, das dir gerade, gleichmäßige Wurfarme erlaubt. Wenn ein Arm reflex ist und der andere nicht, ist der Bogen schwieriger zu machen als einer mit geraden, gleichmäßigen Wurfarmen.
- Pass ganz besonders auf, dass die Biegung des Bogens gleichmäßig und gut ist, und biege dabei die Wurfarme nur leicht am Tillerbrett. Biege den Bogen nicht stark, wenn der Tiller schlecht ist.
- Wenn der Tiller gut ist, die Wurfarme sich gleichmäßig biegen und kein Arm sich mehr verdichtet als der andere, mach folgendes: Nimm ein langes Tillerbrett und gib dem Bogen soviel Biegung, wie er aushalten kann. Lass ihn 3-5 min. in dieser Position und nimm ihn dann herunter. Jetzt solltest du ihm problemlos eine Sehne auflegen und ihn spannen können und wirst trotzdem den guten Tiller haben wie zuvor, als du ihn nur leicht gebogen hast. Diese Technik eignet sich am besten für Bögen mit Backing.

Bei einem neuen Bogen ohne Backing spannt man zuerst eine Sehne auf und prüft den Tiller. Wenn alles gut aussieht, lässt du den aufgespannten Bogen für vier Stunden oder so in Ruhe. Dann fang an, den Bogen zu ziehen.

Maße für einen Einsteigerbogen

Es gibt viele Methoden, einen Bogen aus Holz zu machen.

Mit der obigen Beschreibung kann man eine gute Waffe herstellen. Meine Befragungen von einer Anzahl Bogenbau-Einsteigern hat jedoch ergeben, dass eine komplexe und komplizierte Beschreibung oft einfach zu viel für den Anfänger ist. Offenbar ist der erste Bogen aus Holz am schwierigsten zu machen.

Mit diesem Wissen im Hinterkopf biete ich hier eine „Formel" an, mit der man ohne viel Aufhebens einen brauchbaren Bogen bauen kann.

Ich selber habe mit dieser Formel eine Anzahl guter Waffen mit flachen Wurfarmen in einer Länge von 58–66 Zoll (155–167 cm) gemacht.

Als ersten Schritt nimmt man ein Stück gutes, getrocknetes Holz von der Außenseite des Stammes.

Anfänger scheinen ein großartiges Talent dafür zu haben, wurmzerfressenes Holz zu benutzen. Jedes Wurmholz kann einen Bogen abbrechen lassen. Wenn du Esche, Birke, Ulme, oder irgend eine andere, weiße Saftholzart nimmst, ist es am besten, wenn du dein Holz selbst schneidest, wenn es noch grün ist und es selbst spaltest und trocknest.

Anfänger scheinen auch eine unwiderstehliche Neigung dazu zu haben, durch den Jahresring auf dem Bogenrücken zu schneiden. Tu das nicht! Es ist viel weniger gefährlich, hier und da einen Streifen von Innerer Rinde dranzulassen, als durch den Ring auf dem Rücken zu schneiden.

Diese Formel hat einen Nachteil. Sie taugt nicht dafür, einen Bogen mit einem bestimmten Zuggewicht zu machen. Die beste Möglichkeit, einen Bogen mit einem bestimmten Zuggewicht zu machen, ist die, mit hohem Zuggewicht anzufangen, einen guten Tiller zu erreichen und dann den Bogen auf das gewünschte Zuggewicht zu reduzieren.

Das geht jedoch bei den meisten Anfängern beim ersten Versuch schief.

Sie wären also viel besser dran, wenn sie einen guten Bogen machen würden, egal wie leicht er ist, und dabei etwas über den Bogenbau zu lernen.

Breite des Bogens

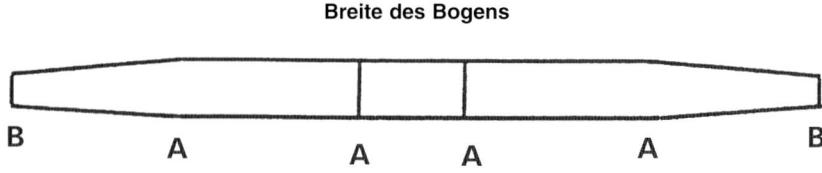

(Die Zeichnungen sind zum besseren Verständnis nicht maßstabsgerecht)

Dicke des Bogens

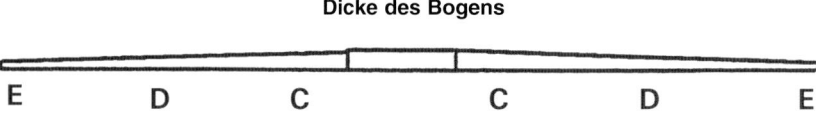

A   ist die konstante Breite, vom Griff an gerechnet
B   ist der schmalste Teil an den Nocken
C   ist $^5/_8$" (15 mm)
D   ist ½" (12,7 mm)
E   ist $^3/_8$" Zoll (9 mm)

Als ersten Schritt, will man diese Formel benutzen, entscheidet man, wie breit man den Bogen am besten macht. A in der obigen Skizze ist der breiteste Teil des Bogens.Wenn man A etwa 1,5" (3,8 cm) bis 1,75" (4,3 cm) breit macht, bekommt man einen Bogen, der bei maximalem Auszug ungefähr 55 bis 65 lb. stark ist.

In unserer Zeichnung, die die Breite des Bogens zeigt, ist das Griffteil ausgenommen. Man kann diese Formel benutzen, egal, ob der Griff breit oder schmal und tief sein soll.

Hat sich der Bogenbauer erst einmal für ein Maß „A" entschieden, ist der nächste Schritt, die Wurfarme auf A vom Griff bis zu den Nocken auszuschneiden.

Als nächstes schneidet man den Bogen fast bis auf die endgültige Dicke.

C ist die dickste Stelle im arbeitenden Wurfarm. Bei einem schmalen, tiefen Griff beginnt C dort, wo der Griff ausläuft.

Bei einem breiten Griff, z.B. bei einem Bogen in rein indianischem Stil, kann C gleich neben dem Griff beginnen. Dann machst du den Griff mindestens ¾" (19 mm) stark.

C ist ⅝" dick (16 mm), egal wie breit der Bogen wird.

Die Dicke des Wurfarmes verjüngt sich dann in einer sanften, geraden und flachen Ebene bis zur Mitte des Wurfarmes, wo die Dicke ½" (12,7 mm) beträgt.

Der Wurfarm verjüngt sich von dort genauso weiter bis zur Nocke, wo der Wurfarm ⅜" (9 mm) dick ist.

Sind die Wurfarme dicker als angegeben, kann sich ein Bogen mit 60" (150 cm) Länge nach dieser Formel nicht sehr weit biegen.

Will man einen stärkeren Bogen bekommen, ist der Trick dabei, ihn breiter statt dicker zu machen.

Der Bogenbauer sollte den Bogen vorsichtig auf dem Tillerbrett biegen, wenn er sich der endgültigen Dicke auf etwa 3 mm genähert hat. Pass auf, dass sich die Dicke gleichmäßig verjüngt und der Bogenbauch glatt ist.

In diesem Stadium wird sich der Bogen hauptsächlich am Griff und am wenigsten an den Enden biegen.

Schau dir die Enden an und markiere die Stellen, die sich weiter biegen müssen. Dann beginne damit, die Enden der Wurfarme gerade so schmal zu machen, dass sie sich wie der Rest des Wurfarmes biegen. Die Biegung in den Enden der Wurfarme wird zunehmen, wenn du sie schmaler machst.

Ist der Tiller okay, bringst du den Bogen auf die endgültige Dicke. **Sei aber jetzt vorsichtig!** Wenn du eine Stelle zu dünn machst, kann das den ganzen Bogen ruinieren. In langen Strichen zu arbeiten, egal mit welchem Werkzeug, hilft solche dünnen Stellen zu vermeiden.

Prüfe den Bogen immer wieder mit Tillerbrett und Tillersehne, während du dich der endgültigen Dicke der Wurfarme näherst.

Mach den Bauch glatt und flach, so dass er keine Buckel oder Dellen hat, wenn du die endgültige Dicke erreicht hast.

Zumindest für mich hat diese Formel gewöhnlich einen Bogen ergeben, der sich um den Griff ziemlich rund biegt. Das sorgt für eine gute Zuglänge im Vergleich zur Bogenlänge.

Auch wenn du diese Formel benutzt, ist es eine Menge Arbeit, einen Bogen zu machen. Versuch nicht, das alles an einem Tag zu schaffen.

Es ist bei dieser Formel auch höchst wichtig, dass du permanent deine Maße mit einem Lineal oder Maßband überprüfst.

14

Sonderfälle

Bei deinem ersten Bogen ist es eine gute Idee, wenn du dir ein Stück Holz aussuchst, das lang, gerade und ohne Knoten ist und eine schöne, gerade Maserung hat. Das ist deshalb eine gute Idee, weil so ein Rohling dir kaum Probleme machen wird. Bei Esche, Ulme, Hickory und Walnuss ist es auch ziemlich einfach, ein langes, gerades und astreines Stück aufzutreiben.

Aber ein Stück Holz kann auch ein bisschen verdreht sein, Knoten und keine gerade Maserung haben und trotzdem einen guten Bogen ergeben.

Bogen Nr. 10 zum Beispiel hat insgesamt 18 Knoten, manche sehr klein, andere etwas größer. Bogen Nr. 12 ist schön gerade, wenn er aufgespannt ist, stammt aber von einem Baumstamm ab, der zur Seite gekrümmt war. Außerdem hat er einen Trocknungsriss in der Mitte einer Nocke. Unter der Rohhaut hat Bogen Nr. 7 etwa 3 Dutzend kleine Risse in seinem Rücken.

Solche Probleme tauchen auf und sind keine Hindernisse beim Bogenbau, müssen aber besonders beachtet werden und erfordern ein bisschen Extraarbeit. Manche Oldtimer waren richtig stolz auf solche Unregelmäßigkeiten an ihren Bögen. Ziemlich oft gefielen ihnen die knotenübersäten, verzogenen Exemplare in ihren Sammlungen besonders, wie etwa Elmers Vorliebe für seinen verdrehten Osage Orange Bogen.

Lambert betrachtete die Sache eher logisch als er sagte, dass Holz meistens in irgend einer Form nicht perfekt ist. Wäre perfektes Holz die Voraussetzung, gäbe es keine Bögen. Pope stimmte dem zu und meinte, er hätte noch nie einen perfekten Bogen gesehen. Perfektion gewinne man durch gutes Tillern und genaue Arbeit. Das Holz müsse man akzeptieren, wie man es eben vorfinde.

Man sollte nur kein Holz nehmen, wenn seine Drehungen und Biegungen sehr stark und winklig sind, wenn es Knoten hat, die im Durchmesser größer sind als die halbe Breite des Wurfarmes, oder wenn es tiefe Sprünge hat, die aus der Seite eines Wurfarmes herauslaufen.

Gewundene Maserung

Ein Problem, dass man am häufigsten antrifft, ist ein Faserverlauf, der zwar ziemlich gerade von einem Ende des Rohlings zum anderen läuft, auf dem Weg dorthin jedoch verwirbelt und verdreht ist. Wenn du mit einem Zugmesser oder einem Hobel arbeitest, kann die Schneide in der Maserung einhaken und lange, dicke Stücke aus dem Holz herausreißen. Justiere den Hobel so, dass er nur dünne Späne abnimmt und das Problem wird sich verringern. Wenn du nur mit Raspel und Schaber arbeitest, ist das Problem behoben.

Knoten

Ein weiteres wahrscheinliches Problem sind Knoten. Du denkst vielleicht, dass Knoten besondere Schwachstellen erzeugen, aber so schwach sind sie gar nicht, weil die Maserung sich um die Knoten herum entwickelt hat und es die Maserung ist, die einen Holzbogen zusammenhält. Tatsächlich sind sie jedoch ein bisschen schwächer als gesundes Holz.

Die meisten Knoten sind dick, dunkler und hart. Bogen Nr. 7 hat so ein Ding genau an der Kante eines Wurfarmes. Eigentlich sind nur noch $7/8$ des Knotens vorhanden. Ich fand mittels einer Nadelprobe heraus, dass der Knoten so hart war wie das Holz, das ihn umgibt und dass der Bauch an der Stelle, wo der Knoten sitzt, eine Verdickung hat und deshalb stärker ist.
Deshalb habe ich den Knoten ignoriert und den Bogen gebaut, als ob es ihn nicht gäbe. Weder der Knoten noch das Holz daneben haben seither irgend eine Veränderung gezeigt.

Es gibt noch andere Möglichkeiten, mit Knoten zu leben. Vielleicht am einfachsten ist es, das Holz so zu bearbeiten, dass der Knoten in der Mitte einer kleinen „Holzinsel" sitzt, die etwas höher ist, als das Holz drumherum. Das reduziert in großem Maß die Spannung an dieser Stelle.

Am einfachsten geht das mit einer Holzraspel. Wenn man als erstes den Bogen grob herausarbeitet, tut man so, als wäre der Knoten nicht da. Man kann sich aber vorstellen, dass noch Holz während des Tillerns vom Bauch abgetragen werden muss. Dabei lässt du dann mehr Holz über dem Knoten und um ihn herum stehen. Die Oldtimer beschrieben diese Technik als „ den Knoten erhöhen" oder „stehen lassen". Wenn dein Bogen einen flachen Bauch hat, kannst du den Knoten in der Mitte eines kleinen Grates stehen lassen, der sich von einer Seite des Wurfarms zur anderen zieht. Bogen Nr. 10 hat mehrere solcher Grate. Du musst jedoch aufpassen, dass das Holz auf der Seite des Grates zum Griff nicht zu dünn wird, wenn du das tust.

Etwa 3 mm sollte für einen normalen Knoten hoch genug sein. Fall er dir wirklich Angst macht, lasse ihn höher stehen. Vermutlich ist es am besten, so einen Knoten breiter als hoch zu lassen, an den Seiten verlaufend.

Wenn sich bei einem Test mit einer Nadel herausstellt, dass ein Knoten weich und porös ist, kann man ihn herauskratzen und das Loch mit anderem Material füllen. Bei einem Knoten, denn man erhöht, wird aber die Belastung ohnehin reduziert. Eigentlich ist das Auffüllen mit anderem Material nur aus „kosmetischen" Gründen nötig. Die Öffnung kann mit einer Mischung aus Leim und Holzspänen oder sogar mit Sehnenstückchen und Hautleim gefüllt werden.

Ist der Knoten jedoch wirklich groß, ist es am besten, den Wurfarm auf beiden Seiten des Knotens breiter zu machen. Misst zum Beispiel der Wurfarm 5 cm und hat einen 12 mm breiten Knoten in der Mitte, machst du den Wurfarm an dieser Stelle 6,2 cm breit. Dadurch erhältst du 5 cm gesundes Holz, das die Schwäche des Knotens ausgleicht. Diese Methode kann man auch erfolgreich bei Astlöchern anwenden, die komplett durch den Wurfarm gehen.

Ein anderer Weg ist, den Wurfarm etwas dicker um den Knoten herum zu machen. Wenn sich der Bogen jedoch gleichmäßig verjüngen soll, musst du aufpassen, dass der Wurfarm, vom Knoten aus gesehen, in Richtung Nocke etwas dünner wird als auf der Seite zum Griff hin.

Man kann einen Knoten auch herausbohren und die Bohrung mit einem Holzdübel füllen. Es kann jedoch für einen Anfänger schwierig sein, einen genau passenden Holzdübel zu machen. Bogen Nr. 16 brach an einer Stelle, wo zwei Knoten ausgebohrt und zugestöpselt worden waren. Einer der Dübel war in der Nähe der Kante des Wurfarmes. Offenbar sprang der Dübel heraus, als ich den Bogen spannte und der Wurfarm sprang sofort hinterher. Der Leim zum Einkleben muss sehr belastbar sein. Die in Nr. 16 hatte ich mit Weißleim eingeklebt und das war offenbar nicht gut genug. Epoxydharze sind viel besser.

Ich bin davon abgekommen, Knoten herauszubohren, weil der Bohrer die Maserung des Holzes zerschneidet. Ein geschickter Handwerker hat jedoch vermutlich keine Probleme, auf diese Art Knoten zu entfernen. Besser ist es bei kleinen Knoten , sie herauszubohren und die Löcher mit einer Mischung aus Sägemehl und Epoxydharz zu füllen. Wenn das trocken ist, kann man die Stellen glatt schmirgeln.

Jeder Knoten, der breiter ist als die halbe Breite des Wurfarmes, kann deine ganzen Anstrengungen zunichte machen. Mit einen Knoten kann man nur fertig werden, wenn er von viel gesundem Holz umgeben ist.

Trocknungsrisse

Wenn du einen Bogen aus Holz machst, das vom Trocknen Längsrisse hat, kann dich das schon verunsichern. Du kannst jedoch davon ausgehen, dass das Holz beim ersten Biegeversuch brechen wird, falls es überhaupt brechen will. Bei solchen Rissen, die nicht seitlich aus den Wurfarmen herauslaufen, kann man in 99% aller Fälle so tun, als gäbe es sie nicht.

Unregelmäßigkeiten auf dem Rücken

Viele Stücke Bogenholz werden irgendwelche Buckel oder Dellen an ihrer Außenseite haben, die später dein Bogenrücken wird. Sind diese Buckel und Dellen nicht größer als, sagen wir, 6 mm oder so, kannst du sie ignorieren und trotzdem Erfolg haben. Erstrecken sie sich jedoch über ein größeres Stück, solltest du versuchen, den Bogenbauch ungefähr parallel zum Rücken zu machen. Ich sage „ungefähr", weil du abrupte Vertiefungen im Bauch um jeden Preis verhindern musst. So was verursacht fast immer Kompressionsbrüche. Wenn du den Bauch unbedingt abtragen musst, weil ein riesiger Buckel auf dem Rücken ist, lasse besser auf der Bauchseite ein wenig mehr Holz als nötig stehen. Alle diese „Täler" im Bogenbauch müssen gleichmäßig verlaufen, dürfen nicht scharf und abrupt beginnen.

Als Faustregel kann man sagen, dass der ganze Wurfarm gleichmäßig dick sein oder gleichmäßig getapert sein sollte, wenn man ihn flach pressen würde.

Das richtige Tapern

Wenn der Bogen eine gleichförmige Verjüngung aufweist, d. h. wenn er vom Griff bis zu den Nocken dünner wird, ist es wichtig, dass diese Verjüngung absolut gleichmäßig verläuft, tut sie es nicht, wird der Bogen schnell abbrechen oder Kompressionsbrüche bekommen (siehe auch S. 49 „ Ein genauerer Blick auf die Wurfarme"). Genauso ist es, wenn der Bogen dreieckige Wurfarme hat, die sich in der Dicke nicht verjüngen. Diese Dicke muss dann im ganzen Wurfarm gleich bleiben.

Recht einfach vermeidet man Probleme, wenn man mit einem Greifzirkel die Dicke der Wurfarme überprüft.

Bei sich verjüngenden Wurfarmen setzt du den Zirkel in der Nähe des Griffes an und stellst ihn fest. Dann rutscht du den Zirkel 8 oder 10 cm weiter in Richtung Nocke. An dieser Stelle sollte jetzt der Zirkel soviel Spiel haben, dass man hin und her klappern kann.

Wenn so ein Bogen einen kleineren Buckel auf dem Rücken hat, dann sorge dafür, dass der Wurfarm auf der Seite zur Nocke hin zumindest ein bisschen dünner ist als auf der Griffseite. Ein Wurfarm, den man über die Dicke tapert und der eine Stelle hat, etwa 10 cm lang oder länger, wo das Holz nicht dünner wird, kann an dieser Stelle abbrechen oder schlimme Kompressionsbrüche kriegen.

Um einen Wurfarm mit dreieckiger Form zu überprüfen, der sich in der Dicke nicht verjüngt, muss man aufpassen, dass der Zirkel keine dünneren oder dickeren Stellen in dem Wurfarm aufzeigt.

Krümmungen in den Wurfarmen

Ein Bogen kann scharfe Biegungen in Richtung Bauch oder Rücken aufweisen, wenn man ihn ausschneidet, etwa so, z. B.:

Von der Seite gesehen

Man kann solche Wurfarme begradigen, dazu braucht man Hitze, ein flaches Brettstück und ein oder zwei Schraubzwingen. Mehrere Bögen, die ich in diesem Buch beschrieben habe, wurden so begradigt.

Der Wurfarm, der in den meisten Fällen nicht dicker als etwa 18 mm war, wurde auf das Brett gelegt und die Schraubzwinge angesetzt. Ich schraubte sie nur so weit zu, dass der Wurfarm am Brett hielt, ohne herunterzufallen. Das ist sehr wichtig, wenn man den Wurfarm vom Bauch wegbiegen will. Biegt man ihn zu stark, wenn das Holz noch nicht heiß genug ist, wird das den Bauch splittern lassen.

Die Stelle, die begradigt werden soll, erhitze ich dann 10–15 min. mit einem 1500 Watt Heizlüfter. Dann ziehe ich die Schraubzwinge ein paar Umdrehungen weiter an und erhitze das Holz noch ein paar Minuten. Ich gebe noch ein paar Umdrehungen dazu und erhitze wieder ein paar Minuten. Schließlich ist der Wurfarm gerade und bleibt noch etwa 10 min. lang erhitzt. Danach nimmt man die Hitze weg und lässt den Bogen mindestens eine Stunde lang in Ruhe, besser wäre noch über Nacht. Nimmt man die Schraubzwinge ab, wenn das Holz noch warm ist, wird das Holz in seine ursprüngliche Form zurückkehren.

Selbst wenn es erkaltet ist, wird es versuchen, sich wenigstens ein bisschen in seine alte Form zurückzubiegen. Ist die Biegung noch zu stark, fang noch mal von vorn an. Lege einen kleinen Klotz zwischen den Wurfarm und das Brett, wenn es sein muss, etwa so:

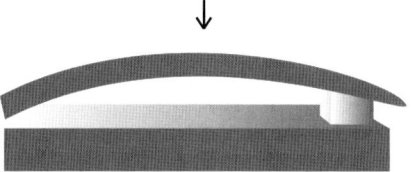

Sei jedoch vorsichtig, wenn du irgend eine Flamme zum Erhitzen des Bogens nimmst. Du könntest das Holz verkohlen oder die Rohhaut oder Sehne anbrennen. Der elektrische Heizlüfter beschädigte die Rohhaut oder Sehne, die schon komplett durchgetrocknet waren, überhaupt nicht. Es ist auch besser, ein dickes Stück Leder oder ein dünnes Holzstück zwischen Schraubzwinge und Bogenholz zu legen, weil die Zwinge sonst eine Delle im Bogen hinterlassen könnte.

Dämpfen

Man kann Holz auch biegen, in dem man es dämpft oder kocht. Das Problem beim Kochen ist, einen Behälter zu finden, der einen Bogenstab aufnehmen kann. Beim Dämpfen kann der Bogenbauer dieses Problem vermeiden.

Mit Dampf kann man aus einem krummen Rohling einen geraden machen. Dampf ist auch sehr nützlich, um eine reflexe Biegung zu erzielen.

Wenn du lernst, mit Dampf umzugehen, kann es dir völlig egal sein, ob deine Bogenstäbe verdreht oder deflex sind, weil du sie ganz einfach in die Form bringen kannst, die du willst.

Hier einige Tipps für gute Erfolge:

Man sollte das Dämpfen und Biegen vor dem Tillern erledigen. Ist der Bogen erst einmal getillert, wird die eingedämpfte Biegung meist wieder herausgezogen. Das Dämpfen vor dem Tillern erlaubt dem Bogen, seine neue Form zu behalten.

Einen Reflex sollte man nur im Bereich des Griffes anbringen, oder indem man die Enden zu Recurves biegt. Ein Reflex, der im arbeitenden Teil des Wurfarmes liegt, wird leicht herausgezogen, wenn nicht beide Wurfarme genau gleich gebogen werden.

Die einfachste Vorrichtung zum Dämpfen besteht aus einer rechteckigen Metallpfanne, 3–5 cm tief, einem Stück Alufolie und einem Küchenofen oder einer Heizplatte.

Du erhitzt Wasser in der Pfanne, bis der Dampf beginnt, aufzusteigen. Es muss nur leicht kochen. Der Teil des Bogens, der gebogen werden soll, kommt über die Pfanne. Mit der Alufolie deckst du das Holz und die Pfanne ab. Diese Abdeckung muss nicht dicht sein, es macht nichts, wenn der Dampf aus den Spalten herauskommt.

12 mm dickes Holz soll etwa 30 min gedämpft werden, 25 mm dickes Holz braucht eine Stunde. Lass nicht alles Wasser verdampfen. Bei Bedarf erhitzt du auf einem separaten Kocher neues Wasser, bevor du es in deine Pfanne tust. Dann biegst du das Holz in die gewünschte Form und fixierst es so, bis es abgekühlt ist.

Sehr praktisch ist es, für diese Arbeit eine Vorrichtung und eine Schraubzwinge zu verwenden. Man kann Eichenholzplanken aus dem Sägewerk oder ähnliches verwenden, um sich etwas zu bauen, das von der Seite etwa so aussieht:

Mit Zwischenlagen aus Holz oder Leder schützt du das Holz vor Dellen von der Schraubzwinge. Wenn du das Ganze an einen trockenen und warmen Platz stellst und den Bogenstab 24 Stunden lang an die Vorrichtung gespannt stehen lässt, erhöhst du deine Aussichten auf Erfolg.

Bei einem langen Bogenstab, der reflex gebogen werden soll, kann es nötig sein, ihn an 5 oder 6 Stellen nacheinander zu dämpfen.

Griffe

Wenn du einen Bogenstab aus Tropenholz gekauft hast, musst du vielleicht ein Griffteil anleimen. Womöglich leimst du den Griff so auf, dass er etwa so aussieht, wenn er fertig ist:

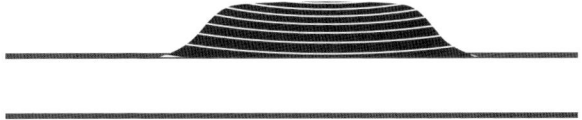

Wenn ja, wird das Holz des Griffes eine Tendenz haben, an den Enden zu brechen (das war auch der Untergang von Bogen Nr. 5). Das kannst du verhindern, wenn du das Endprodukt so aussehen lässt:

Es verringert die Belastung der Griffenden, wenn du den Griff auf einer sanft auslaufenden Erhöhung aufleimst.

Bei einem Bogenstab aus einem Brett spielt es üblicherweise keine Rolle, welche Seite du als Rücken nimmst. Das gilt insbesondere bei Tropenholz. Ist der Bogenstab nicht ganz gerade, nimmst du die „hohle" Seite als Rücken. So wird der fertige Bogen ein bisschen gerader.

In den alten Zeiten wurden viele Bögen im Griff zusammen gespleißt. Das erlaubte den Bogenbauern, einen langen, geraden Bogen aus zwei kurzen Stücken zu machen. Sie machten das, indem sie in die Enden der Stücke eine Art Verzahnung einschnitten. Diese Enden wurden zusammengeleimt und bildeten den Griff des Bogens. Bogen Nr. 16 hatte einen solchen gespleißten Griff.

Die gebräuchlichsten Verzahnungen für einen Spleiß sehen so aus:

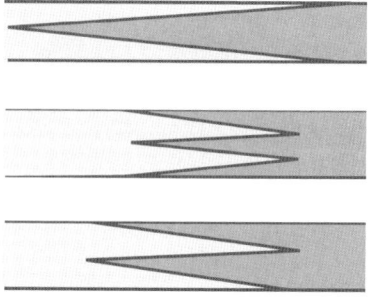

Es ist wichtig, dass der Spleiß gut passt. Das erfordert sorgfältiges Messen und Ausschneiden. Am besten geht das mit einer großen Bandsäge. Beim untersten Spleiß gibt es keine rechte oder linke Seite. Beide Seiten werden gleich ausgeschnitten. Wenn du das selbe Muster für beide nimmst, passen sie auch gut. Jedes Holz mit Jahresringen kann man dazu bringen, dass es besser passt, falls es mit deinen Schnitten nicht so gut geklappt hat. Koche die zu spleißende Stellen 30 – 60 min. lang, nimm sie aus dem Wasser und presse sie mit einer Schraubzwinge zusammen. Lass die Zwinge daran, bis alles abgekühlt ist und aus der schlampigen Passung wird eine genaue. Man kann den Griff auch so zusammenleimen, dass sich ein leichter Reflex ergibt.

Weldwood Resorcinol, Urac 185, oder etwas ähnlich Starkes (z.B. Epoxydharz) sind die richtigen Kleber für so einen Spleiß. Wenn du schwächeren Holzleim verwenden musst, mach es wie die Oldtimer. Umwickle den fertigen Spleiß mit starker Schnur und tränke nochmals alles mit Leim. Mehrere Schichten Lack sorgen dafür, dass Feuchtigkeit draußen bleibt.

Mit solchen Griffspleißen versuchten die Bogenbauer, das letzte Quäntchen aus Eiben- oder Osagebäumen herauszuquetschen. Ein Hobbybogenbauer kann heutzutage eine ganze Tonne Bögen machen, ohne jemals auf einen Spleiß angewiesen zu sein.

Einige Leser fragten nach den genauen Maßen der schmalen, tiefen Griffe der Bögen, die hier beschrieben werden.

Sieh dir die folgende Zeichnung an. Das ist der Griff, von Bauch oder Rücken aus gesehen. Der Teil A ist 4 ½" (11,43 cm) lang, nämlich 4" (10,16 cm) für die Hand und ½" (1,27 cm) für die Pfeilauflage. C ist die breiteste Stelle des Wurfarmes. B ist der verlaufende Abstand zwischen A und C. Bei den hier beschriebenen Bögen ist B etwa 1 bis 1 ½" (3,81 cm) lang.

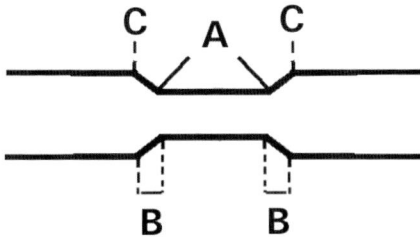

Bei vielen Flachbögen, die in den 30er oder 40er Jahren gemacht wurden, ist die Länge von B oft 4" (10,16 cm) oder länger. Diese Bögen waren aber üblicherweise auch 66" lang. Bei einem Bogen, der nur 58 oder 60" lang ist, erlaubt eine kürzere Länge von B mehr Biegung in den Wurfarmen.

Die nächste Zeichnung zeigt einen Griff von der Seite gesehen. D ist die Stelle, wo der niedrigste Teil des Griffes auf den restlichen Wurfarm trifft. Der Griff ist normalerweise belastbarer, wenn dieser Punkt ¼ bis ½" (0,63–1,27 cm) über C, den breitesten Punkt des Wurfarmes, hinausgeht.

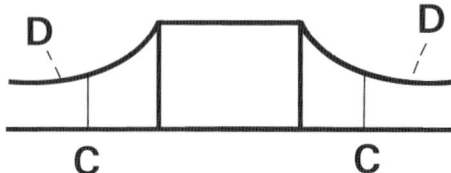

Bleibt der Punkt D unter der breitesten Stelle, sieht das ungefähr so aus:

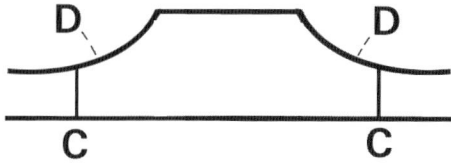

Wenn ein Griff so aussieht, kann er brechen oder aufsplittern oder Schwachstellen zeigen sich an einem oder auch beiden Enden .

Die Englischen Langbögen unserer Freunde aus vergangener Zeit hatten Griffe, die so breit waren wie die Wurfarme, aber etwas dicker, so dass sich die Griffe nicht mitbogen.

Die meisten Bögen von amerikanischen Indianern, die man auf alten Fotos sehen kann, hatten ebenfalls Griffe, die so breit wie die Wurfarme waren.

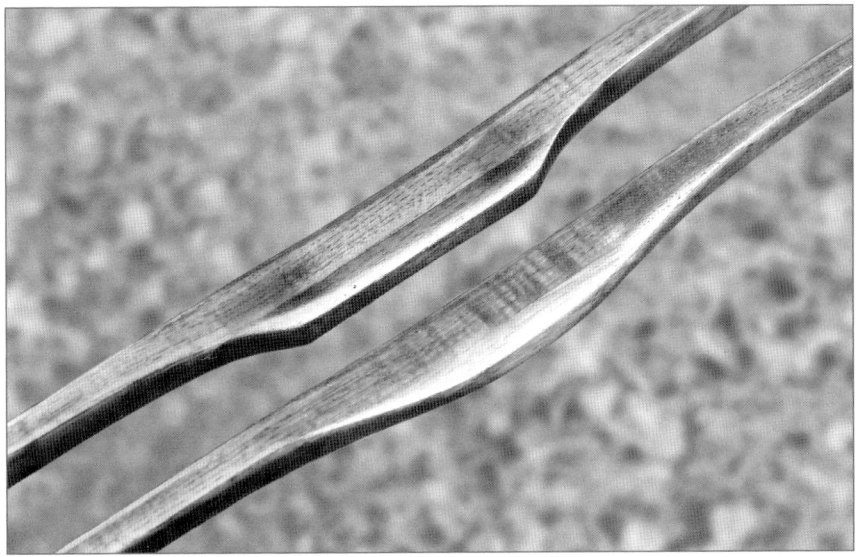

Mit einem Griffprofil wie es der untere Bogen hat wird es einfacher, die Wurfarme bis möglichst nahe am Griff biegen zu lassen. Dem Anfänger hilft das, übermäßige Spannung in den Wurfarmen zu vermeiden, erfahrene Bogenbauer können damit den Bogen etwas kürzer halten als es bei einem Griff wie oben angebracht wäre, weil dieser im Gegensatz zum unteren Griff über seine ganze Länge völlig steif ist.

Nur keine Panik

Wenn du einen Bogen baust, besonders wenn es dein erster ist, kannst du leicht Fehler machen. Es ist leicht, zu schnell zu arbeiten. Leicht hat man etwas übersehen oder zu viel Holz hier und da entfernt.

Es kann schon passieren, dass du deinen Bogen auf das Tillerbrett spannst und feststellen musst, dass ein Wurfarm erschreckend viel schwächer ist als der andere, mit einem Knie, dass sich alarmierend biegt. Das kann auch passieren, wenn du versuchst, deinen Bogen in der Konstruktionsphase zu früh aufzuspannen.

Wenn du Holzbögen machen willst, gibt es eine goldene Regel, die du sorgfältig beachten solltest: Nur keine Panik!

Stellt sich dein Bogen als totaler Fehlschlag heraus, bleib cool. Biege ihn auf keinen Fall ernsthaft in diesem Stadium. Hast du ihn schon gebogen, biege ihn nicht noch einmal. Hör ganz auf. Setz dich hin und trink einen Kaffee, eine Cola oder sonst was. Entspann dich.

Du hast eine gute Chance, dass doch noch ein guter Bogen diesem Stück Holz steckt und du ihn herausarbeiten kannst. Du musst nicht das Handtuch schmeißen. Du musst nur deine Pläne für diese Waffe ändern. Ist mit dem Bogen etwas schiefgelaufen, hast du das Steuer nicht mehr in der Hand. Du kannst nicht länger entscheiden, wie der Bogen auszusehen hat. Der Bogen sagt dir jetzt, wie er fertig aussehen will.

Du solltest deinen ersten Bogen aus einem *langen* Stück Holz machen. Wenn du gerne einen 150 cm langen Bogen haben willst, fang mit 160 cm an, weil du dann genug Reserve hast, um die Situation noch zu retten.

Meist sitzt das ganze Problem in einem Wurfarm. Deshalb machst du es so: Konzentriere dich nur auf diesen Wurfarm. Hat er eine Schwachstelle, bearbeite den Rest des Wurfarmes, bis er sich gleichmäßig biegt.

Hast du des Guten zuviel getan und eine Stelle über Gebühr verdichtet, gibt es auch noch Hoffnung. Versuche, mit Hitze, einem Brett und einer Schraubzwinge den Wurfarm wieder gerade zu richten. Bearbeite wieder den Rest des Wurfarmes, bis er sich schön ebenmäßig biegt. Mach dich nicht verrückt, wenn der Wurfarm Zuggewicht verliert. Darum kümmern wir uns später.

Ist der Wurfarm erst einmal korrigiert, kümmern wir uns um das Zusammenwirken der beiden. Der Wurfarm, den du „repariert" hast, biegt sich jetzt wahrscheinlich stärker als der andere. Jetzt gibt es zwei Möglichkeiten. Schneide den schwächeren Wurfarm kürzer oder mache den stärkeren Wurfarm schwächer. Wenn du den stärkeren Arm schwächer machst, entfernst du gleichmäßig Holz von der ganzen Länge des Bauches. Prüfe oft, damit keine Schwachstellen entstehen.

Entscheidest du dich dafür, den schwächeren Arm abzuschneiden, nimm nur immer 2 cm auf einmal weg und prüfe die Biegung des Bogens. Du kannst wahrscheinlich bis zu 8 cm von einem schwachen Arm abschneiden – wenn der Bogen so lang war wie du, als du mit ihm angefangen hast. Meistens wird der obere Wurfarm länger gemacht. Der Bogen wird aber auch prima werfen, wenn der untere Arm 2,5 oder 5 cm länger ist als der obere.

Hast du den schwachen Arm um etwa 8 cm abgeschnitten und er ist immer noch zu schwach, fängst du besser damit an, den starken schwächer zu machen. Mach das solange, bis sich beide gleichmäßig biegen lassen. Ist dann einer länger als der andere, kannst du die Haltbarkeit erhöhen, indem du den kurzen Arm ein bisschen steifer machst als den längeren.

Hoffentlich bist du zu diesem Zeitpunkt bereits schwer beeindruckt von dem Maß an Geduld, das man aufbringen muss. Nur mit Geduld schafft man es, dass sich die Wurfarme gleichmäßig biegen. Es kommt jedoch vor, dass du den Bogen an die Waage hängst und feststellst, dass er nur 40 lb. auf 28" zieht. Nun, der Bogen ist also 165 oder 170 cm lang, hat ziemlich flache Wurfarme und er zieht 40 lb. auf 28". Es kann jedoch gut sein, dass er sich 33" weit ausziehen lässt und dann 55 lb. erreicht.

Das kannst du so herausfinden:
Wenn sich der zu leichte Bogen schön gleichmäßig biegt, schneide von jedem Wurfarm 1,3 cm ab. Ist er immer noch zu schwach, lässt sich aber leicht noch weiter biegen, kürze ihn noch mal um 1,3 cm. Prüfe ihn auf der Waage, am besten mit einem Pfeil aufgelegt. Wenn es nicht anders geht, klebst du den Pfeilnock mit Klebeband an die Sehne. So kürzt du den Bogen schrittweise immer weiter, bis es etwas schwerer geht, die Zuglänge für deinen Pfeil zu erreichen. Falls dein Bogen wirklich 170 cm lang war und 55 lb. auf 33" ziehen konnte, wäre es durchaus möglich, ihn auf 155 oder 160 cm zu kürzen und 55 lb. Zuggewicht zu bekommen. Natürlich ist das abhängig davon, wie du das Ding getillert hast.

Die Hauptsache für einen Anfänger ist jedoch, einen Bogen zu erhalten, mit dem er schießen kann. Einen Holzbogen zu bauen ist nämlich ganz ähnlich wie ein Baby kriegen. Wenn du erst einmal mit dem Baby zu Hause bist, spielt es keine Rolle mehr, wie viel Arbeit und Aufregung es gekostet hat, bis der kleine Kerl da war.

Du hast bestimmt schon lange vergessen, wie du geschwitzt hast, wenn du deinen ersten Bogen dann schießt.

15

Sehnenbacking

Wie ich schon früher erklärt habe, hat ein Bogen mit Backing irgend einen Belag auf dem Bogenrücken, der verhindert, dass er bricht. Ein Stück Holz, das man biegt, fängt an, entlang seiner Außenseite zu brechen. Bei einem Bogen ist das eben der Rücken. Ich habe auch schon erzählt, wie ein Splitter am Rücken eines Ulmenbogens ohne Backing aufstand und wie ich ihn reparierte, indem ich ein Backing auflegte.

Leichte Bögen kann man ohne Backing lassen. Ein kleiner Teil der Maserung riss jedoch auf dem Rücken von Bogen Nr. 1, dem 17-Pfünder. Diesen Riss gibt es immer noch, er ist nicht schlimmer geworden. Wäre der Bogen stärker gewesen, hätte das jedoch leicht passieren können.
Der unbelegte Rücken von Bogen Nr. 2, dem 30-lb.-Eibenbogen, ist in gutem Zustand.
Eine dünne Lage Saftholz, vielleicht 3-5 mm dick, erfüllt ihren Zweck, nämlich einen leichten Eibenbogen zu schützen, sehr gut. Früher wurden oft Eibenbögen mit einem Zuggewicht bis 50 lb. ohne Backing geschossen.

Einen Bogen mit Backing machen, bedeutet immer mehr Arbeit und Mühe. Einen Bogen ohne Backing zu bauen, ist nicht schwer für einen erfahrenen Bogenbauer (siehe auch den Abschnitt über Bögen ohne Backing im Nachwort). Für einen Einsteiger ist es aber oft zu viel. Ein Einsteiger ist gut beraten, wenn er bei seinem ersten oder zweiten Bogen ein Backing auflegt.
Wenn du ein Anfänger bist und unbedingt einen starken Bogen ohne Backing haben willst, nimmst du am besten die Außenseite eines Hickory-Stammes dafür. Bei Hickory ist die Gefahr viel geringer, dass es bricht, wenn es schlecht getillert ist, und Bögen ohne Backing müssen sehr gut getillert sein. Die besten Bögen ohne Backing sind so lang wie ihr Schütze.

Das in grauer Vorzeit am meisten verwendete Backing war Sehne. Das war auch das gebräuchlichste Backing der amerikanischen Indianer.

Das Sehnenmaterial stammt von Sehnen größerer Huftiere. Alle sehnenbelegten Bögen in diesem Buch wurden mit Beinsehnen von Weißwedelhirschen belegt. Jedes Huftier hat große Sehnen an der Rückseite von jedem Bein, die vom Huf bis zum Kniegelenk gehen. An der Vorderseite der Beine haben sie kleinere Sehnen an derselben Stelle. Solche Tiere haben meist auch lange Sehnen an jeder Seite des Rückgrates.

Hirsche, Wapiti, Elche, Karibu, Gabelböcke, Ziegen, Schafe, Büffel, Pferde und Rinder haben alle solch lange Sehnen, wenn die Länge auch variiert. Wenn du erst einmal gesehen hast, wo die Sehnen herkommen, kannst du die Länge der Sehnen abschätzen, wenn du dir nur das Tier ansiehst. Kühe haben meist kurze Sehnen im Verhältnis zu ihrer Körpergröße, ein ausgewachsenes Zugpferd wird aber genug Sehnenmaterial für einen Bogen in jedem Bein haben.

Bei einem Weißwedelhirsch ist es wahrscheinlich nicht der Mühe wert, die kleinen Sehnen von der Vorderseite der Beine herauszuschneiden, bei größeren Tieren dagegen schon.

Die Sehnen schneidet man am besten heraus, gleich nachdem das Tier getötet wurde. Sie sehen dann weiß, weich und blutig aus. Spüle sie gut mit Wasser ab und lasse sie trocknen. Nach einigen Tagen sind sie honigfarben, durchscheinend und steinhart. Auch wenn der Rest des Tiers schon nicht mehr gut riecht und eigentlich schon verdorben ist, sind die Sehnen noch in Ordnung.

Das Hauptproblem des modernen Bogenbauers ist, sich das Rohmaterial aus erster Hand zu besorgen. Die östlichen Staaten (der USA) haben oft kurze Jagdzeiten für Hirsche, eine Woche oder so. Der typische Jäger nimmt sein komplettes Tier und gibt es einem gewerblichen Schlachter, der es zerlegt. Die Sehnen sind in den Unterbeinen und viele Schlachter werfen sie weg. Wieder andere verkaufen sie aber auch. Ein paar kleine Nachforschungen und ein paar höfliche Fragen könnten dich für ein Trinkgeld oder ganz umsonst mit Sehnen versorgen. Eine weitere Quelle könnten überfahrene Tiere sein oder von Freunden erlegtes Wild.

Wenn du dein Wild selbst zerlegst, dann achte darauf, die Rückensehnen zu entnehmen. Vom Schlachter werden sie zerschnitten.

Eine typische Weißwedelhirschsehne misst etwa 15-23 cm in der Länge und ungefähr 12 mm im Durchmesser, wenn sie trocken ist. Weil es für viele ein Problem ist, sich Sehnenmaterial zu besorgen, habe ich versucht, herauszufinden, wie viel Sehne man für einen durchschnittlichen Bogen mindestens braucht. Ich machte verschiedene Bögen mit nur 3 Hirschsehnen, andere machte ich mit 4, 5 und 6 Sehnen. 3 Sehnen ergeben ein dünnes Backing, reichen aber aus, einen 150 cm langen Bogen zu bedecken, und schützen den Rücken schon gut. 5 oder 6 Sehnen reichen bei weitem aus.

Man kannaber auch einen 150 cm langen Bogen ohne weiteres mit 8, 10 oder 12 Sehnen belegen. Sehnen erhöhen das Zuggewicht eines Bogens. Nr. 6 war zuerst mit 3 Sehnen belegt. Später fügte ich noch 3 Sehnen hinzu und das Zuggewicht nahm um 2 lb. zu. Es ist möglich, einen Bogen zu machen, dessen Sehnenbacking genauso dick ist wie das Holz. Das würde ein ordentliches Zuggewicht bringen.

Sehne kann viel mehr Dehnung aushalten als Holz und die Fasern reißen trotzdem nicht. Du könntest einen Bogen mit 127 cm Länge bauen, der 50 lbs zieht, und einen weiteren, der 35 lb. zieht. Wenn die Breite der Wurfarme gleich ist, kannst du davon ausgehen, dass man den leichteren Bogen weiter ausziehen kann. Packst du jetzt genug Sehne auf den Rücken, bringst du den leichteren Bogen auch auf 50 lb., und man könnte ihn immer noch weiter spannen als den Bogen aus Holz allein.

Das Belegen eines Bogens mit Sehne ist recht einfach. Wenn eine bernsteinfarbene, harte Sehne mit einem Stein oder Hammer geklopft wird, auf irgendeiner glatten Oberfläche wie z. B. einem Holzklotz, wird sie sich weiß verfärben und sich in einzelne Fasern auflösen. Diese weißen Fäden sind so lang wie die Sehne. Es braucht jedoch reichlich Klopfen und Zerpflücken, bis man eine Sehne komplett zerlegt hat. Dafür kriegt man aber auch einen schönen Haufen weißer Fäden, wenn man fertig ist.

Diese Sehnenfäden sind von Natur aus klebrig. Feuchte sie an und drück sie zusammen und du wirst sehen, dass sie zusammenkleben, wenn sie erst trocken sind. Von sich aus kleben sie aber nicht gut auf Holz. Man muss den Rücken des Bogens mit tierischem Leim behandeln, dann kleben sie schnell und gut.

Sowohl getrocknete Sehne als auch der Leim, mit dem man sie verarbeitet, weichen sehr schnell durch Feuchtigkeit auf. Das ist das Hauptproblem eines Sehnenbackings. Man muss den fertigen Bogen sehr sorgfältig vor Nässe schützen. Popes indianischer Freund Ishi benutzte einen Bogen aus sehnenbelegtem Wacholder. Bei feuchtem Wetter weigerte er sich, seinen Bogen zu spannen.

Ishis Methode war, den Rücken seines Bogens mit Leim zu behandeln, den er aus Lachshaut gemacht hatte. War der getrocknet, kaute er Sehnenfäden, bis sie weich und nass waren. Diese brachte er dann dick längsweise auf den Bogen auf, wobei er die Enden überlappte. Den ganzen Bogen umwickelte er dann mit Weidenrinde und ließ die Sehne trocknen. Den trockenen Sehnenbelag glättete er mit Sandstein und strich ihn nochmals gut mit Leim ein.

Jeder moderne Bogenbauer kann Ishis Methode verwenden. Die Frage ist nur, welchen Leim du nimmst. Wenn du genug Sehne hast, kannst du Leim daraus machen. Beim Zerklopfen von Sehnen werden dir einige raue Stückchen übrigbleiben, außerdem noch kleine Stückchen von trockener Haut, die die Sehnen umgeben. Wenn du ein paar gute Handvoll davon hast, vielleicht auch noch normales Sehnenmaterial, wenn es sein muss, kannst du alles in einen Topf mit Wasser werfen und kochen. Füge immer wieder Wasser hinzu und schließlich wird die Flüssigkeit dick und sirupartig. Fische alle festen Rückstände heraus und du hast einen Leim, der Sehne fest mit Holz verbindet.

Alten Erzählungen zufolge machten manche Indianer einen ähnlichen Kleber, indem sie Rohhaut kochten. Ich machte einen Versuch, solchen Leim aus Rohhaut nachzumachen, indem ich sie wie Sehne kochte. Nach einigen Stunden des Kochens wurde der Leim dick und man konnte sehr gut Sehnen damit zusammenkleben. Sie hielten besser zusammen, als nur angefeuchtet. Der Leim war jedoch nicht stark genug, Sehne an Holz zu kleben. Wenn man ihn vielleicht länger gekocht hätte, so 8–10 Stunden, wäre er stark genug gewesen. Falls du das versuchen möchtest, mache vorher einen Test, ob die Sehne auch fest genug an Holz klebt. Wenn der Leim gut ist, solltest du kräftig schaben müssen, um die paar Sehnenfäden vom Holz herunter zu bekommen. Dein Holz sollte gut durchgetrocknet sein, gleichgültig, was du für einen Leim hernimmst. Falls du irgendwelche Zweifel hast, probiere, ein paar Fäden auf den Bogenrücken zu leimen.

Seit hunderten von Jahren haben Künstler tierischen Leim verwendet, um Leinwand zu präparieren, bevor sie darauf malten. Dieses Zeug wird immer noch hergestellt und man kann es kaufen und damit Sehnen fest auf Holz kleben. Du musst nur ein Geschäft für Künstlerbedarf finden, das gut sortiert ist. Vielleicht musst du mehrere Geschäfte in der nächsten größeren Stadt anrufen. Moderne Imprägnierung für Leinwand ist eine Flüssigkeit auf Acrylbasis in Flaschen. Das ist natürlich nicht das, was du willst. Frage im Geschäft, ob sie noch die altmodische Grundierung von früher haben, das Pulver, das in Wasser gekocht wurde. Sie sollten dann wissen, was du möchtest. Es ist ein bernsteinfarbenes Pulver, das meist pfundweise verkauft wird. Nimm heißes Wasser von ca. 60°C und das Pulver wird sich schnell auflösen. Wenn du den Leim so dick wie Sirup machst, wird er extrem klebrig. Zugedeckt kannst du deinen Leim im Kühlschrank aufbewahren. Guter Leim geliert, wenn er gekühlt wird. Wenn man ihn wieder erhitzt, wird er schnell wieder flüssig.

Die Grundierung, die ich an den meisten hier beschriebenen Bögen verwendet habe, ist Utrecht Kaninchenhautleim, von Utrecht aus Brooklyn, New York, hergestellt. (Anm. d. Hrsg: Geigenbauer und Möbelrestauratoren arbeiten heute noch mit tierischen Leimen.)

Es gibt eine Anzahl von Techniken, wie man Sehne aufleimen kann. Mehrere hier beschriebene Bögen wurden nach Ishis Methode gemacht. Zuerst habe ich den Bogenrücken mit groben Schmirgelpapier glattgeschliffen. Als nächstes strich ich den Rücken mit einem Malerpinsel mit dicken Leim ein. Es spielt keine Rolle, ob der schnell trocknet oder nicht. Nasse Sehne wird ihn sowieso gleich wieder aufweichen.

Die Sehnenfäden ließ ich in einem Behälter mit Wasser aufweichen. Ich nahm immer ein paar auf einmal heraus und drückte sie zwischen den Fingern aus. Dann legte ich sie der Länge nach auf den Bogen auf, wobei ich die Enden überlappen ließ. Genauso wie über die Wurfarme musst du die Sehne auch über die Griffpartie leimen. Tust du das nicht, kann es sein, dass dein ganzer Belag davonfliegt, wenn du den Bogen spannst. Die Sehne solltest du gut festdrücken.

Wenn der Bogen ganz bedeckt ist, sieht die Sehne aus wie ein heilloses Durcheinander aus weißem schleimigem Glibber. Lass dich davon nicht aus der Ruhe bringen. Schau dir den Bogen noch mal gut an, ob nicht irgendwo ein Zwischenraum zwischen Holz und Sehnenmaterial ist. Findest du einen, drücke die Sehne auf das Holz. Bleibt sie nicht von selbst haften, umwickelst du die Stelle mit Schnur, um sie zu fixieren. Die Schnur geht später leicht wieder herunter.

Beseitige auch jeden Zwischenraum zwischen den einzelnen Sehnenbündeln. Wenn du keine Lücken findest, brauchst du den Bogen auch nicht mit Schnur umwickeln.

Die besten Resultate erzielst du, wenn du immer nur ein paar Sehnenfäden auf einmal nimmst. Wenn du zu viele Sehnen auf einmal nimmst und sie großflächig aufklebst, kann es sein, dass sie sich später wieder auftrennen will. Mit nur wenigen Fäden auf einmal erreichst du eine gleichmäßigere Beschaffenheit des Backings.

Ein Sehnenbacking nimmt am meisten Spannung auf, wenn du die einzelnen Fäden ganz gerade aufleimst. Dann ziehen sie beim Trocknen den Bogen in einen leichten Reflex. Wird sie als Durcheinander aufgeleimt, hat sie mehr die Funktion eines Rohhautbackings.

Es kann einige Tage oder noch länger dauern, bis die Sehne ganz trocken ist. Lass sie solange in Ruhe. Du kannst ohne weiteres 3 oder 4 Lagen auf einmal aufbringen, vielleicht ist es aber doch am klügsten, wenn du nur eine Lage aufleimst. Bei 5, 6 oder 10 Lagen musst du warten, bis die vorige Schicht trocken ist.

Wenn deine Sehnenfäden dünn genug waren, kannst du davon ausgehen, dass das trockene Backing eine halb durchsichtige Schicht ohne Zwischenräume auf dem ganzen Bogenrücken geworden ist. Waren deine Fäden ein bisschen dick, kann es sein, dass sich Spalten gebildet haben, als die Sehne beim Trocknen schrumpfte. Wenn du in diesen Spalten Holz sehen kannst, ist es der nächste Schritt, es mit weiterer Sehne zu bedecken.

Wenn dein ganzer Bogen mit Sehne bedeckt ist, kannst du entweder noch mehr Schichten aufleimen, oder hier aufhören. Was du auch tust, du musst auf jeden Fall die Oberfläche des Backings mit noch mehr Leim behandeln. Der dicke Leim füllt beim Trocknen ohne weiteres kleine Lücken im Sehnenbacking.

Genauso wie ein Sehnenbacking am Griff verankert werden muss, sollte es auch an den Tips verankert werden. Wenn du deine Nocken mit Sehne belegt hast, kannst du davon ausgehen, dass der Druck der Bogensehne dein Backing festhält. Es ist jedoch zu befürchten, dass sich die Bogensehne durch dein Backing scheuert.

Außer bei einem, ließ ich bei allen Bögen, die hier beschrieben wurden, die Sehne nur bis kurz vor die Nocken gehen. Gleich unterhalb der Nocken brachte ich eine Wicklung aus Sehnenfäden rund um den Wurfarm an, die ich später nochmals mit Leim bestrich. Eine solche Wicklung muss nicht dicker als eine Lage aus Fäden und nicht länger als etwa 3 cm sein. Die Nocken der Bögen ließ ich aus blankem Holz. Diese Nocken sahen etwa so aus:

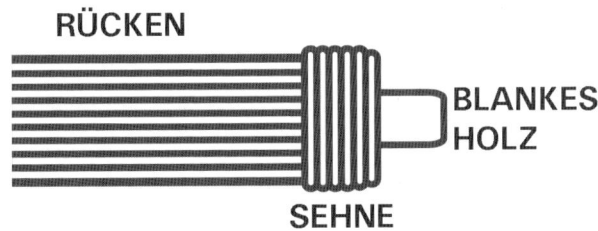

Das Sehnenbacking an diesen Bögen ist solide befestigt und bewegt sich nirgends. Ishi und andere Indianer brachten solche Wicklungen an ihren Wurfarmspitzen an.

Anders als bei der hier geschilderten Methode kann man auch trockene Sehnen-
bündel in heißen Leim tauchen, ausdrücken und dann diese auf den grundierten
Bogenrücken aufbringen. Wenn du das tust, solltest du ein Thermometer in den
Leim stellen. Wenn die Temperatur des Leims über 70°C steigt, würden die Sehnen zu heiß und würden verkochen. Es macht jedoch deine Hände ziemlich klebrig, wenn du die Sehne direkt in den Leim tauchst. Es gibt eine ziemliche Sauerei.
Ich habe ein paar der hier beschriebenen Bögen auf diese Art mit Sehne belegt.
Aber die Sehne, die ich nur mit Wasser angefeuchtet hatte, hielt genau so gut und
war genau so belastbar wie die in Leim getauchte. Was wirklich zählt, ist die
Grundierung unter und der Leim über der Sehne. Auch wenn du in Leim getauchte Sehne aufträgst, solltest du dein Backing zum Schluss noch mit Leim einstrei-
chen.

Ein Bogen kann mit einem bloßen Sehnenbacking geschossen werden, genau wie
Ishis Bogen. Man kann immer noch mehr Sehne aufbringen. Weil jedoch sogar
schon Schweiß den tierischen Leim aufweicht, ist es keine schlechte Idee, wenn
man den Bogen schon leicht tillert, bevor man die Sehne aufklebt. Ist das Backing
erst trocken, kannst du den Bogen auf dem Tillerbrett weiter biegen.
Indianer und andere Eingeborene hatten offenbar von Zeit zu Zeit Probleme da-
mit, einen Leim herzustellen, der Sehne gut mit Holz verklebte. Wenn du dieses
Problem auch hast, kannst du es den Eingeborenen nachmachen. Binde das
Sehnenbacking fest. Jeder Wurfarm wird vom Griff bis zu den Tips mit mehreren
Sehnenwicklungen versehen.

RÜCKEN

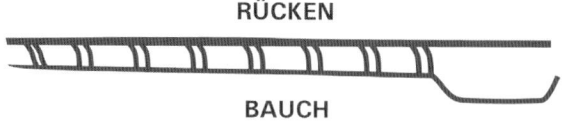

BAUCH

Solche Wicklungen verhindern natürlich ein weiteres Tillern, nachdem das Backing
aufgebracht wurde. Ein Test bei einem kleinen Bogen zeigte, dass ich zu wenig
Wicklungen angebracht hatte und sich die Sehne vom Holz abhob, als ich den
Bogen spannte. Das Sehnenmaterial hielt jedoch gut zusammen.

Man sollte sehr darauf achten, dass man das Sehnenmaterial zu einer soliden Masse auf den Bogenarmen zusammendrückt. Jede Art von Kleber, sogar schwacher Rohhautleim, kann den Erfolg verbessern. Solltest du keinen tierischen Kleber verwenden, stehen deine Chancen am besten, wenn du deinen Bogen, die Sehne und die Wicklungen gut lackierst, bevor du ihn stark biegst.

Vom Umwickeln der Pfeilbefiederung und Nocken mit nichts als nasser Sehne ist mir bekannt, dass diese Methode funktioniert. Eine steinerne Pfeilspitze kann man in einer Kerbe nur mit Wicklungen aus nasser Sehne befestigen. Die Sehne schrumpft etwas, wenn sie trocknet und fixiert dadurch die Spitze. Du brauchst nicht mal versuchen, die Sehnenenden zu verknoten. Es genügt schon, sie in die übrige Sehnenwicklung zu drücken. Ein Lacküberzug hilft zusätzlich, die Sehne zusammenzuhalten.

Wenn du diese Methode verwendest, sei jedoch gewarnt. Das kleinste bisschen Schmutz oder Dreck an der nassen Sehne wird verhindern, dass sie gut zusammenklebt. Das Holz muss wirklich sauber sein, ebenso wie deine Hände.

Manche Eingeborenen drehten die nassen Sehnen zu Schnüren und banden diese Schnüre auf ihren Bogenrücken. Solche Wurfarme würden etwa so aussehen:

RÜCKEN

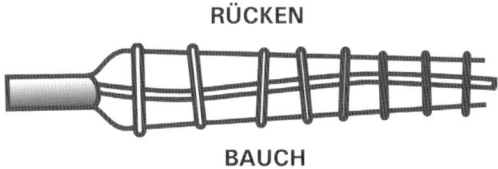

BAUCH

Ein solcher Bogenrücken müsste aber genau der Maserung folgen, weil sonst die Gefahr bestünde, das auf jeder Seite der Sehnenschnur Splitter aufstehen könnten.

Andere Eingeborene brachten ein Muster aus Sehnenverschnürungen rund um die Wurfarme ihrer Bögen an, die ungefähr so aussahen:

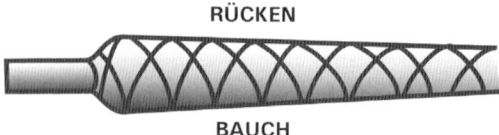

Das würde auch verhindern, dass man den Bogen weitertillert, nachdem die Sehnen angebracht sind. Das Äußere eines solchen Bogens wäre aber schon etwas Besonderes.

Kalifornische Indianer versahen Eibenbögen mit Sehnenbackings. Wenn sie das taten, entfernten sie jedoch das weiße Saftholz. Ich habe auf die harte Tour herausgefunden, warum sie das machten.

Bogen Nr. 5 wurde mit einer dünnen Schicht Saftholz darauf gemacht. Dann legte ich ein Sehnenbacking auf. Als ich den Bogen am nächsten Tag untersuchte, machte ich eine schockierende Entdeckung: während die Sehne trocknete, bog sich der Bogen in Richtung Bauch. Er hatte sich so verzogen, dass er aussah, als sei er aufgespannt. Die Wurfarmspitzen hatten ein Stringfollow von 13 oder 15 cm. Zu schade dass ich kein Foto von dem Gesicht habe, das ich machte, als ich den Bogen so vorfand. Es wäre für ein paar Lacher gut gewesen.

Es sieht so aus als hätte das Saftholz Feuchtigkeit aus der nassen Sehne und dem Leim gesaugt und sich dabei ausgedehnt. Das hat dann den Bogen in diese schlimme deflexe Form gezwängt. Als das ganze Machwerk schließlich austrocknete, bogen sich die Wurfarme etwas in die alte Form zurück, behielten aber im großen und ganzen ihre deflexe Form. Das war insofern eine Überraschung, als bei jedem anderen Hartholz ein Sehnenbacking die Wurfarme in einen leichten Reflex zieht, wenn es überhaupt etwas macht.

Weil jedoch der erste Grundsatz der Bogenbauer „nur keine Panik" ist, habe ich die Situation genau untersucht. In einer ganzen Reihe von Biegungen, angefangen bei den Wurfarmspitzen bis zu den Griffen, habe ich den Bogen mit Hitze, einem Brett und einer Schraubzwinge begradigt. Der Bogen blieb auch relativ gerade während seines weiteren, kurzen Lebens, bis er am Griff abbrach, weil ich ihn zu weit ausgezogen hatte.

Wenn die Sehne gut aufgeleimt und noch gut mit Leim bestrichen wurde (falls sie nicht festgebunden wurde), hält so ein Backing enorme Spannung und jede Menge Schüsse aus, ohne sich zu lösen.

Um einen sehnenbelegten Bogen wasserdicht zu machen, gibt es verschiedene Möglichkeiten. Am einfachsten wären mehrere Lagen Firnis, Polyurethanlack, oder sonst einem wasserfesten Anstrich. Farbe oder Firnis mit Farbstoffen könnten später aufgebracht werden.

Unter den Wenigen, die heutzutage noch solche Waffen herstellen, ist es der absolute Hit, ein Sehnenbacking mit Schlangenhaut zu bedecken. Trotzdem ist es keine schlechte Idee, auch die Schlangenhaut noch mit Firnis zu behandeln.

Bei den Bögen Nr. 10 und 11 habe ich dünnen Stoff genommen, um den Sehnenbelag zu bedecken. Ich habe ihn mit Pulvergrundierung aufgeklebt und später mehrmals mit PU-Lack überzogen. Die Griffe bezog ich mit Leder, das ich auch mehrmals firniste, um sicherzustellen, dass sie harten Gebrauch und Umwelteinflüsse während der Jagd aushalten konnten. Und beide haben sich auch vorbildlich bewährt.

Nachtrag: Mehr über Eibe und Sehnen

Einige wenige Bogenbauer scheinen ein Verziehen des Bogenholzes erlebt zu haben, wie es in diesem Kapitel beschrieben wird, wenn sie einen Sehnenbelag auf Eibensaftholz anbringen.

Manche hatten guten Erfolg, wenn sie die Sehne auf Saftholz auflegten, das dünner als ursprünglich gemacht wurde.

Andere jedoch berichten, dass sich das Saftholz vom Kernholz ablöst, wenn ein Eibenbogen mit Sehne belegt wird. Wieder andere sagen, dass der Zug der trocknenden Sehne Risse in Eibenbögen verursacht, wenn das Saftholz entfernt wird.

Für die, die narrensichere Anleitungen suchen, wie sie Eibenholz mit Sehen belegen sollen, kann ich nur sagen: entferne das Saftholz ganz oder schabe es dünner. Und drück' die Daumen...

16

Andere Backings

Wer Sehne nicht so ohne weiteres bekommen kann, wird als Einsteiger wahrscheinlich irgend ein anderes Backing verwenden wollen.

Pope, Thompson, Elmer und ihre ganzen Zeitgenossen nahmen niemals Sehne. Warum? Ganz einfach, weil es die Engländer auch nie taten. Sie nahmen Rohhaut, Holzstreifen und andere Materialien.

Später wirst du Einzelheiten über Bögen ohne Backing lesen. Die meisten Bogenhölzer kann man unter den richtigen Voraussetzungen ohne Backing verarbeiten. Einige jedoch halten die Zugbelastung nur schlecht aus, was bedeutet, dass sie recht leicht abreißen können.

Bei einem solchen Holz ist ein Backing lebenswichtig. Zu den wichtigsten Hölzern, die Zug nicht gut aushalten, aber trotzdem gute Bögen ergeben, zählen Kirsche und Östliche Rotzeder. Diese Hölzer brauchen für beste Erfolge unbedingt ein Backing.

Rohhaut

Das robusteste Backing, das man neben einem dicken Sehnenbacking für einen Bogen nehmen kann, ist Rohhaut.

Rohhaut wird dem Bogen kein Zuggewicht hinzufügen, wie Sehne das tut. Vielleicht stellst du fest, dass dein mit Rohhaut belegter Bogen ein bisschen mehr Stringfollow hat als ein vergleichbarer sehnenbelegter, wenn du ihn nach dem Schießen entspannst. Er wird jedoch schnell wieder in seine ursprüngliche Form zurückgehen. Bei Rohhaut kann man weißen Holzleim verwenden, während man für Sehne einen tierischen Leim braucht.

Pope, Elmer und andere Oldtimer berichten von Bogenbackings aus Rohhaut, die so dünn wie Papier gewesen sein soll. Pope nannte dieses Material „durchsichtige Kalbshaut". Elmer sagte, dass es möglich war, ein wenig Kleber auf angefeuchtete Kalbshaut zu streichen und es auf den Bogen zu drücken und es hätte gleich prima gehalten. Falls dem so war, wäre diese dünne Rohhaut eine feine Sache.

Wenn du heutzutage nach papierdünner Rohhaut suchst, mach dich besser auf eine lange Suche gefasst. Frag jemand in einem Ledergeschäft nach durchsichtiger Kalbshaut und sie werden dich vermutlich nur baff erstaunt anblinzeln. Kaum einer wird kapieren, wovon du eigentlich redest.

Fachgeschäfte, die ganze Häute, Werkzeug zur Lederbearbeitung und dergleichen verkaufen, bieten oft Rohhaut an, oder können es zumindest für dich bestellen. Üblicherweise ist sie aber ziemlich dick. Mach dir darüber keine Gedanken. Du kannst mit schwerer Rohhaut hervorragende Ergebnisse erzielen, wenn du es richtig machst.

Die Rohhaut kommt normalerweise in der Form der originalen Tierhaut und misst oft 76 x 90 cm oder mehr. Sowas stammt vielleicht von einem Kalb, kann aber sehr schwer sein. Wenn dir ein Ledershop so etwas bestellt, dann mach den Leuten klar, dass du wissen musst, wie dick das Material sein wird. Können sie dir das nicht beantworten, bestelle nicht und gib kein Geld aus. Du brauchst dir nur Hundespielzeug in einem Supermarkt anschauen, um zu sehen, dass Rohhaut manchmal recht dick und unbrauchbar sein kann. Bis etwa 1,5 mm Dicke kann man sie aber noch gut verwenden.

Pope und auch andere empfahlen, Rohhaut in zwei lange Streifen zu schneiden, etwas breiter als der Wurfarm. Die Rohhaut wurde dann in warmem Wasser eingeweicht, bis sie weich war. Diese Streifen leimte man ausgedrückt und feucht mit weißem Holzleim auf den Bogenrücken, wobei sich die Enden am Griff 10 – 12 cm weit überlappten. Das Ganze umwickelte man dann mit Verbandsmull und ließ es trocknen.

Mit schwerer Rohhaut kannst du es genauso machen. Umwickelst du aber den Bogen nur mit Verbandsmull, kannst du nicht erwarten, dass die Haut gut hält. Dicke Rohhaut kann sich verziehen und verdrehen, wenn sie trocknet und Verbandsmull ist nicht stark genug, um sie zu bändigen.

Was mit diesem schweren Material viel besser funktioniert, ist Schnur. Kauf dir eine Rolle billiger Schnur und wickle den ganzen Bogen damit ein. Mach ungefähr

10 Umwicklungen auf 3 cm. Das hält die Haut sehr gut dort, wo sie hingehört. Außerdem kann die Luft an die Haut, was sie besser trocknen lässt. Dicke Rohhaut trocknet natürlich viel langsamer als dünne.

Rohhaut auf diese Art aufzuleimen, kann oft frustrierend sein. Sie ist schlüpfrig und rutscht immer weg, genau wie der Weißleim. Du kannst es dir selber leichter machen, wenn du die Haut an einigen Stellen mit Schnur am Bogen festbindest, bevor du mit dem Umwickeln anfängst. Das fixiert dein Backing.
Holzleim ist nicht das einfachste, was du nehmen kannst. Weißer Holzleim ist dünnflüssig und es ist zu erwarten, dass du den ganzen Fußboden und dich selbst damit voll schmierst. Nicht genug damit, schrumpft Holzleim beim Trocknen auch noch. Das kann zu Zwischenräumen zwischen Holz und Rohhaut führen und es kann schon eine nervige Erfahrung sein, wenn man diese Zwischenräume wieder festleimen muss. Stich die Rohhaut mit einem kleinen Messer ein bisschen auf und bringe irgendwie etwas Leim in die Kluft. Mit einem Zahnstocher kannst du den Leim etwas verteilen und wieder mit Schnur niederbinden. Wenn du dranbleibst, wirst du es früher oder später geschafft haben. Klopfe mit einem kleinen Stück Holz den Bogenrücken ab. Jede lose Stelle wird ein leise klapperndes Geräusch machen.

Auch mit dem Hautleim, wie im vorigen Kapitel beschrieben wurde, kannst du Rohhaut auf deinen Bogen kleben. Dieser tierische Kleber eignet sich viel besser als Weißleim. Wenn er trocknet, schrumpft er nicht so sehr. Machst du den Leim so dick wie Sirup, wird er nicht schwinden und du kannst darauf wetten, dass zwischen Rohhaut und Holz keine Zwischenräume bleiben, wenn die Rohhaut getrocknet ist. Du kannst tierischen Kleber auch ein paar Minuten ziehen lassen, bis er anfängt, ein bisschen fest zu werden. Er tropft dann nicht ab und klebt trotzdem prima. Du wirst es bestimmt nicht bereuen, dir von dieser Grundierung besorgt zu haben, wenn deine Rohhaut recht schwer ist.
Schmirgle den Rücken des Bogens ab und pinsele reichlich Grundierung auf. Als nächstes streichst du die Rohhaut mit dem Leim ein und bindest und schnürst sie

auf den Wurfarm. Rohhaut hat eine raue und eine glatte Seite. Klebe sie mit der rauen Seite an den Bogen.

Nach ein oder zwei Tagen Trocknung wickelst du die Schnur ab. Zunächst sind die Überlappungen der Rohhaut am Griff sehr dick, sie legt sich auch recht unförmig um die Seiten der Wurfarme. Man muss sie auf die Breite der Wurfarme zuschneiden. Natürlich könntest du sie auch um die Wurfarme herumgehen lassen, aber dein Bogen wird viel besser aussehen, wenn du sie stutzt. Eine Holzraspel eignet sich gut dafür.

Rasple die Rohhaut nur an den Kanten der Wurfarme ab, dann kannst du den ganzen Überstand in einem Stück abziehen. Mit einem scharfen Messer kannst du nachhelfen, wenn die Haut zu dünn zum Raspeln wird, auch an den Nocken ist ein Messer besser.

Der nächste Schritt zu einem gutaussehenden Endprodukt ist es, die Rohhaut entlang des ganzen Bogenrückens dünner zu machen. Gut dafür geeignet ist ein Schaber. Schabe einfach solange, bis die Rohhaut nur noch ungefähr so dick ist wie starkes Packpapier oder dünner Karton. Von einem Hobel lässt du besser die Finger. Er kann sich verhaken und ein großes Stück aus dem Backing reißen. Mit der Holzraspel kannst du den dick überlappten Griffteil dünner machen. Das Ende der Überlappung und die Haut an den Nocken lösen sich leicht, wenn du daran herumschabst oder raspelst. Mach sie dünn und klebe sie nochmals fest.

Hast du die Rohhaut dünn geschabt, wird dir vielleicht das verkratzte Aussehen nicht gefallen. Geh mit Schmirgelpapier nochmals darüber und du wirst eine glatte Oberfläche erzielen.

Wenn alles fertig ist, überzieht man die Rohhaut am besten gleich mit Firnis oder was du auch immer für einen wasserfesten Anstrich nehmen möchtest. Dadurch verhinderst du, dass der Weiß- oder Hautleim von Schweiß oder sonstiger Feuchtigkeit aufgeweicht wird.

Rohhaut muss fixiert werden, indem man sie am Griff überlappen lässt und sie bis über die Nocken hinaufzieht, so dass sie von der Bogensehne festgehalten wird. Machst du das nicht, kann sich die Rohhaut mit einem Knall lösen, wenn du den Bogen spannst. Wenn du die Überlappung am Griff nur 3 oder 4 cm lang machst, kann das gleiche passieren. Mach sie deshalb immer 10 oder 12 cm lang.

Wer einen Bogenrohling aus einem Brett gemacht hat und ihn mit Rohhaut belegen will, nimmt am einfachsten ein weiteres Brett, um sie gleichmäßig anzupressen. Mit der Rohhaut zwischen dem Brett und dem Rohling brauchst du nur ein paar Schraubzwingen, um gleichmäßigen Anpressdruck zu erzeugen. Eine Zwischenlage aus Stoff zwischen Brett und Rohhaut ist jedoch keine schlechte Idee, da sonst die Rohhaut am Brett festkleben könnte. Lass dann das Ganze über Nacht stehen und nimm das Brett erst am nächsten Tag ab. Die Haut wird immer noch feucht sein, weil sie festgepresst nicht genug Luft zum trocknen bekommen konnte. Du musst sie deshalb noch einen Tag oder mehr in Ruhe lassen.

Leder

Falls du keine Rohhaut auftreiben kannst, belege den Bogen mit Leder. Es sollte jedoch recht dünn sein. Wenn es so stark ist, dass du es nicht mit der Hand zerreißen kannst, ist es gut genug.

Ziemlich am Anfang habe ich einen Osage-Bogen gemacht, den ich mit Leder belegte. Das war der Bogen, der noch weißes Saftholz daran hatte. Das Saftholz riss, aber Leder und Kernholz blieben ganz. Bei einem Robinienbogen, mit Rohhaut belegt, war es genau das selbe. Das Saftholz riss, aber Rohhaut und Kernholz hielten zusammen.

Leder kann man genau so aufleimen wie Rohhaut. Leder wird sich jedoch nicht so verziehen, wie man es von dicker Rohhaut kennt. Es ist auch nicht unbedingt nötig, Leder einzuweichen. Klebe es mit der rauen Seiten an den Bogen und streiche beide Seiten mit Leim ein.

Obwohl kräftiges Leder funktionieren kann, ist es nicht so stark wie Rohhaut. Diese sollte deshalb deine erste Wahl sein, wenn immer du welche kriegen kannst.

Backing aus Holz

Bei einem Holzbacking ist es erforderlich, dass die Klebestellen von Backing und Bogen perfekt eben geschliffen werden, und das eine ziemlich aufwändige Arbeit, wenn du das mit der Hand machen willst. Wenn du unbedingt einen mit Holz belegten Bogen haben musst, mietest du dir am besten einen Schreiner, der dir das Holz schleift. Wahrscheinlich ist er aber nicht sehr begeistert, mit seinen teuren Maschinen eisenhartes Bogenholz zu bearbeiten.

Für ein hölzernes Bogenbacking gibt es kaum etwas besseres als weißes Saftholz aus Hickory. Die Längsmaserung sollte gerade sein. Vertraut man auf die Erfahrung der Oldtimer, kann die Quermaserung von deinem dünnen Brett an Bauch und Rücken sogar durchschnitten sein und es wird trotzdem klappen. Lass' die Maserung aber nicht scharf aus deinem Stück herauslaufen, sonst gibt es Probleme. Wenn dein Hickorystamm dick genug ist, könntest du die Außenseite des Stammes als Bogenrücken nehmen und die geschliffene, gerade Seite als Klebefläche verwenden, obwohl das von den Oldtimern nicht oft gemacht wurde.

Üblicher, und auch sehr sicher, ist es beim Ausschneiden von Backingstreifen, so zu schneiden, dass die durchtrennten Jahresringe auf dem Rücken als gerade Linien erscheinen, parallel zu den Ecken. Die Maserung sollte nicht an Rücken oder Bauch herauslaufen. Wenn du Zweifel hast, biege deinen Streifen probehalber. Wenn er das aushält, hast du gute Karten.

Vielleicht kannst du von irgendwo her ein langes, breites Stück Bambus als Backing bekommen. Die Außenseite vom Bambus bildet den Bogenrücken. Die erhöhten Nodien im Bambus kannst du etwas flacher schmirgeln, schleife sie aber nicht ganz weg. Die Klebeseite, mit der du den Bambus an den Bogen leimst, musst du abflachen. Bambus ist hohl und du hast eigentlich immer konkave Stellen im Bambus-Inneren.
Vielleicht ist der Bambus noch ein wenig grün, wenn du ihn bekommst. Teste ihn, indem du ihn biegst. Behält er auch nur ein bisschen von der Biegung bei, kannst

du ihn erhitzen wie einen Bogenstab, oder ihn einfach in Ruhe lassen, bis er trocken ist.

Der große Vorteil von Bambus ist der, dass er eine starke Biegung aushält und sehr dauerhaft ist. Pass bei der Arbeit damit aber gut auf, man zieht sich sehr leicht Splitter ein. (Siehe auch in Traditionell Bogenschießen Nr.:27 und 32)

Sowohl mit Bambus als auch mit Hickory sollte der Backingstreifen möglichst dünn sein, etwa 3 mm. Ist er zu dick, bringt er bei weicherem Bogenholz zuviel Kompression auf den Bogenbauch, was leicht zu Kompressionsbrüchen führt. Das ist weniger ein Problem, wenn der Bauch aus Osage, Eibe oder Hickory besteht.

Bei einem holz- oder bambusbelegten Bogen, kannst du einen Reflex einbauen, indem du dir eine Form aus einem Balken machst.

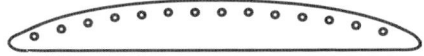

Diese Form funktioniert so: Du befestigst den Bogen mit Schraubzwingen darauf, wenn der Kleber noch weich ist. Die Bohrungen in der Form sind für die Schraubzwingen. Fang mit den Zwingen in der Mitte des Bogens an und arbeite dich zu den Spitzen vor. Dein Rohling sollte sich deshalb an den Spitzen etwas verjüngen, so etwa auf 13 oder 14 mm, damit er sich auch biegen lässt. Du kannst so einen Reflex von etwa 5 cm einbauen, wenn der Bogen lang genug und der Bogenrohling dünn genug ist. 4 cm vielleicht sicherer. Ein solcher Bogen wird sich auch ein wenig in Richtung Sehne biegen, wenn er eingeschossen ist. Er wird aber gerader bleiben als ein ähnlicher Bogen, den man gerade zusammengeleimt hat. Bogen Nr. 15 habe ich mit Bambus belegt und gerade zusammengeleimt. Der 150 cm lange Bogen aus Lemonwood und Bambus, den ich schon erwähnt hatte und den ich blöderweise kaputt machte, weil ich ihn verkehrt herum biegen wollte, war in reflexer Form geklebt. Er war gut getillert und ein sehr schöner Bogen – solange er lebte.

Die Oldtimer versahen ihre Bögen oft auch mit einem Backing aus Pressfasern. Dieses Material wurde extra für das Belegen von Bögen in Streifen hergestellt. Bogen Nr. 3 ist mit solchen Fasern belegt. Es wird nicht mehr produziert, aber wer weiß, vielleicht findest du irgendwo noch etwas auf einem Dachboden. Die Burschen damals leimten es ähnlich wie Rohhaut auf.

Andere Möglichkeiten

Während der 40er Jahre wurden Holzbögen manchmal mit Seide belegt. Gesponnene Seidenstreifen wurden parallel in Schellack eingelassen, etwa 1,5 mm dick. Dieses Backing wurde ebenfalls in schmalen Streifen verkauft, wurde unter Spannung aufgeleimt und ergab eine ähnliche Wirkung wie ein Sehnenbacking. Einzelheiten darüber, wie man ein Seidenbacking auflegt, sind schwer zu finden. Wie die Pressfasern kann man ein solches Backing heute nicht mehr kaufen.

Alles, was biegsam und schwer zu zerreißen ist, kann man als Backing nehmen. Zum Testen leimte ich einen Streifen Nylongewebe auf den intakten Wurfarm eines abgebrochenen Robinienbogens. Dieses Nylon sieht aus wie das Zeug, aus dem Rucksäcke gemacht werden. Es ist sehr reißfest und ich klebte es mit Hautleim auf. Der Leim sickerte durch das Nylon und ich strich noch mehr Leim auf. Diese Grundierung ist möglicherweise nicht der ideale Kleber für Nylon, Weißleim könnte die bessere Wahl sein. Dieser Wurfarm mit seinem Nylonbacking kann überaus weit gebogen werden, das Nylon macht also seinen Job gut. Das Nylon, aus dem man Fallschirme macht, ist aber wahrscheinlich als Backing zu dünn. Solche Behelfstechniken können also funktionieren, sie sind aber nicht so authentisch und altbewährt wie ein Sehnen- oder Rohhautbacking.

Nachtrag: Ein Nylonbacking

Nachdem ich die erste Version von „*The Bent Stick*" fertig geschrieben hatte, fuhr ich fort, mit Nylon als Bogenbacking zu experimentieren.

Da Nylon ein Material mit großartigen Möglichkeiten für einen Holzbogenbauer ist, füge ich diese zusätzlichen Seiten bei, um dem geneigten Leser meine Erfahrungen mit meinem ersten Bögen, nur mit Nylon belegt, zu schildern.

Weiter vorne merkte ich an, dass ein Nylonbacking nicht so authentisch wäre, wie ein Sehnen-, Holz- oder Rohhautbacking. Mittlerweile stieß ich bei meinen Nachforschungen auf ein Bogenbauerbuch aus den 40ern, worin beschrieben wird, wie Holzbogenbauer begannen, Nylon zu verwenden. Also gibt es zumindest Präzedenzfälle für dieses Material.

Heutzutage mag ein Bogenbauer vielleicht Schwierigkeiten haben, Rohhaut zum Belegen aufzutreiben. Noch schwieriger kann es werden, genug Sehnenmaterial für ein Backing zu finden. Dagegen habe ich mehrere große Textilgeschäfte gefunden, die geeignetes Nylonmaterial führen. Vielleicht ist Nylon für dich am einfachsten zu bekommen.

Wie schon beschrieben, kann manches Nylon vielleicht zu schwach sein. Was wir brauchen ist schweres Nylongewebe. Dieses Material sieht genauso aus wie das, aus dem viele Rucksäcke gemacht werden. Du kannst dir passende Farben wie grün, schwarz oder braun aussuchen und brauchst dann den Bogenrücken nicht mehr zu tarnen, wenn der Bogen fertig ist.

Nylon ist vielleicht als Backing besser als Leder. Wenn man schweres Nylon anständig streckt, dehnt es sich nicht mehr. Leder dagegen dehnt sich fast immer. Nylon hat aber auch Nachteile. Man muss besonders aufpassen, dass man beim Aufbringen eines Backings keine Falten bekommt. Ein fertiges Backing aus Sehne oder Rohhaut kann man mit einem Messer oder Schmirgelpapier den Kanten der Wurfarme angleichen. Nylon dagegen franst aus, wenn man es schmirgelt. Man kann es nur mit einem Rasiermesser oder einer Rasierklinge zuschneiden.

Mit der folgenden Methode, ein Nylon-Backung aufzubringen, konnte ich hervorragende Resultate erzielen:

Zuerst schmirgelte ich den Bogenrücken glatt. Dann schnitt ich zwei Nylonstreifen zurecht, jeder breiter als der Bogenarm. Weißen Holzleim mischte ich in einer Glasschale mit heißem Wasser, bis er eine dünne Konsistenz hatte. Lässt man den Leim unverdünnt, sieht der fertige Rücken oft bucklig und unansehnlich aus. Noch wichtiger ist, dass dünner Leim Spalten zwischen Nylon und dem Holz verhindern hilft. Den dünnen Leim trug ich mit einem Pinsel auf den Rücken in Griffhöhe auf. Dort legte ich einen Nylonstreifen auf. Über den Griff pinselte ich mehr Leim. Dann legte ich den zweiten Streifen auf dieselbe Stelle, so dass sich das Nylonbacking am Griff auf etwa 12 cm überlappt.

Nun umwickelte ich den Griff fest mit einfacher Schnur. Der nächste Schritt war, Leim auf einen der Wurfarme aufzustreichen. Ist er gut eingepinselt, nimmt man den Nylonstreifen am losen Ende und zieht ihn straff. Deshalb hatte ich den Griff fest umwickelt. Indem man an einem Ende zieht, drückt man das Nylon auf den Bogen und streicht es glatt. Das verhindert Falten im Material. Fang am Griff an und arbeite dich zu den Nocken vor. Hast du die Spitze erreicht, drück das Nylon nochmals fest an und umwickle die Spitze mit Schnur. Wir wollen die Tips mit Nylon bedeckt haben, wenn wir fertig sind. Dann gibst du dem anderen Wurfarm die gleiche Behandlung. Kümmere dich nicht um das Nylon, das an den Seiten übersteht. Man kann es später mit einer Rasierklinge zurechtschneiden.

Es ist sehr hilfreich, die Außenseite des Backings ebenfalls mit dünnem Leim einzupinseln. Die besten Ergebnisse erzielt man, wenn das Nylon ganz mit Leim vollgesaugt ist. Es ist auch eine gute Idee, das Backing zu umwickeln, bevor es trocknet. Du kannst jede dünne Schnur dafür nehmen, sogar Zwirnfaden. Eine Umwicklung pro Zoll (2,5 cm) sollte genug sein. Hast du lockere Stellen auf dem Rücken, nimm mehr Umwicklungen, um sicherzustellen, dass es keine Spalten zwischen Nylon und Holz gibt. Den Faden kann man leicht abziehen, wenn das Backing trocken ist.

Ungefähr einen Tag darauf sollte das Backing trocken sein. Nimm Schnur und Faden ab und schneide das überstehende Nylon mit einer Rasierklinge weg. Pass ganz besonders auf, dass dir die Klinge nicht abrutscht und über das Backing kratzt. Das Nylon auf dem Rücken darf nicht verletzt werden. Du brauchst wahrscheinlich mehrere Schnitte, um die dünnen Fasern zu durchschneiden, die sich an den Kanten bilden. Ist alles Nylon abgeschnitten, kann man schlauerweise eine weitere Schicht Kleber auf den Kanten aufbringen, damit das Nylon nicht ausfranst.

Auch ist es nicht verkehrt, das Backing sofort mit Firnis oder Polyuhrethanlack zu versiegeln. Das verhindert, dass der Leim wieder feucht und damit weich wird.

Vermutlich ist es am besten, wenn man den Bogen schon ausgeschnitten und zu einer leichten Biegung gebracht hat, bevor man so ein Backing aufbringt.

Mein erster Bogen, der komplett mit Nylon belegt war, ist ein 56" (142 cm) langes Stück Eschenholz, das 60 lb. zieht. Man kann diesen Bogen bis zu seiner maximalen Zugweite ziehen und das Backing ist ein Traum.

Es ist aber auch offensichtlich, dass man sehr aufpassen muss, um das Nylon vor Beschädigungen zu schützen. Kratzt man mit dem Bogenrücken über einen rostigen Weidezaun, ist es wahrscheinlich hin. So ein Missbrauch schadet jedem Bogen, mit einem Nylonbacking ist es aber besonders fatal.

Nachtrag: Mehr über Bögen ohne Backing

Eine ganze Anzahl erfahrener Primitivbogenbauer, die den „*Bent Stick*" gelesen haben, bestritten meine Feststellung, dass man nur aus Hickory einen schweren Bogen ohne Backing machen kann. Ich gebe zu, dass sie recht haben. In der Originalausgabe hatte ich das jedoch nicht erwähnt, weil es für einen Anfänger keine gute Wahl ist.

Der Rücken eines solchen Bogens muss nicht nur von einem Ende zum anderen einem Jahresring folgen, die Oberfläche muss auch fehlerlos und ohne Knoten sein. Schlechter Tiller wird einen unbelegten Bogen schnell brechen lassen.

Schneidet ein Anfänger durch die Jahresringe am Bogenrücken, tillert er den Bogen nicht gut oder zieht er den Bogen weiter als die maximale Zuglänge, wird ein starker, unbelegter Bogen abbrechen.
Wenn du ein Anfänger bist, gehe auf Sicherheit und lege ein Backing auf.
Manche Anfänger haben große handwerkliche Fähigkeiten und machen von Anfang an sehr gute Bögen. Deshalb möchte ich hier meine Aussage, unbelegte Bögen außer Acht zu lassen, revidieren.

Wenn man einen Bogen ohne Backing aus einem anderen Holz als Eibe oder Osage Orange macht, ist der erste Schritt, dass du die äußeren Jahresringe nach Zeichen von Fäulnis absuchst (siehe das Kapitel über das Trocknen von Holz).
Zeigen die äußeren Ringe Zeichen von Verfall, baue einen kleinen Bogen von der Außenseite des Holzes. Bricht dieser Bogen schnell ab, hast du zwei Möglichkeiten: Entweder du schälst die äußeren Ringe ab, bis du auf gesundes Holz stößt, oder du legst das ganze Stück beiseite. Möchtest du das innere Holz verwenden, machst du dir besser noch mal einen Mini-Testbogen davon.
Manche Holzarten haben Knoten, die von Natur aus höher sind als die normale Oberfläche des Stammes. Diese Knoten kann man lassen, wie sie sind und braucht sie nicht weiter zu beachten. Bei anderen Hölzern sind die Knoten auf einer Ebene mit dem gesunden Holz. Damit geht man am sichersten so um, dass man rund um den Knoten den äußeren Jahresring abträgt, bis der Knoten höher steht als die Oberfläche. Diesem Jahresring folgst du dann über den ganzen Bogenrücken.
Überzeuge dich, dass der Bogenrücken schön glatt ist und du nicht durch einen Ring geschnitten hast, wenn die Arbeit am Bogen erst mal anfängt.

Wenn du besonders schlau bist, und ein Holz verwendest, das hauptsächlich aus weißem Saftholz besteht, hast du es wahrscheinlich im Sommer geschnitten. Nachdem der Stamm gespalten ist, kann man die Rinde leicht abziehen und die innere Schicht geht leicht mit ab. Dieser Arbeitsgang liefert dir einen perfekten, unversehrten äußeren Jahresring als Bogenrücken.

Ist noch Innenrinde an deinem Bogenholz, gibt es einen effektiven Trick. Stell das Holz eine halbe Stunde lang unter eine heiße Dusche. Dies wird die Rinde aufweichen und es leicht machen, sie zu entfernen. Lass dann das Holz gründlich trocknen, bevor du mit so einem Rohling weiterarbeitest.

Egal was du für ein Holz nimmst oder in welchem Zustand es ist, der kluge Mann macht besser immer einen kleinen Test. Schneide einen dünnen Streifen von der Außenseite ab, die später der Bogenrücken werden soll. Mach dein Teststück breit und dünn und biege es, damit du siehst, ob es eine gute Biegung aushält.

Ich wurde einmal ziemlich überrascht, als ich einen Bogen aus einer Unterart von Hickory machte. Das Holz war mir geschenkt worden und ich konnte die Unterart nicht bestimmen. Die natürliche Außenseite des Holzes war ungewöhnlich. Sie hatte kleine Riefen und Rillen, die am Stück entlang liefen.

Ein dünner Streifen von der äußeren Schicht ließ sich nur ungefähr 30 Grad weit biegen, bis er von einem Ende zum anderen abbrach. Nachdem ich die kleinen Rillen und Unebenheiten flach geschmirgelt hatte, konnte ich einen weiteren Teststreifen etwa 45 Grad weit biegen.

Dann schnitt ich mir weitere Streifen ab, die ich zusätzlich „burnishte". Burnishing bedeutet, dass man etwas Hartes und Glattes nimmt und damit das Holz abreibt, bis es eine glänzende Oberfläche bekommt. Fast alles, was hart und glatt ist, kann man dazu verwenden. Die Hauptsache ist, dass es keine Kratzer hinterlässt. Ein Stück von einem Geweih oder eine stabile Glasflasche funktionieren gut. Ich nehme oft den runden, verchromten Schaft eines großen Schraubenziehers.

Viele Bogenbauer behandeln das Holz auf diese Weise routinemäßig als letzten Arbeitsgang, um eine glatte und glänzende Oberfläche zu erhalten.

Ich habe herausgefunden, dass man mit richtigem „Burnishen" die Wahrscheinlichkeit verringern kann, dass ein unbelegter Bogen abbricht.

Zwei neue Teststreifen von meinem Hickoryholz wurden abgeschnitten und mit dem großen Schraubenzieher abgerieben. Ich rieb sehr fest über den Rücken der Stücke. Einen Streifen hatte ich zuvor glattgeschmirgelt. Nach dem burnishen bog er sich ungefähr 60° weit. Den zweiten hatte ich gelassen, wie er war, und dann abgerieben, und diesen Streifen konnte ich fast 90° weit biegen, bis er abbrach.

Die Ergebnisse dieses Tests gleichen den Tests, die ich mit mit Eibe, Osage, Ulme und Pappel angestellt hatte. Ich hatte kleine Streifen vom Holz zurechtgeschnitten, die alle einen intakten Jahresring am Rücken hatten. Diese Streifen halbierte ich und maß sie mit einem Greifzirkel, um sicherzustellen, dass sie gleich dick waren. Der eine Streifen wurde stark geburnisht, seine andere Hälfte nicht. Mit einer Ausnahme brachen die nicht behandelten Streifen eher ab als die geburnishten. Bei der Ausnahme brachen beide beim gleichen Biegewinkel.

All diese Beispiele mögen keine wissenschaftlichen Tests sein. Ich bin jedoch davon überzeugt, dass diese Prozedur dafür sorgt, dass unbelegte Holzbögen nicht so schnell abbrechen, solange sie einen unversehrten Jahresring auf dem Rücken haben.

Üblicherweise sind guter Tiller und ein unversehrter Jahresring als Rücken genug, um sicherzustellen, dass ein unbelegter Bogen hält. Der oben erwähnte Hickory-holzbogen zeigte jedoch, dass Ausnahmen von dieser Regel möglich sind. Ich machte einen Bogen daraus und schliff den Rücken glatt. Mit dem Schraubenzieher rieb ich den Bogenrücken ab und er war glatt und glänzend. Nach einer Stunde glänzte er jedoch nicht mehr so stark. Das Abreiben hatte die äußere Schicht verdichtet. Der nachlassende Glanz nach ungefähr einer Stunde zeigte an, dass die Holzfasern versuchten, wieder in ihre ursprüngliche Position zu gelangen. Also rieb ich den Rücken nochmals ab. Eine Stunde verging und ich rieb ihn ein weiteres Mal ab. Ich muss betonen, dass ich sehr fest rieb.

Dieses Stück Hickory, das am Anfang in seiner natürlichen Form so schnell abbrechen wollte, endete als unbelegter, überdimensionierter, schneller 60-lb.-Bogen.

Diese Art des Burnishens scheint eine weniger spröde, lederartige Oberfläche auf dem Holz zu erzeugen. Bei durchschnittenen Jahresringen hilft es jedoch auch nicht. Tests an Holzstreifen, die von einfachen Hickory- und Eichenbrettern stammten, machten klar, dass die geburnishten Teile genauso leicht brachen wie die unbehandelten.

Ich ging aber noch einen Schritt weiter und machte mir einen Osagebogen, der 58 " (147 cm) lang war und bei dem die Jahresringe am Rücken durchtrennt waren. Diesen Bogen hatte ich wiederholt und mit Druck abgerieben.

Der Bogen brach zwar nicht ab, aber während der ersten 500 Schuss standen Splitter am Bogenrücken auf. Der Schaden war nur an einem Wurfarm zu sehen, der andere war in Ordnung. Trotzdem ist es einfach zu riskant, die Jahresringe zu verletzen, auch, wenn man oft und gut burnished.

Einen weiteren Test machte ich mit einem Ulmenbogen, diesmal mit einem intakten Jahresring als Bogenrücken. Diesen Bogen machte ich sehr stark, aber mit schlechtem Tiller. Ein Wurfarm war schwächer und hatte eine deutliche Schwachstelle. Man musste über 100 lb. ziehen, um diesen Bogen auf dem Tillerbrett einigermaßen biegen zu können.

Den Bogenrücken hatte ich dreimal kräftig abgerieben, bevor ich anfing, den Bogen zu biegen. Ich zog ihn weiter und weiter, wobei ich ihn bei jeder Kerbe 10 bis 15 Minuten lang stehen ließ. Keine Splitter oder anderen Schäden waren zu sehen, obwohl ich fast bis zum vollen Auszug ging. Offenbar kann man sich durch richtiges Verdichten und Abreiben der unbelegten Bögen dannbeim Tillern ein paar Fehler mehr erlauben.

Manchmal hat Eibenholz eine Saftholzschicht, die über 6 mm dick ist. Es ist allgemein üblich, dieses Saftholz dünner zu machen. Das kann aber oft schwierig sein, da die Jahresringe so dünn und schlecht zu sehen sind.

Im Gegensatz dazu lobte Arthur Lambert Jr. vor über 60 Jahren seine Eibenbögen mit dickem Saftholz. Er nahm an, dass dies die Belastung auf den Bogenbauch verringern würde und versicherte seinen Lesern, dass solche Bögen ausgezeichnet werfen würden. Ich nahm Lambert beim Wort und machte einen Englischen Langbogen aus Eibenholz mit dicker Saftholzschicht. Dieser Bogen wirft wirklich außerordentlich gut. Außerdem hat man die Garantie, dass der Bogenrücken aus einem einzigen, unversehrten Jahresring ist.

Wichtig: Der oben genannte Schritt, einen neuen Bogen stark am Tillerbrett zu biegen, noch bevor man ihn aufspannt, ist nur für belegte Bögen gedacht. Mit unbelegten Bögen ist das keine gute Idee!

Mit einem neuen, unbelegten Bogen geht es so viel besser: Wenn keine weiteren Korrekturen beim Tiller nötig sind, setzt du den Bogen aufs Tillerbrett und spannst ihn ungefähr so weit, als wäre eine Sehne aufgelegt. Lass ihn ein bis drei Stunden dort. Dann legst du dem Bogen eine Sehne auf. Ziehe jetzt den neuen Bogen 30 bis 50 mal, aber nicht zu weit auf einmal. Ziehe ihn zunehmend weiter und prüfe immer, wenn du weiter ausziehst, den Tiller.

Wenn der Bogen gut gemacht und das richtige Design ausgesucht wurde, wird diese Methode das Stringfollow kaum erhöhen. Im Gegenteil, das viele, langsam ansteigende Ausziehen hilft deinem neuen, unbelegten Bogen, ganz zu bleiben.

17

Der neue Bogen

Früher oder später hast du schließlich ein langes Stück Holz in der Hand, das sich schön biegt und an den Enden mit Schnur verbunden ist. Wenn es soweit ist, kannst du dir gratulieren, denn du bist jetzt ein Bogenbauer. Das heißt aber nicht zwangsläufig, dass es mit der Arbeit schon vorbei ist.

Zum einen wird ein neuer Holzbogen oft an Zuggewicht verlieren. 10 lb. ist ein üblicher Durchschnittswert. Hat sich erst einmal ein Zuggewicht eingependelt, bleibt es normalerweise auch fest. Durch normalen Gebrauch verliert ein Bogen dann kein Zuggewicht mehr und auch die Wurfkraft wird sich nicht verringern. Egal, was für ein Holz du verwendet hast, kannst du dich auf eines verlassen: Hast du erst dein Zuggewicht, hast du auch die Wurfleistung. Ein alter Bogen verschießt Tausende von Pfeilen und wird nicht unbrauchbar, weil er ermüdet, sondern weil er Kompressionsbrüche oder Sprünge kriegt oder ganz einfach auseinander fällt.

Wenn du willst, kannst du auch einen Bogen bauen, der die ganze Zeit das Zuggewicht behält, das er hatte, als er nagelneu war. Das fängt damit an, dass du zufrieden bist, wie sich die Wurfarme biegen, gut getillert und ebenmäßig. Jetzt spannst du den Bogen einfach aufs Tillerbrett und lässt ihn dort etwa 30 bis 60 Minuten. Es ist nicht nötig, ihn so weit zu spannen, wie es geht. Sei jedoch gewarnt. Falls ein Wurfarm eine Schwachstelle hat, bedeutet jede größere Biegung Ärger. Sind die Wurfarme jedoch in Ordnung, kannst du es so machen. Die Bögen Nr. 7, 8, 12 und 17 wurden so behandelt und sie haben in der Zukunft kein Pfund Zuggewicht verloren. Auch wenn der Bogen auf diese Art gemacht wurde, wird er früher oder später ein bisschen Stringfollow bekommen, wenn du ihn schießt. Bei normalem Gebrauch wird er sein Stringfollow bis zu einer bestimmen Grenze entwickeln, und dann so bleiben. Du stellst wahrscheinlich fest, dass sich jeder Bogen bis zu einem gewissen Grad leichter ausziehen lässt, wenn er erst einmal eingeschossen ist. Das kommt daher, weil ein neuer Bogen nicht so biegsam ist wie ein gut eingeschossener.

Wenn du also deinen Bogen so weit ziehen willst, wie du nur kannst, um die maximale Zuglänge zu finden, machst du das besser erst dann, wenn der Bogen eingeschossen ist. Prüfe den Bogen mit einer Waage und einem Pfeil auf der Sehne, damit du die Zuglänge und das entsprechende Zuggewicht kennen lernst. Wenn du irgendwelche Zweifel an der Widerstandsfähigkeit deines Bogens hast, dann versuch lieber nicht, die maximale Zuglänge herauszufinden.

Wenn dein Bogen wirklich gut ist, kannst du schauen, wie weit er sich maximal spannen lässt. Das kann weiter als deine normale Zuglänge sein. Diesen maximalen Auszug kannst du verkürzen, indem du den Bogen kürzer machst oder eine höhere Standhöhe wählst.

Ascham schrieb, wer einen Bogen kauft, solle einen langen, starken Bogen wählen. Nachdem er ihn eine Zeitlang geschossen habe, solle er ihn wieder zum Bogenbauer bringen und ihn abschneiden lassen. Dieser Rat kommt offenbar aus der Erkenntnis, dass ein neuer Bogen beim Einschießen an Zuggewicht verliert. Auch Pope schrieb über das Nacharbeiten an einem bereits fertigen Bogen.

Das erste, was du bei einem neuen Bogen überprüfen musst, ist der Tiller. Gibt es irgendwelche steifen Stellen in den Wurfarmen, die sich nicht genug biegen? Konzentriert sich die Biegung auf eine zu kurze Stelle? Sollten Korrekturen nötig sein, dann mache sie jetzt.

Kannst du den Bogen weit genug ziehen? Wenn nicht, gibt es zwei Möglichkeiten, die Auszugslänge zu erhöhen. Biegen sich die Wurfarme auf ihrer ganzen Länge gleichmäßig, kannst du am Bogenbauch Holz entfernen. Das muss gleichmäßig auf der ganzen Länge der Armes geschehen und du sollst oft kontrollieren, ob es schon genug ist, während du das machst.

Gibt es steife Stellen in den Wurfarmen? Wenn ja, kannst du die Zuglänge erhöhen, wenn du diese Stellen biegsamer machst.

Was immer du auch tust, pass auf deinen Taper auf, damit du keine Kompressionsbrüche kriegst.

Bei einem neuen Bogen sollte man besonders auf Bauch und Rücken achten. Prüfe, ob du Kompressionsbrüche findest, und schau immer wieder mal nach. Achte auch auf das Backing, ob es bleibt, wo es hingehört.

Findest du einen kleinen Kompressionsbruch, dann nimm einen Schaber und entferne Holz auf der Seite des Bruches, die zur Wurfarmspitze zeigt. Du sollst dabei keine Schwachstelle schaffen, sondern du sollst deinen Taper verbessern. Normalerweise kannst du an deinem Wurfarm entlang schauen und siehst dann, wo das Holz zu hoch ist. Meist muss das Holz auf einer Länge von 10 bis 15 cm entfernt werden. Indem du den Taper verbesserst, verringerst du die Belastung der Stelle, die gebrochen ist. So kannst du Kompressionsbrüche im Keim ersticken. Behalte die Stelle aber im Auge, um sicherzugehen, dass du genug Holz weggenommen hast.

Ein Backing aus dicker Rohhaut, mit Weißleim aufgeleimt, wird gern einmal locker. Vielleicht musst du deshalb die eine oder andere Stelle nachleimen. Wenn du das machst, umwickle die Stelle mit Schnur, damit alles an seinem Platz bleibt, wenn es trocknet.
Bei einem neuen Bogen ist es auch eine gute Idee, die Rohhaut mit Firnis oder Lack zu überziehen, bevor du ihn einschießt. Das trägt nämlich auch dazu bei, dass das Backing sich nicht löst.

Ein neuer Bogen könnte das entwickeln, was die Oldtimer „*spell*", also Fluch, nannten. Sie meinten damit, dass sich am Bogenbauch, wo die Jahresringe ganz dünn auslaufen, sich der oberste Jahresring abheben könnte. Das kann dann wie ein Riss aussehen. So etwas kann auftauchen, sich aber nicht verschlimmern. Bogen Nr. 11 hat so einen Riss an der Kante des Griffes.

Damit dein Bogen ein bisschen schneller wird, kannst du die Wurfarmspitzen leichter machen. Sie sollen sich nicht stärker biegen, sondern nur leichter werden. Wenn du etwa 2 Gramm Holz entfernst, kannst du dieselbe Geschwindig-

keitszunahme erwarten, als wenn du einen um 30 grain (2 g) leichteren Pfeil schießen würdest. Das erreicht man am Besten auf den letzten 8–10 cm des Wurfarmes.
Spanne den Bogen und markiere mit einem Stift alle die Stellen, die die Sehne
nicht direkt unterstützen. Dann raspelst du das markierte Holz weg.

Ein Vorher/Nachher- Bild dieses Vorganges
könnte etwa so aussehen:

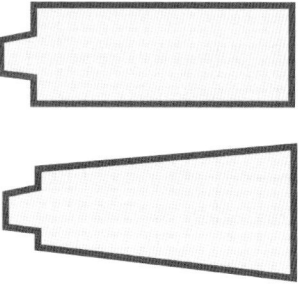

Hickory ist ein ausgesprochen schweres Holz. Du könntest das Gewicht der Wurfarme wahrscheinlich um 6 Gramm oder mehr verringern, wenn du die Nocken
eines breiten Hickory-Bogens so bearbeiten würdest.

Pope machte die Nocken seiner Bögen auf eine Länge von rund 20 cm leichter,
wodurch sie sich mehr bogen. Das nennt man *„wip-ended“*, weil sich die Wurfarme an den Nocken wie eine Peitsche biegen. Bekommst du aber Stringfollow an
diesen biegsamen Nocken, fängst du auf deiner Suche nach einem schnelleren
Bogen wahrscheinlich wieder von vorne an.

Wenn du die Wurfarmspitzen eines sehnenbelegten Bogens leichter machen willst,
mach es, nachdem der Bogen getillert wurde und sich bereits leicht biegen lässt,
und bevor das Backing aufgeleimt wird.

Die Oldtimer nannten einen Bogen ohne Schutzanstrich einen „weißen Bogen“.
Man kann einen solchen Bogen lange schießen, solange du das nicht bei Regen
oder feuchtem Wetter tust. Praktisch ist es, einen neuen Bogen solange ohne
Finish zu lassen, bis du sicher bist, dass mit ihm alles in Ordnung ist. Aber wenn
du mit ihm auf die Jagd gehen willst, muss er wasserfest sein. Bist du sicher, dass

keine weiteren Justierungen mehr nötig sind, ist es an der Zeit, den Bogen fertig zu stellen.

Gehe mit feinem Schmirgelpapier und Stahlwolle drüber, um allen Schmutz zu entfernen.

Es gibt ihm eine nette, persönliche Note, wenn du deinen Bogen signierst. Nimm wasserfeste Tinte und einen Füllhalter und schreib auf den Bogen, sobald du ihn mit Stahlwolle und einem sauberen Tuch abgerieben hast und lass die Tinte dann gut trocknen.

Wenn dein Bogen aus Esche, Maulbeerbaum, Robinie, Osage Orange oder Eibe ist, ölst du ihn vielleicht mit einem dünnen Überzug aus Leinölfirnis. Das verbessert die Farbe und das Aussehen dieser Hölzer. Wenn du ihn so ölst, lass ihn ein oder zwei Tage in Ruhe, damit das Öl einziehen und trocknen kann.

Für die Endbehandlung gibt es eine Reihe von Möglichkeiten. Was immer du nimmst, es muss wasserfest sein. Firnis und PU-Lack[1] sind sehr beständig gegen Wasser und in Geschäften leicht erhältlich. Pass auf, dass auf der Dose „seidenmatt" steht. Firnis trocknet langsam, PU-Lack trocknet etwas schneller, ist aber noch ein paar Tage lang recht weich. Für bestmögliches Aussehen bringst du mehrere dünne Lagen auf. 5 oder 6 Lagen sind keine schlechte Idee, wenn du dir vorstellst, dass der Bogen strömenden Regen, Nebel und Schnee aushalten soll, wenn du auf der Jagd bist.

Pope und andere Oldtimer ertränkten ihre neuen Bögen schier in gekochtem Leinöl. Dann mixten sie alkohollöslichen Schellack mit Leinöl und rieben viele Schichten davon auf. Auch auf der Jagd rieben sie den Bogen alle paar Tage mit Leinöl ein. Das führt dazu, dass die Oberfläche immer leicht klebrig ist und allerhand Staub und Dreck am Bogen kleben bleiben.

Auch Thompson ölte seine Bögen oft.

---

[1] S. 204 Nachtrag: Mehr über Oberflächenbehandlung

Viele moderne Bogenbauer empfehlen eine Behandlung mit Streichwachs. Auch das kann dabei helfen, den Bogen vor Wasser zu schützen. Dabei ist es eine gute Methode, das Wachs aufzustreichen und es einen Tag lang trocknen zu lassen, bevor man den Überschuss wegpoliert.

Wachs und Leinölfirnis entwickeln beide einen deutlichen Geruch, wenn man sie aufstreicht. Aber genau wie bei dem stinkenden Kleber, den man zum Befiedern der Pfeile nimmt, verfliegt der Geruch beim Trocknen.

Manche Indianer rieben Fett in ihre Bögen und erwärmten sie dann über dem Feuer, um das Fett tiefer in das Holz einziehen zu lassen.

Wenn ein Holzbogen Feuchtigkeit zieht, bedeutet das Ärger. Er verliert an Wurfkraft und das Holz kann beim Trocknen reißen. Deshalb bist du wirklich gut beraten, wenn du deine Bögen entweder mit Öl oder mit Fett einreibst, solange sie leben.

Du kannst ein kleines Loch in deine obere Nocke bohren und eine Schnur durchziehen. Daran bindest du das obere Sehnenohr. Das hilft dir, die Bogensehne dort zu halten, wo sie hingehört, wenn der Bogen entspannt ist. Es hilft dir auch dabei, schnell die Sehne auf den Bogen aufzuspannen, wenn du ihn aus irgend einem Grund entspannt mit dir herumtragen solltest.

Als Pope zusammen mit Art Young nach Afrika reiste, strichen sie ihre Bögen zur Tarnung olivgrün an. Der Rücken eines mit Rohhaut belegten Bogens, oder auch eines Bogens ohne Backing, ist wahrscheinlich ziemlich weiß. Als Kompromiss kannst du den Rücken deines Bogens dunkler machen. Für diesen Zweck kannst du dir farbige Firnis besorgen oder du kannst deinen Bogenrücken auch farbig anstreichen. Wenn die Seiten deines Bogens weiß sind, kannst du sie auch gleich mitstreichen.

Eine andere Möglichkeit ist, den ganzen Bogen zu beizen, bevor du irgend ein Finish aufträgst. Am klügsten ist es vermutlich, den Bogen fertig zu behandeln, bevor du einen Griff oder eine Pfeilauflage anbringst, außer du verwendest Schellack und Öl. Man kann jedes Leder dafür nehmen, von der dicken Elchhaut bis zum dünnen Fensterleder. Du kannst es mit Befiederungskleber oder auch mit Holzleim an den Bogen kleben. Oder du kannst Popes Lieblingsgriff kopieren, dicke Schnur um den Bogen gewickelt und dann in Leim getränkt. Um Feuchtigkeit aus dem Bogen herauszuhalten, sollte der Griff öfter mit demselben Finish behandelt werden wie der Bogen. Wenn dein Bogen kein Backing hat, brauchst du keinen Leder- oder Schnurgriff. Der Sinn eines Griffes liegt nur darin, dein Rohhaut- oder Sehnenbacking vor Handschweiß zu schützen.

Du kannst auch ein kleines Lederstück als Pfeilanlage an den Bogen kleben. Die Oldtimer nahmen dafür auch oft ein kleines Plättchen aus Perlmutt, wenn dir das besser gefällt. Diese Anlage soll das blanke Holz vor der Reibung schützen, wenn der Pfeil am Bogen entlangstreicht. Falls dir das alles zu mühsam ist, kannst du den Bogen auch nur mit Isolierband umwickeln, wo der Pfeil anliegt.

Einen Holzbogen kannst du nur auf zwei Arten „tunen". Die erste ist, die Standhöhe zu erhöhen oder niedriger zu machen, wie es bereits beschrieben wurde. Das ist nützlich, wenn man die maximale Zuglänge erreichen will. Die zweite ist die Platzierung des Nockpunktes auf der Sehne. Für einen Holzbogen ist das Standard- Nockpunktmaß gut, also etwa 9 mm oberhalb der Pfeilanlage, wenn du mit einem Finger über und zwei Fingern unter dem Pfeil spannst (mediterraner Griff), oder bis zu 13 mm darüber, wenn du mit drei Fingern unter dem Pfeil spannst (Untergriff).

Viele Oldtimer berichten, dass ein Holzbogen bei kalter Witterung steifer wird. Bogen Nr. 7 wurde bei Temperaturen unter dem Gefrierpunkt mit auf die Jagd genommen und er fühlte sich tatsächlich steifer an. Ich habe ihn jedoch nie an eine Waage gehängt, um es genauer zu prüfen. Es könnte auch sein, dass nur der halb erfrorene Jäger schwächer wurde....

Andere Oldtimer erzählten auch, dass Eibenbogen bei heißem Wetter an Wurfkraft verloren. Bei den bereits erwähnten Tests schoss ich viele Pfeile in flirrender Hitze über 32°C. Einen merklichen Verlust an Wurfkraft habe ich nicht bemerkt. Bei dieser Hitze fühlten sich die Bögen auch nicht warm an.

Lag dein Bogen im Auto und fühlt sich heiß an, wenn du ihn in die Hand nimmst, ist es klüger, ihn abkühlen zu lassen, bevor du die Sehne auflegst.

Ohne Zweifel verliert ein Holzbogen an Wurfkraft, wenn er feucht wird. Ein gutes, wasserfestes Finish ist die logische Antwort auf diese Gefahr.

Nachtrag: Mehr über Oberflächenbehandlung

Meine frühere Empfehlung, dass Polyurethan-Lack als Schutzanstrich für Bögen gut geeignet wäre, muss revidiert werden. Manche Sorten dieser Lacke brechen ziemlich schlimm, wenn die Bögen einige Male geschossen werden. Man kann seinen Lack testen, indem man etwas davon auf ein Blatt Papier streicht und es trocknen lässt. Kann man das Papier um 90° biegen, ohne dass der Lack bricht, ist er ein guter Kandidat für einen Bogen. Bis jetzt habe ich noch keinen Firnis gefunden, der bei diesem Test versagt, aber manche PU-Lacke und andere Anstriche schaffen ihn nicht.

Ich habe auch reines Tungöl und tungölhaltige Anstriche ausprobiert. Diese enthalten einen Firnis und scheinen Wasser besser abzuhalten.

Bei einem Holzbogen ist der beste und absolut narrensichere Schutz gegen Feuchtigkeit eine wiederholte Anwendung von Streichwachs. Sogar Autowachs hat sich gut bewährt.

Für die eingefleischten Traditionalisten unter uns sei gesagt, dass Fett auch gute Dienste leistet, vorausgesetzt, es ist ein Fett, dass nicht ranzig wird. Fett muss jedoch regelmäßig aufgetragen werden, ein ganzes Bogenleben lang. Saxton Pope bemerkte des öfteren an Indianerbögen, die er für sein Buch *„Jagen mit Bogen und Pfeil"* untersuchte, dass diese *„Anzeichen von zahlreichem Einfetten"* aufwiesen.

Ein genauer Blick auf einen erstklassigen Holzjagdbogen

Verglichen mit einem Bogen mit schmalen Wurfarmen ist einer mit breiten, flachen Wurfarmen:

- einfacher zu bauen, besonders für Anfänger
- nicht so anfällig bei Knoten oder anderen Unregelmäßigkeiten im Holz. Das kann ein großer Vorteil in Sachen Haltbarkeit sein.
- in der Lage, bei gleicher Bogenlänge eine größere Auszuglänge auszuhalten.

Der breite Bogen kann deshalb kürzer gemacht werden und ist deshalb in jagdlichen Situationen handlicher. Für eine Zugweite von 28" kann man bei einem breiten Bogen gut eine Länge von 58–62" (147–157 cm) nehmen. Obwohl andere Maße denkbar wären, ist die Länge von 58-62" recht einfach zu machen und der Bogen dann recht handlich. Trotzdem ist er lang genug, damit man sich nicht die Finger an der Sehne einklemmt. Bei deinem ersten Bogen würde ich an deiner Stelle jedoch 64–66" (163–168 cm) für einen Auszug von 28" wählen. Mit etwas Erfahrung gelingen dann kürzere Bögen auch leichter.

Normalerweise ist man jedoch besser beraten, einen Flachbogen 66" oder länger zu machen. Bei einer Zuglänge von 28" hätte ein 60" Bogen Wurfarme, die einen halben Zoll (1,3 cm) dick oder dünner wären. Ein 66" Bogen hätte bei so einem Auszug dickere Wurfarme.

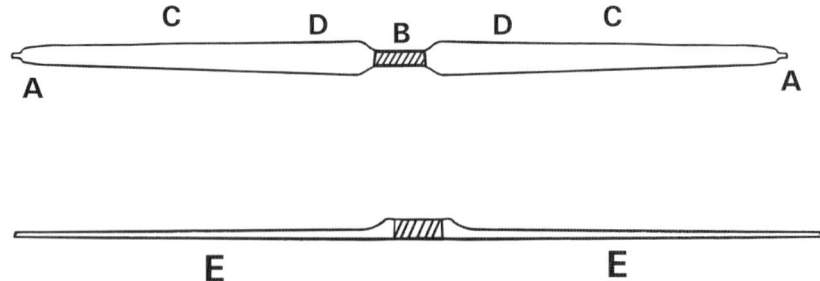

Sieh dir die obige Zeichnung an:

A. Indem man Pin-Nocks verwendet und die letzten 3 oder 4" (7,6 oder 10 cm) der Wurfarme leichter macht, kann man die Wurfleistung bei allen Zuglängen leicht verbessern. Bei besonders schwerem Bogenholz fällt das mehr ins Gewicht.

B. Ist der Bogengriff 17 oder 19 mm breit an der Stelle, wo der Pfeil aufliegt, können die meisten Schützen akkurater schießen als mit einem breiteren Griff. Ein Bogen mit Sehnen- oder Rohhautbacking sollte irgendeine Art von Griffwicklung haben, um das Backing vor Handschweiß zu schützen.

C. Ein sanfter und gleichmäßiger Taper bei Bauch und Seiten schützt vor Kompressionsbrüchen. Ein gutgetillerter Bogen wird keine Schwachstellen auf seiner gesamten Länge haben. Deshalb gibt es auch keine übermäßige Verdichtung. Gibt es die doch, tritt starkes Stringfollow auf. In einem gutgetillerten Bogen treten die Belastungen gleichmäßig über die gesamte Länge auf. Darum wird er eher wieder gerade, wenn er entspannt wird.

D. Willst du einen breiten, flachen Bogen mit hohem Zuggewicht, beginne damit, die Wurfarme beim Griff 2" (5 cm) breit zu machen und sie bis zu den Nocken auf einen Zoll (2,5 cm) zu verjüngen. Bei Bedarf kannst du die Breite immer noch verringern.

E. Die Dicke der Wurfarme ist eine Möglichkeit, die Zuglänge zu bestimmen. Ein kürzerer Bogen braucht dünnere Wurfarme, um genauso weit ausgezogen werden zu können wie ein längerer Bogen. Hat der fertige Bogen das gewünschte Zuggewicht, die Zuglänge ist aber zu kurz, kannst du entweder gleichmäßig Holz von der ganzen Länge des Bauches abtragen, oder alle steifen Stellen in den Wurfarmen dazu bringen, sich weiter zu biegen. Hat der fertige Bogen zwar die richtige Zuglänge, aber zuviel Zuggewicht, kannst du entweder gleichmäßig am Bauch Holz entfernen, oder aber den Bogen gleichmäßig schmaler machen.

Zu guter Letzt:

*   Der fertige Bogen sollte mehrmals mit einer wasserdichtem Schutzschicht versehen werden. Mehrmaliges Einreiben mit Leinölfirnis oder Streichwachs helfen, den Bogen während seines ganzen Lebens wasserfest zu halten. Feuchtigkeit hat in deinem Bogen nichts zu suchen.

*   Der Bogen kann aus geradem oder reflexem Holz gemacht werden.

*   Du solltest den Bogen in horizontaler Lage aufbewahren, wenn du ihn entspannst. Das sorgt dafür, dass die Wurfarme wieder in ihre ursprüngliche Lage zurückgehen. Einen Bogen kann man stundenlang gespannt lassen. Wird er jedoch nicht benutzt sollte man die Sehne abnehmen.

*   Einen Holzbogen, egal was für einen, verkehrt herum zu biegen, auch wenn es nur ein kleines Stück ist, garantiert einen Bruch des Bogens vom Bauch aus.

Man muss kein Künstler sein, um sich so einen röhrenförmigen Lederköcher selbst zu basteln. Leder, Band und Ahle sind alles, was man dazu benötigt. Dieser Köcher war mehr als 20 Jahre lang mein Lieblingsstück. Die Öffnung ist mit Biberfell besetzt.

18

Wurfarme mit Recurves

Einer der Bögen, die ich in den Tests beschrieb, war ein Recurve, die Nr. 13. Ich hatte ihn aus Esche gemacht, weil Esche schön gerade wächst. Bei einem Recurve aus Holz muss der Rohling gerade sein. Die Sehne muss auf dem Wurfarm aufliegen, wenn der Bogen gespannt ist. Wenn der Rohling krumm ist, kann sie das nicht, und vielleicht kann sich die Sehne gar nicht auf dem Bogen halten.

Nr. 13 hat statische Recurves. Der Teil des Wurfarmes mit den Recurves biegt sich nicht. Ein Recurve mit einer langen, tiefen Krümmung wird sich aber biegen. So was nennt man einen arbeitenden Recurve. Moderne, glaslaminierte Bögen haben arbeitende Recurves. Diese werden hergestellt, indem man die Laminate auf einer Form miteinander verleimt, die die Form des fertigen Bogens hat.

Eine effektive Methode, einen Holzrecurve zu machen, ist es, die Enden der Wurfarme zu kochen und zu biegen. Das geht leicht, wenn die Wurfarme nicht zu dick sind, wo sie gebogen werden sollen. Die Arme von Bogen Nr. 13 waren etwa 2,5 cm breit und 1,3 cm dick, als ich sie bog.

Ich machte mehrere Versuche, mit trockener Hitze Holz zu einem Recurve zu biegen. Das Holz brach jedes mal. Heißes Holz kann man schon ein bisschen biegen, aber um es auf einmal 45° zu biegen, muss man es kochen. Nimmt man trockene Hitze, könnte es vielleicht klappen, wenn man immer nur ein kleines Stück auf einmal biegt. Die Wurfarmspitzen von Nr. 13 kochte ich etwa eine Stunde lang. Sie kochten in einer Kaffeekanne auf einem Campingofen, der auf dem Boden stand. Wenn deine Zimmerdecke hoch genug ist, kannst du es auch auf dem Küchenherd machen und wenn deine Kaffeekanne tief genug ist, kannst du deine Wurfarme auch zu einem arbeitenden Recurve biegen. Die Leute, die Sulkies für Pferderennen machen, benutzen Dampfkästen, um Eschenholz in lange, gebogene Formen zu biegen. Falls du so einen Dampfkasten hast oder sonst einen Behälter, der deinen ganzen Bogen aufnehmen kann, könntest du das Ding in jede Form bringen, die dir einfällt, indem du es mit Schraubzwingen an eine lange Form klammerst und abkühlen lässt.

Aus einer Kaffeekanne verkocht sich in einer Stunde eine Menge Wasser. Man muss in einem anderen Behälter zusätzliches Wasser zum Kochen bringen und in die Kaffeekanne umfüllen. Wenn du kaltes Wasser dazuschüttest, wird sich das Holz abkühlen, und das willst du ja nicht.

Nr. 13 wurde auf einer Form gebogen, die etwa so aussieht:

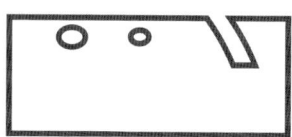

So eine Form könnte man so ausschneiden, dass die Biegung runder ist und nicht so einen scharfen Winkel hat wie die meine. Ich nahm den Bogen aus dem heißen Wasser und steckte die Nocke sofort in den Schlitz der Form. Den Bogen bog ich auf die Form und sicherte ihn mit Schraubzwingen, die ich an den Bohrungen anbrachte. Du kannst davon ausgehen, dass du maximal 60 – 90 Sekunden hast, um den Arm zu biegen und festzuklammern. Wird das Holz zu kalt, bricht es.

Das Holz sollte man in der Form lassen, bis es durch und durch abgekühlt ist. Am besten wartet man ein paar Stunden. Es beschleunigt die Sache etwas, wenn man es mit kaltem Wasser abspült. Aber sogar wenn die Wurfarmspitzen kalt sind, werden sie ein Stück in die Ausgangslage zurückfedern, wenn man sie aus der Form nimmt.

Bogen Nr. 13 wurde mit Rohhaut belegt und getillert, nachdem ich die Nocken gebogen hatte. Beim ersten stärkeren Biegen ging die Rohhaut an einem der Recurves ab und löste sich dann fast vom ganzen Wurfarm ab. Ich klebte sie wieder an und fixierte sie an den gebogenen Stellen mit einer Sehnenwicklung. Ich hätte aber auch Schnur und Leim dafür nehmen können. Danach blieb das Backing, wo es hingehört.

Als ich Nr. 13 machte, hatte der Bogen eine bemerkenswerte Spannung in den ersten Zentimetern des Auszuges.

Nach dem Einschießen testete ich ihn bei 47 lb., wie ich es im Kapitel über die Leistung beschrieben habe:

Nr.	Wind	Zuggewicht	530 grains	475 grains
13	schwacher Rückenwind	47 lb.	166 Schritte	172 Schritte

Das war die Leistung des Bogens bei weniger als seiner maximalen Zuglänge.

Als ich Nr. 13 machte, hatte der untere Wurfarm eine reflexe Biegung und der obere Wurfarm war gerade. Ich begradigte den unteren Wurfarm, er blieb jedoch steifer als der obere. Nach dem Tillern war der untere Wurfarm dünner, aber beide bogen sich gleichmäßig.

Als ich anfing, Nr. 13 einzuschießen, wurde der untere Wurfarm schwächer und bog sich weiter. Schließlich war der Bogen gut eingeschossen und der untere Wurfarm bog sich zu stark.

Als nächsten Schritt hätte man den oberen Wurfarm abarbeiten können, bis beide Arme wieder gleich gewesen wären. Weil ich aber mehr darüber lernen wollte, was in einem Holzrecurve steckt, wählte ich eine drastischer Methode.

Ich entfernte den Recurve am unteren Wurfarm, was den Bogen um fast 8 cm kürzer machte. Jetzt hatte er einen geraden unteren Wurfarm und einen Recurve am oberen. Das machte ich, um mir eine Frage zu beantworten: müssen die Recurves an einem Bogen gleichmäßig sein, damit er gut wirft? Wäre die Antwort ja, dann müsste die Nr. 13 mit einem geraden und einem recurvten Wurfarm ein glatter Reinfall sein.

Aber die Nr. 13 schoss wie jeder andere Holzbogen auch. Er schoss nicht schlechter als bevor ich den unteren Recurve abgeschnitten hatte. So schoss er auch, als ich ihn für das Kapitel über die Leistung testete, und bei seiner maximalen Zuglänge zog er 60 lb.

Da der untere Wurfarm jetzt deutlich kürzer ist, ist der obere Wurfarm jetzt der schwächere. Der Recurve im oberen Arm bringt ihm eine zusätzliche Belastung, die im unteren nicht da ist. Deshalb hat der obere Arm mehr Stringfollow. Aber die Nocke des oberen Arms ist nicht weiter zurück als die des unteren Wurfarmes.

Alles in allem sieht die Nr. 13 wie ein echter Mutant aus. Er schießt jedoch genau so gut und so genau wie ein gerader Bogen. In den 40er Jahren wurden Holzbögen, beim Abschuss in Zeitlupe gefilmt. Physiker fanden heraus, dass sich die Wurfarme eines Holzbogens nicht gleichmäßig nach vorne bewegen, sondern auf ihrem Weg hin und her pendeln. Bei einem schlecht getillerten Bogen sieht das noch viel schlimmer aus. Diese Filme belegen, dass sich Holzbogenarme nicht gleichmäßig vorwärts bewegen müssen, und die Nr. 13 bestätigte diese Regel. Schade ist nur, dass ich die Nr. 13 nicht bei maximalem Auszug schießen konnte, als er noch beide Arme recurved hatte. Bei 47 lbs hielt er aber noch gut mit den anderen, geraden Bögen mit, die 55 lbs zogen.

19

Holzbogen schießen

Ein Neuling im Bogenschießen, egal womit er schießt, wird irgendwann der Meinung sein, alles was er bräuchte, sei eine narrensichere Anleitung, wie man schießt. Wertvolle Bücher wurden darüber geschrieben, aber es gibt ein Problem, wenn du versuchst, dich auf schriftliche Anleitungen zu verlassen. Das Problem ist, dass es unheimlich viele individuelle Unterschiede gibt. Das ist vielleicht nicht ganz so schwer zu verstehen, wenn du begreifst, dass das Bogenschießen eine Ausdrucksform ist. Und weil jedes Individuum eine eigene Persönlichkeit hat, die stark von anderen abweicht, wird sich auch jede Beschreibung, wie man einen Bogen schießt, stark von anderen unterscheiden. Was bei einem funktioniert, klappt vielleicht bei einem anderen gar nicht, einfach deswegen, weil sich dessen Persönlichkeit gegen eine vorgeschriebene Methode wehrt.

Dazu kommt noch, dass keiner, der versucht, irgendwelche Anleitungen über das Schießen zu schreiben, sich alle Schwierigkeiten vorstellen kann, denen ein Anfänger begegnen mag, wenn er gut schießen will. Ascham und Ford erzählen ein paar kurzweilige Geschichten über Bogenschützen, die dem Pfeil buchstäblich hinterher springen, beim Schießen auf einem Bein stehen und alle möglichen wilden Grimassen schneiden. Einem Schützen, der so was macht, kann vielleicht auch die beste Anleitung nicht helfen.

Pope und Thompson zum Beispiel gaben genaue Anweisungen, wie man schießt. Wenn du in der Lage wärst, ihren Regeln genau zu folgen, könntest du auch bestimmt gut schießen. Aber sogar wenn du es versuchen würdest, ist es gut möglich, dass irgendwas deine gute Technik ruiniert und du nicht einmal weißt, was das ist.

Der beste Weg, schießen zu lernen, ist aber immer noch, die Füße vom Tisch zu nehmen und es zu tun, und zwar immer wieder. Sollte man nun versuchen, eine Regel fürs Schießen aufzustellen, oder sollst du einfach nur das tun, was sich „gut" anfühlt und dir weiter keine Gedanken machen?

Du musst eins bedenken: Horace Ford war der größte Turnierbogenschütze seiner Zeit und er legte größten Wert auf jede Einzelheit seines Schießstils, so dass er sogar ein ganzes Buch darüber schrieb. Pope und Thompson konnten jedes Detail ihres Schießstils beschreiben, ebenso wie Elmer. In Lamberts Buch gibt es eine Tabelle, die die unterschiedlichen Arten zu schießen bei verschiedenen Top-Schützen seiner Tage auflistet.

Daran gibt es nichts auszusetzen. Sie gingen gründlich und logisch an die Sache heran. Sie blieben beständig bei dem, was sie taten und erzielten dadurch beständige Ergebnisse. Es braucht intelligentes Denken, Experimentieren, Entwickeln und, mehr als alles andere, Zeit. Du kannst die ganzen Bestandteile deines Schießens nicht in ein paar Tagen auf die Reihe kriegen. Eher kannst du von mehreren Wochen ausgehen, oder noch länger.

Thompson hatte einen guten Rat parat: übe jeden Tag. Fang mit einer kurzen Entfernung an, ungefähr 15 Meter.

Wenn du ein Scharfschütze mit dem Compound, einem glaslaminierten Recurve oder einem glasfiberbelegten Langbogen bist, kommst du vielleicht auf die Idee, dass du nur einen Holzbogen in die Hand zu nehmen brauchst, und von Anfang an gut damit schießt. Sollte das passieren, ist es aller Wahrscheinlichkeit nach pures Glück, weil fast alle glaslaminierten Bogen mittenschüssig sind. Die paar, die es nicht sind, haben zumindest eine Pfeilauflage. Dein Holzbogen ist nicht mittenschüssig. Die Holzbögen, mit denen die alten Jungs vor 60 Jahren schossen, hatten keine Pfeilauflagen. Wenn du eine an deinem Holzbogen anbringst, ist das nicht authentisch. Abgesehen davon brauchst du so ein Ding auch gar nicht. Aber deswegen benimmt sich ein Holzbogen anders.

Wenn man einen Holzbogen mit einem Compound oder einem Glas-Recurve vergleicht, werden die Unterschiede noch deutlicher.

Abhängig von deinem Schießstil kannst du vielleicht erfolgreich zu einem Holzbogen überwechseln, indem du dir nur den Griff aneignest, der nachfolgend beschrieben wird. Vielleicht musst du aber auch von Grund auf neu anfangen.

Wenn du einen Holzbogen schießen willst, musst du:

- Erstens einen Pfeil haben, der absolut geradeaus fliegt, ohne zu flattern, zu schlingern und ohne nach rechts oder links abzudriften.
- Zweitens, den Pfeil dazu zu bringen, in Blickrichtung zu fliegen, mit anderen Worten, ihn dazu zu bringen, dorthin zu fliegen, wo die Spitze beim Spannen hinzeigt.
- Drittens, das Ziel treffen.

Die folgenden Merksätze sollen dir als Möglichkeiten dienen, die du auf deinem Weg zu guten Ergebnissen wählen kannst. Ob dir eine davon helfen kann, musst du selbst herausfinden. Du bist nicht dazu gezwungen, überhaupt eine zu nehmen. Schießen lässt sich lernen, aber es lässt sich nicht gut unterrichten. Du wirst die ganze Arbeit machen müssen und es führt kein Weg daran vorbei.

Wenn du einen Holzbogen in die Hand nimmst und zum ersten Mal damit schießt, glaubst du vielleicht, dass du den Griff fest packen und den Bogenarm ganz ausstrecken musst. Wenn du das machst und rechtshändig schießt, ist es fast sicher, dass der Pfeil nach links fliegen wird, in Zielrichtung gesehen. Wahrscheinlich wird er auch schlingern, bevor er geradeaus fliegt.
Man sagt auch oft, dass sich der Pfeil um den Bogengriff „herumwindet". Ein Pfeil wird sich immer biegen, egal von welchem Bogen er abgeschossen wird. Soweit stimmt die Aussage. Wenn du aber darauf wartest, dass sich der Pfeil den ganzen Weg um einen steif gehaltenen, breiten Bogengriff herumwindet und schließlich in die Richtung fliegt, in die er bei vollem Auszug gezielt war, wirst du eine Enttäuschung erleben.
Um das besser zu verstehen, setze einen Pfeil auf die Sehne eines glaslaminierten, mittenschüssigen Bogens. Ziehe die Sehne zurück und lasse sie langsam wieder vor. Du wirst sehen, dass die Pfeilspitze sich in derselben geraden Linie bewegt wie die Sehne.

Mach das gleiche mit einem Holzbogen und du siehst die Pfeilspitze nach links wandern, wenn die Sehne nach vorne geht, vorausgesetzt, du schießt rechtshändig.

Als der Ausdruck des Paradoxons des Bogenschießens geprägt wurde, meinte man damit weniger die Biegung eines Pfeils, wie man es jetzt kennt. Es sollte vielmehr das Geheimnis beschrieben werden, wie ein Pfeil geradeaus fliegen kann, wenn er doch offenbar nach links fliegen will, wenn er von einem Holzbogen geschossen wird.

Pope und Elmer bauten Schießmaschinen und benutzten sie, um mit Holzbogen zu experimentieren. Beide Männer kamen zum selben Ergebnis. Um einen Holzbogen präzise schießen zu können, muss der Pfeil den Bogen aus dem Weg schieben, so dass er geradeaus fliegen kann. Für jemand, der bisher nur moderne Bögen geschossen hat, mag das schon ein großer Brocken sein, den er erst einmal schlucken muss. Wenn du aber länger mit Holzbogen geschossen hast, wirst du zustimmen. Wenn du es nicht glaubst, schnapp dir Elmers Buch und lies es selbst. Wenn du glaubst, du könntest mit einem Holzbogen gut schießen, wenn du den Griff schön steif hältst, bitte, probiere es ruhig. Und wenn du dann davon müde wirst, lies das folgende:
Es muss irgendwo ein wenig Spielraum für den Bogen geben, dass er sich bewegen kann. Das muss nicht einmal besonders viel sein. Der halbe Durchmesser des Pfeilschaftes kann schon genug sein. Das wäre dann etwa der Abstand zwischen den beiden Punkten:

●   ●

Wie du siehst, nicht sehr weit. Der Pfeil wird im allgemeinen den Bogen nicht sehr weit zur Seite schieben. Die physikalischen Gesetze besagen nämlich, dass ein Gegenstand in Bewegung sich in einer geraden Linie bewegen will.
Der Pfeil will geradeaus fliegen, und wenn sich der Bogen ein wenig bewegt und das zulässt, wird er auch geradeaus fliegen.

Grundsätzlich gibt es drei Möglichkeiten, wie man den Bogen dazu bringt, sich zur Seite zu bewegen, wenn der Pfeil vorbeistreicht. Bei der ersten hält man den Bogen einfach mit einem lockeren Griff. Die zweite ist, mit leicht gebeugtem Ellbogen zu schießen, wobei bereits ein ganz klein wenig beugen genügen kann. Die dritte ist, mit lockerem Griff und gebeugtem Ellbogen zu schießen. Elmer bestand darauf, dass der Griff locker und der Ellbogen steif sein müsse. Das funktionierte bei ihm, es muss aber nicht bei dir klappen. Bei manchen mag es auch hinhauen, mit festem Griff und gebeugtem Ellbogen zu schießen. Andere wiederum müssen beides machen.

Wenn du die Möglichkeit hast, viele alte Fotos von Leuten anzuschauen, die mit Holzbogen schießen, würdest du entdecken, dass viele dabei den Bogen hauptsächlich auf dem großen Muskel am Daumenansatz ruhen ließen – nicht etwa in der Mitte der Handfläche. Wird der Bogen in der linken Hand gehalten, müsste man dazu die Hand etwa 25 bis 45° im Uhrzeigersinn drehen, im Verhältnis zum Bogengriff. Dieser Griff hat den Vorteil, dass man fast den ganzen Unterarm aus dem Weg der Sehne heraus bringt. Es würde ungefähr so aussehen, wenn man wie beschrieben zugreift:

Natürlich wäre die Hand nicht völlig offen, aber die Finger wären auch nicht fest um den Griff geschlossen.
Während der Tests für dieses Buch ergab sich die Gelegenheit für ein interessantes Experiment. Ich lud einen Freund und Beobachter ein, einen Bogen zu schießen. Er hatte noch nie zuvor mit irgend einem Bogen geschossen. Ich gab ihm einen Holzbogen und zeigte ihm den oben beschriebenen Griff  und sagte ihm, dass er nicht fest zufassen solle. Das war die ganze Anweisung, die er bekam. Er schoss eine Handvoll Pfeile über das Feld und ich stand hinter seiner rechten Schulter und sah, dass er mit diesem Griff einen perfekten Pfeilflug bekam, gleich bei seinen ersten Bogenschießversuchen.

Es ist auch interessant, dass viele Formgriffe an modernen Bögen die Hand fast dazu zwingen, den beschriebenen Griff einzunehmen. Ein Formgriff hält aber das Handgelenk eigentlich höher als es beim Griff an einem Holzbogen der Fall wäre. Diesen Griff braucht man nicht auf jeden Fall, aber er ist einen Versuch wert. Vielleicht genügt er schon, um einen unruhigen Pfeilflug zu vermeiden.

Egal wie du den Bogen hältst, du kannst davon ausgehen, dass du den Pfeil beim Schuss nicht an der Hand spürst. Der ganze Druck des Pfeils geht an die Seite des Bogens, wenn du deinen Bogen auch nur halbwegs richtig hältst. Pass nur auf, dass die vorderen Kanten deiner Federkiele flach sind. Sind sie es nicht, kannst du dir die Hand aufreißen.

Die nächste Aufgabe ist es, den Pfeil dazu zu bringen, dass er in Richtung der Ziellinie fliegt, dieselbe Richtung, in die die Pfeilspitze bei vollem Auszug zeigt. Pope, Ford und alle anderen sind sich einig. Der Pfeil muss in einer Linie zum Ziel gezogen werden. Um es genauer zu sagen, muss der Pfeil in einer Linie zum Ziel sein, wenn der Auszug vollendet ist. Ford ging soweit, zu behaupten, man muss zielen, während man spannt, so dass man bei vollem Auszug mit dem Zielen fertig ist. Er machte noch eine interessante Bemerkung, in der er meinte, es sei möglich, teilweise zu spannen, das Ziel neu anzuvisieren, und dann fertig zu spannen. Damit war nicht jeder einverstanden. Pope und Elmer meinten, dass man Korrekturen machen solle, nachdem man fertig ausgezogen habe. Lambert hielt es für eine ausgesprochen schlechte Idee, während des Spannvorgangs zu pausieren.

Wenn du mit einem glaslaminierten Recurve wirklich gut schießt, kennst du wahrscheinlich bereits die Vorteile, die es bringt, den Pfeil in einer Linie zum Ziel zu ziehen. Deshalb ist dir diese Methode nicht so fremd. Weil aber ein Holzbogen nicht mittenschüssig ist, muss man dabei ein bisschen besser aufpassen.

Es gibt mehrere Alternativen. Zwei davon sind, mit starrem oder gebeugtem Ellbogen zu schießen. Du kannst auch den Bogenarm ganz ausstrecken und dann die Sehne zurückziehen. Oder du kannst die Bogenhand nach vorne schieben und die Sehne gleichzeitig zurückziehen.

Wenn ein lockerer Griff nicht genug ist, um den Pfeil entlang der Sichtlinie fliegen zu lassen, mag es vielleicht helfen, den Ellbogen leicht zu beugen, vorausgesetzt, du ziehst die Sehne in gerader Linie zum Ziel zurück. Ob man den Bogen spannt, indem man den zuerst den Bogenarm streckt oder mit der Schieben/Ziehen- Methode arbeitet, ist mehr Ansichtssache.

Elmer schrieb, dass er seinen Bogenarm immer ausstreckte, bevor er den Bogen spannte. Als er jedoch während eines Turniers einen Durchhänger hatte, konnte er die Scharte auswetzen, indem er zur Schieben-Ziehen-Methode wechselte.

Ohne Zweifel wird sich jeder Schütze seine Lieblingstechnik herauspicken und dabei bleiben. Für den einen ist die Schieben-Ziehen-Methode etwas Natürliches und Müheloses. Für den anderen wieder nicht. Welche Methode du auch immer wählst, es geht darum, die Sehne in einer Linie zum Ziel zurückzuziehen.

Pope sagte, man müsse eine merkliche Spannung in den Muskeln und im Bogen haben, bevor man den Pfeil abschieße. Du stellst vielleicht fest, dass er recht hat. Wenn es sich anfühlt, als würdest du die Sehne nur festhalten, kann es ein armseliger Schuss werden. Wenn du dagegen das Gefühl hast, du würdest an der Sehne ziehen, auch wenn das ohne Bewegung ist, kann der Schuss gut werden.

Du kannst eins tun, um dir das Ganze einfacher zu machen. Mach dir einen Bogen, bei dem der Griff dort 17 oder 19 mm breit ist, wo der Pfeil vorbeigeht. So ein Griff muss tief genug sein, dass er sich nicht biegt. Das reduziert das Bestreben des Pfeils, nach links zu wandern. Thompson und Elmer bestätigten, dass ein schmaler Griff gut für genaues Schießen sei. Die gewonnenen Vorteile sind natürlich relativ. Ein solcher Holzbogen wird sich nicht genau wie ein moderner mittenschüssiger Bogen verhalten. Nicht jeder wird auch einen solchen Vorteil brauchen. Die meisten können jedoch davon profitieren.

Diese Faktoren, über die wir bisher gesprochen haben, sind so wichtig wie das Zielen selbst. Wenn man sie nicht richtig macht, hilft auch das beste Zielen nichts. Aber viele Leute hängen so sehr am Zielen. Sie versuchen zwar, sich von den Visieren an den modernen Bögen zu lösen, schaffen es aber nicht.

Für manche mag es unglaublich klingen, aber ein paar begnadeten Leuten ist es gegeben, einfach das Ziel anzuschauen, den Bogen zu spannen und das Ziel zu treffen. Thomas Waring, Thompson und Ascham konnten das. Thompson erklärte, wenn der Schütze sich auf das Ziel konzentriert und alles drum herum diffus und undeutlich wird, trifft der Pfeil ganz bestimmt.

Wenn das klappen soll, muss sich der Blick nicht nur auf das Ziel konzentrieren, sondern vielmehr auf einen einzigen Punkt in der Mitte des Ziels. Je erfolgreicher der Schütze seinen Blick so festnageln kann, desto besser kann er mit dieser Methode schießen.

Diese Art zu zielen scheint allen Gesetzen der Logik zu widersprechen. Sie scheint weder Sinn noch Verstand zu haben. Vielleicht verstehst du es besser, wenn du Aschams Worte hörst: „*Weder folgt das Kind seinen Eltern, noch der Diener seinem Herrn so begierig, wie jedes Körperteil dem Auge.*"

Das alte Lästermaul Ford wurde nicht müde, diesen Ausspruch mit ätzendem Spott zu überschütten. Für Fords Scheibenschießen mag es auch nicht das Beste sein, aber für einen Jäger ist es brauchbar, wenn er damit klar kommt. Andererseits sagte Elmer, jeder gute Schütze, den er kenne, würde spannen, zielen und den Pfeil solange halten, bis er sich seines Schusses sicher sei. Dann würde er erst schießen. Wenn ein Holzbogen 30 oder 60 Sekunden lang gehalten wird, würde er einen Großteil seiner Wurfleistung für diesen Schuss verlieren. Hält man ihn aber 3 oder 4 Sekunden lang, macht das keinen Pfifferling in der Wurfleistung aus. Popes Schießmaschine zeigte, dass man die Zeit, die man für Ausziehen und Schießen braucht, von 5 auf 15 Sekunden steigern musste, damit der Pfeil auf 55 m um 18 cm tiefer einschlug.

Elmer sagte, der beste Rat, den er je bekam, war der, dass man den Bogen schnell spannen muss. So habe er mehr Kraft für Halten und Zielen übrig. Jetzt könnte man meinen, es würde schwieriger, den Bogen in einer Linie zum Ziel zu spannen, wenn man das schnell macht. Nicht unbedingt.

Viele von uns sind mit Gewehrvisieren aufgewachsen und brauchen visuelle Unterstützung. Bei einem Holzbogen gibt es Hilfen, die das kompensieren. Wenn der Schütze mit 3 Fingern unter dem Pfeil schießt, wie es Arthur Young tat, und mit dem Mittelfinger am Mundwinkel oder in dessen Nähe ankert, wird er feststellen, dass die Spitze seines Pfeils das Ziel berührt, oder zumindest sehr nahe dran ist, vorausgesetzt, sein Ziel steht um die 18 Meter weit entfernt.

Das ist einfach eine Abwandlung der alten Methode auf das Ziel zu deuten, die Ford, Elmer und andere benutzten, und die auf der Jagd gut funktioniert. Nur wie man das anwendet, hängt sehr vom Einzelnen ab, es ist aber eine visuelle Hilfe. Die Blickrichtung des Schützen muss in diesem Fall über den Pfeil zum Ziel gehen.

Andere können davon profitieren, sich aufs Ziel zu konzentrieren, wie es Ascham rät, und dabei im unteren Blickfeldrand den Pfeil einzublenden, wie er auf das Ziel zeigt. Das ist, als würden sie mit dem Finger auf das Ziel zeigen, ohne auf den Finger zu schauen.

An dieser Stelle sollte ich anmerken, dass dieses Kapitel mit der Maßgabe geschrieben wurde, dass du den Bogen soweit ziehen willst, dass du irgendwo in deinem Gesicht ankern kannst. Das ist Schießen im englischen Stil, wie es um 1800 entwickelt wurde. Es erfordert einen Bogen, den man weit genug ziehen kann.

Prärieindianer und manche Afrikaner hatten Bögen, die nur 90 oder 100 cm lang waren. Bei solch kurzen Bögen ist es sehr unwahrscheinlich, dass ein durchschnittlich großer Mann weit genug ziehen könnte, um in seinem Gesicht zu ankern. Ein 90-cm-Bogen hätte schon gut zu tun, wenn er 50 cm weit gespannt werden würde. Bei so einer kurzen Auszugslänge kann man nur rein instinktiv schießen.

Nahezu jedes alte Buch übers Bogenschießen hebt hervor, wie wichtig es ist, den

Pfeil bei jedem Schuss bis zum Kopf zu ziehen. Das ist ein guter Rat. Es gibt keine bessere Methode, um auf größere Entfernungen eine gleichmäßige Wurfleistung zu erhalten.

Wir sollten auch ein bisschen bei den alten Bogenjägern in die Lehre gehen. Sie erzielten ein tiefes Eindringen des Pfeils ins Ziel, in dem sie rasiermesserscharfe Pfeilspitzen mit zwei Schneiden verwendeten. Versuche zeigten, dass Pfeilspitzen mit mehreren Schneiden schlechter abschneiden, wenn es ums Eindringen in dichtes Gewebe geht. Das kommt daher, weil die zusätzlichen Schneiden auch zusätzlichen Widerstand verursachen. Jäger mit Holzbogen wären also gut beraten, wenn sie nur zweischneidige Spitzen nehmen würden.

Egal wie du schießt, es kommt auf die Konzentration an. Sicher wird es dir genau so helfen, dich darauf zu konzentrieren, wie du ein Haar in der Mitte spaltest, wie Tausend anderen auch. Zuerst muss aber dein Schießstil in Ordnung sein.
Nichts ist wichtiger, als oft mit deinem Bogen zu schießen. Geh raus und tu es.
Sei wach, benutze deinen Kopf und gib nicht auf.
Immer wenn dein Pfeil sein Ziel genau in der Mitte trifft, dann lege einen Stop ein. Frag dich, was du gerade gemacht hast, wie du gespannt hast, wie du gehalten und losgelassen hast. Wie war jede kleine Einzelheit?
Auf diese Art machst du die Entdeckungen, die dich in einen todsicheren Schützen mit dem Holzbogen verwandeln werden.
Alles neue, das man lernt, wird sich am Anfang fremd und unangenehm anfühlen.
Lass dich davon nicht entmutigen.
Pass auf deine Zielgenauigkeit auf. Die meisten von uns können sich ganz leicht in die eigene Tasche lügen, wie gut sie schießen können. Du triffst vielleicht fast immer alles im Umkreis von 20 cm von deinem Ziel und hältst dich für einen guten Schützen. Tut mir leid, aber darauf brauchst du dir nichts einzubilden. Du sollst das Ziel selber treffen, immer und immer wieder, und zwar mit fast jedem Pfeil, Tag für Tag. Das ist gutes Schießen! Deshalb schieß deinen Bogen oft und beweise dir, dass du ein guter Schütze bist.

Vergiss für die nächste Zeit die weiten Entfernungen. Thompson sagte, der ultimative Schuss sei der, der ein winziges Ziel auf kurze Entfernung trifft.

Wenn du einen modernen Bogen hast, wäre es besser, du vergisst ihn, während du lernst, mit einem Holzbogen zu schießen. Du musst ein neues Gefühl fürs Schießen entwickeln. Wenn du mit einem modernen Bogen schießt, kannst du deine ganzen Fortschritte zunichte machen.

Völlig egal, wer du bist, auch du kannst ein guter Schütze mit einem Holzbogen werden, wenn du dir selber eines sagst:
„Damit werde ich gut schießen können, und fertig!" Nimm ihn und bleib dabei.

Nachtrag: Mehr über Zuggewichte

Als ich mit den ersten Lesern des *„Bent Stick"* sprach, traf ich auf eine ganze Anzahl Leute, die gerne mit Holzbögen schießen wollten, aber gegenwärtig noch keine Bogenschützen waren oder nur Compoundbögen benutzen. Es scheint mir deshalb eine gute Idee zu sein, genauer über Zuggewichte zu sprechen.

Wer einen 60-Pfund-Compound schießt, hält bei vollem Auszug keine 60 lb., sondern höchstens 30 oder 40 lb. Wer einen Holzbogen schießt, hält tatsächlich 60 lb.

Es ist gut, sich seine Zugkraft zweigleisig vorzustellen, nämlich erstens, welches Zuggewicht kann ich ziehen, und zweitens, welches Zuggewicht kann ich schießen. Das ist bei weitem nicht dasselbe.

Du kannst vielleicht 70 lb. ziehen, aber du mußt auch 70 lb. kontrollieren können. Du musst die 70 lb. ruhig halten können, ohne dass es dich übermäßig anstrengt. Du müsstest eine ganze Menge Pfeile schießen können, ohne müde zu werden. Wenn du wirklich irgend ein beliebiges Zuggewicht schießen kannst, muss dir das Ziehen dieses Gewichts leicht, ich wiederhole, leicht fallen.

Kannst du wirklich 70 lb. schießen, dann kannst du bestimmt 80 oder 85 lb. ziehen. Man kann davon ausgehen, dass man immer mehr ziehen als schießen kann.

Wenn du nicht an andere Bögen als Compounds gewöhnt bist, musst du auf jeden Fall mit einem Zuggewicht von 50 lb. oder weniger anfangen. Die meisten unge-übten Männer können 40 oder 50 lb. ziehen. Fängst du mit einem 45 Pfund-Bogen an, kannst du bestimmt damit schießen. Nimmst du einen mit 50 lb., kannst du wahrscheinlich auch damit schießen, wirst aber bestimmt schnell müde. Wenn du müde wirst, hör auf zu schießen und ruh dich aus.

Die beste Methode, die Zugkraft zu erhöhen, ist die: du fängst mit einem 50 Pfund-Bogen an und schießt damit, bis du ihn den ganzen Tag schießen kannst. Dann machst du deinen nächsten Bogen etwa 55 lb. stark. Wenn du damit den ganzen Tag schießen kannst, mach deinen nächsten Bogen 60 lb. stark. Erst wenn sich dieser Bogen wie Butter schießen läßt, steigerst du dich auf 65 lb.

Wenn dich Holzbögen interessieren, sorgst du besser dafür, dass dir das Schießen Spaß macht. Am besten schießt man öfter pro Woche, das ganze Jahr lang. Deine Muskeln, mit denen du den Bogen spannst, können sehr schnell aus der Form geraten, wenn du selten schießt. Die Muskeln, die man dabei beansprucht, sind so eine komplexe Kette, dass nur Schießen sie wirklich trainiert.

Es gibt einige nützliche Trainingsgeräte für Bogenschützen. Wenn du nicht viel zum Schießen kommst, besorg dir so ein Ding und zieh es jeden Tag.

Falls du versuchst, von 50 auf 65 lb. zu springen, bettelst du um Ärger, und wahr-scheinlich wirst du ihn kriegen.

Du kannst dich selbst verletzen, wenn du zuviel Gewicht ziehst. Das ist kein Witz, wenn du dir einen Muskel oder eine Sehne zerrst, können deine Schützentage für immer vorbei sein. Horace Ford, vielleicht der beste Schütze, der jemals einen Holzbogen in die Hand genommen hat, musste seine Karriere aufgeben, weil ihn die Muskeln seines rechten Armes im Stich ließen (die, welche die Finger bewegen). Es ist schwer, nur anhand der alten Bücher zu sagen, was das verursachte. Es könnte zuviel Zuggewicht aber auch zu wenig Übung gewesen sein.

Manche Bücher übers Bogenschießen empfehlen, dass man die ganze Zeit leichte Scheibenbogen schießen und für die Jagd einen schwereren Bogen nehmen solle. Das ist ein schlechter Rat. Leute, die sowas empfehlen, haben entweder noch nie mit einem Bogen gejagt oder wollen nur Bögen verkaufen.

Art Young hat seine Kraft, die es ihm erlaubte, 93 lb. zu ziehen, nicht dadurch entwickelt, dass er sich solche Geschichten anhörte. Wenn du mit einem Holzbogen jagen willst, sollte es auch einer mit jagdlichem Zuggewicht sein, mit dem du trainierst.

Ich würde nicht eine Sekunde zögern, wenn ich einen Hirsch mit einem geraden Bogen jagen sollte, der 50 lb. stark ist. Ein solcher Bogen wird einen Pfeil wie einen Laserstrahl verschießen. Der gesunde Menschenverstand rät einem aber, eine Waffe zu verwenden, die stärker als das Minimum ist, weil man sich damit eher ungestraft verschätzen darf. Deshalb ist mir ein gerader Holzbogen, der gerade bleibt und 60 lb. zieht, lieber.

Nur aus diesem Grund strebt man stärkere Bögen an. Aber nicht, bevor man sie auch schießen kann!

Nachtrag: Weicher Auszug

Manche können mit Bögen gut schießen, die nahe an der maximalen Zuglänge sind und deshalb auf den letzten Zentimetern leicht steif werden. Die anderen brauchen Bögen, die sich sehr sanft ziehen lassen. Es gibt nur einen Weg, einen weich ziehenden Bogen zu bauen: Er muss viel nicht benötigte Biegsamkeit in sich haben.

Einige Möglichkeiten dazu sind:
- ihn **länger** zu machen. Einen Englischen Langbogen mit 70" Länge

(177 cm), der sich auf seiner ganzen Länge biegt, kann so weit unter seiner maximalen Zuglänge sein, dass er überdimensioniert ist.

- ihn **breiter** zu machen. Ein 58" langer Bogen (145 cm) mit Wurfarmen, die vom Griff bis zur Mitte der Wurfarme 5 cm breit ist (siehe auch „Maße für einen Anfängerbogen"), kann bei einer Zuglänge von 27 oder 28" sehr sanft sein. Wenn so ein Bogen 60 bis 65 lb. stark sein soll, wäre es gut, ihn 2 ¼ oder 2 ½ Zoll (5,6 oder 6,2 cm) breit zu machen. Ein solcher Bogen kann weit unter seiner maximalen Zuglänge sein, wenn er normal geschossen wird.

- **Recurves** in die Wurfarmspitzen zu biegen. Wenn der Bogen genug Biegsamkeit in sich hat, kann es eine Zunahme des Zuggewichtes in den ersten Zentimetern bringen, wenn man die Wurfarmenden von sich weg biegt. Dadurch erreicht man insgesamt einen weichen Auszug.

Wenn du also mit einem modernen Bogen gut schießen kannst, aber mit einem Holzbogen nicht, dann experimentiere mit dem Spine deiner Pfeile, Bogenlänge und Bogenbreite.

20

Bogensehnen

Bogensehnen, die man im Geschäft kaufen kann, werden entsprechend der AMO (Archery Manufacturers Organisation), hergestellt. Deshalb heißen diese Sehnen AMO 60 Zoll, AMO 62 Zoll oder für welche Länge sie auch immer sein mögen. Sehnen für Compounds werden nach der Sehnenlänge benannt, wie z. B. AMO 36. Sehnen für Recurves oder laminierte Langbögen werden nach der Länge des Bogens benannt. Eine AMO 66 Zoll-Sehne ist dafür gemacht, zu einem glaslaminierten Bogen mit 66 Zoll Länge zu passen, den einer gemacht hat, der sich an AMO-Maße hält.

Du kannst natürlich gekaufte Sehnen verwenden, erwarte aber nicht, dass eine AMO 64 Sehne auf einen 64-Zoll-Bogen passt, den du gemacht hast. Wahrscheinlich wirst du feststellen, dass diese Sehne deinem Bogen eine gefährlich hohe Standhöhe verpasst. Eine AMO 66 Zoll Sehne wäre vielleicht die richtige, oder auch eine AMO 68, die du durch Eindrehen kürzer gemacht hast.

Am besten machst du dir deine Sehnen selbst. Für moderne Bogensehnen braucht man eine Vorrichtung, den Sehnengalgen. Wenn man eine Sehne mit flämischem Spleiß macht, braucht man keinen. Eine flämisch gespleißte Sehne macht man so:

Als erstes brauchst du eine Rolle mit Dacron-Sehnengarn. Früher nahm man für Bogensehnen Schusterzwirn aus Leinen. Wahrscheinlich kannst du dir aber Dacron einfacher besorgen.

Sehnen aus Zwirn bestanden oft aus 40 und mehr Strängen, da der Zwirn sehr dünn war. Sehnen für Compounds bestehen normalerweise aus 16 bis 18 Strängen Dacron. Ein Holzbogen dagegen hat viel weniger Spannung in sich. Du kannst eine Sehne aus 12 oder 14 Strängen machen und brauchst dir keine Gedanken darüber machen, ob sie reißt.

Für eine Sehne aus 12 Strängen schneidest du dir als erstes 6 Dacronstränge ab, jeder etwa 30 bis 45 cm länger als der Bogen. Lege sie zu einem Bündel Seite an Seite zusammen und wachse sie gut ein. Lass das Bündel durch deine Finger laufen, damit durch das Wachs zusammenkleben. So kann man einfacher mit ih-nen umgehen. Schneide dann ein zweites Bündel aus 6 Strängen zurecht und wachse es ebenfalls.

Du hast jetzt zwei Bündel aus Sehnengarn, jedes 30 bis 40 cm länger als der Bogen. Nimm jetzt beide Bündel und halte sie nebeneinander zwischen Daumen und Zeigefinger. Lasse eine Länge von etwa 15 bis 22 cm von deiner Hand herun-terhängen. Das wird der Teil, den du spleißen wirst.

Jetzt kommt das flämische Eindrehen. Drehe deine Hände nach oben, so dass du auf die kurzen Enden deiner Bündel schaust, die zwischen Daumen und Zeigefin-ger heraushängen. Du hast ein Bündel auf der rechten und eins auf der linken Seite. Das rechte Bündel verdrillst du jetzt im Gegenuhrzeigersinn. Dann legst du es im Uhrzeigersinn über das linke Bündel, wobei du aufpassen musst, dass du die Drehungen, die du dem rechten Bündel verpasst hast, nicht aufgehen. Dafür musst du leicht den Daumen und Zeigefinger der linken Hand öffnen. Von den Enden der Bündel aus gesehen, sieht dieser Vorgang so aus:

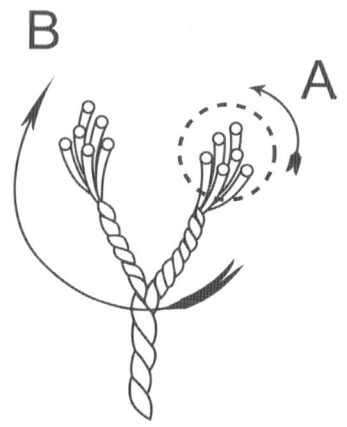

Bei A drehst du das rechte Bündel im Gegen-uhr zeigersinn.

Bei B bringst du dieses Bündel im Uhrzeiger-sinn an die linke Seite des anderen Bündels.

Das Bündel, das du nicht eingedreht hast, ist jetzt auf der rechten Seite.

Der nächste Schritt ist nun, die Schritte A und B wie in der obigen Zeichnung zu wiederho-len. Gib immer dem rechten Bündel seine Dre-hung im Gegenuhrzeigersinn und bring es in einer Bewegung im Uhrzeigersinn auf die lin-ke Seite.

Das wiederholst du etwa 10 mal und schaust dir dann dein Ergebnis an. Es sollte etwa so aussehen:

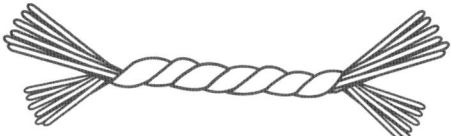

Wenn die eingedrehte Partie dieses seilartige Aussehen hat, hast du deine Sache gut gemacht. Sieht es nicht wie ein Seil aus, hast du wahrscheinlich bei den Schritten A und B die Bündel in die gleiche Richtung verdreht. A soll immer im Gegenuhrzeigersinn und B immer im Uhrzeigersinn erfolgen, wie auf der Zeichnung. Wenn dein kleines Seilstück so aussieht, wie es sollte, musst du aufpassen, dass es sich nicht wieder aufdreht, während du an deinem Ende weiterarbeitest.

Mach weiter, bis dein Seilstück etwa 4 cm lang ist. Als nächstes legst du den zusammengedrehten Teil zusammen, um ein Sehnenohr zu formen. Aus dem gedrehten Teil ragen jetzt jeweils 2 lose Garnstränge heraus. Wenn du jetzt dein Seilstück zusammenlegst, bringe einen Garnstrang aus einem Ende mit einem Strang aus dem anderen Ende zusammen, so dass alle 4 Stränge zwei dickere Stränge und eine Öse bilden, was etwa so aussehen muss:

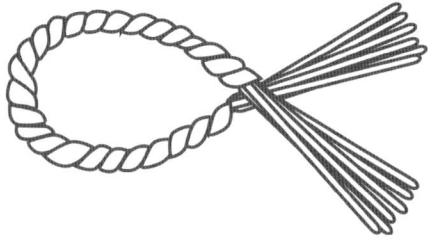

Halte die Öse, das Sehnenohr, zwischen Daumen und Zeigefinger der linken Hand, so dass die beiden neuen, dicken Stränge nach oben schauen. Was du als nächstes tust, ist nichts anderes als unter A und B in der ersten Skizze beschrieben, nur dass du jetzt doppelt so viele Fäden in deinen Bündeln hast. Pass auf, dass deine neuen Wicklungen auch bis zum Ende des ursprünglichen Seilstücks gehen.

Nach 5 oder 6 Eindrehungen müsste das Sehnenohr so aussehen:

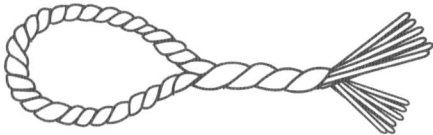

Wenn du weitermachst, erhältst du ein Sehnenohr, das an einem seilähnlichen Sehnenteil hängt, das immer länger wird. Du kannst aufhören, wenn dieser Teil 10 oder 13 cm lang ist. Bei deinem ersten Versuch ist es wahrscheinlich am einfachsten, wenn du den seilähnlichen Teil mit einem Stück Schnur zusammenbindest, damit er sich nicht wieder aufdreht. Damit ist ein Sehnenohr fertig; auf zum zweiten.

Wenn du sicher sein willst, dass keiner der Fäden in deiner Sehne zu lose ist, wenn du sie fertig hast, streife das neue Sehnenohr über die Bogennocke, einen Nagel, einen Türgriff oder sonst etwas, so dass du die Sehne strecken kannst.
Halte sie bei den Enden der losen Bündel. Sieh dir die Drehung im Sehnenohr an und winde die losen Bündel in der selben Richtung umeinander, wie im Sehnenohr. Das erzielt den gleichen Effekt wie bei einem Kind, das sich in einer Schaukel dreht und dabei die Seile zusammendreht.
Bestimmt ist es am besten, die Sehne an dem Nagel zu lassen, oder wo du sie auch immer eingehängt hast, während du das zweite Ohr formst.

Nimm dir wieder die zwei Bündel, wie du es beim ersten Spleiß gemacht hast und drehe sie zusammen wie bei A und B auf der Zeichnung. Mach diesmal das kleine Seil nur 5 cm lang. Dann lege es zusammen und schließe die Schlinge genau wie beim ersten Ohr. Du brauchst ein Ohr, das ein bisschen größer ist als das andere. Das größere Sehnenohr kann am Bogenarm entlang gleiten, wenn der Bogen entspannt wird.
Lass dich nicht entmutigen, wenn du mittendrin vor einem hoffnungslos verworrenen Knäuel aus Sehnengarn stehst. Wirf es weg, schneide dir neues Garn zurecht und fang noch mal an.

Wenn du fertig bist, ist die Sehne auf ihrer ganzen Länge in derselben Richtung eingedreht. Du kannst sie weiter eindrehen, um sie kürzer zu machen, oder aufdrehen, um sie zu längen. Du kannst sie aber nicht ganz aufdrehen. Ein bisschen Drall muss in der Sehne bleiben, weil sich sonst die Enden aufdrehen.

Solange die Sehne in sich verdreht ist, hält sie viel aus. Für einen geraden Bogen sollte eine Sehne irgendwo zwischen 6 und 10 cm kürzer sein als der Bogen, abhängig davon, wie groß die Standhöhe des Bogens sein soll. Je kürzer die Sehne, um so höher wird der Bogen gespannt. Um so höher ist auch die Spannung im Bogen, und um so eher bricht er auch, wenn er nicht dafür gemacht ist.

Sei vorsichtig und spanne den Bogen nicht höher als 15 cm vom Griffrücken aus gemessen auf. Später, wenn du meinst, der Bogen hält das aus, kannst du ihn höher spannen.

Du kannst dir ein Wickelgerät kaufen und die Sehne mit Nylongarn umwickeln. Du kannst sie auch mit normalem Garn umwickeln, wenn dir das lieber ist. Ein Ende der Wicklung sicherst du mit einem solchen Knoten:

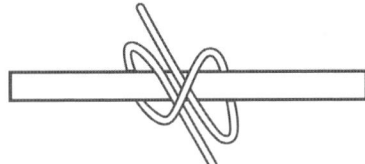

Nachdem du das Garn um die Sehne gewickelt hast, befestigst du das Ende, indem du es durch die letzten paar Schlingen steckst und festziehst, etwa so:

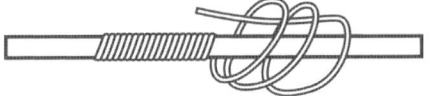

21

Pfeile

Wenn du lernen willst, mit einem Holzbogen gut zu schießen, tust du gut daran, nur mit solchen Pfeilen zu üben, mit denen Bogenjäger gewöhnlich schießen. Solche Pfeile sind so lang wie die Zuglänge, sind mit Feldspitzen von 100, 125, oder 140 Grains bestückt und haben mindestens drei 5" (12,7 cm) lange Federn oder vier 4" (10 cm) lange Federn. Sie sollten auch im Spine zum Zuggewicht des Holzbogens passen.

Du könntest Schäfte aus Holz oder Aluminium verwenden. Wenn dir ein Alu-Schaft zu teuer ist und es dir leid tut, wenn einer abbricht, dann nimm Holz.
Aus Port Orford Zedern- oder Kiefernschäften, die es in Bogengeschäften gibt, kann man perfekte Pfeile machen.
Du darfst nicht erwarten, dass die Zedernschäfte hundertprozentig gerade sind, wenn du sie kaufst (obwohl es schön ist, wenn sie es sind). Du kannst sie selbst begradigen. Alle, die sie regelmäßig verwenden, tun das. Halt ein Ende des Schaftes nahe an dein Auge und blicke an dem Schaft entlang, so dass du jede Biegung sehen kannst. Biege jetzt den Schaft über deinen Handballen, um ihn zu richten. Man kommt schnell dahinter, wie das geht. Nachdem du den ganzen Schaft begradigt hast, stelle den Schaft weg und schau ihn dir am nächsten Tag noch mal an. Richte ihn noch mal, wenn er sich wieder verzogen hat. Wenn nötig, wiederhole den Vorgang auch am dritten Tag noch mal. Normalerweise kann man nach der dritten Wiederholung sicher sein, dass der Schaft gerade bleibt.

Zeder ist ziemlich weich und ein harter Schlag kann den Schaft wieder verbiegen. Es dauert aber nur ein paar Sekunden, sie in bestimmten Abständen zu kontrollieren. Bei einem Holzbogen halten deine Zedernpfeile länger, wenn du die Pfeilnocken so legst, dass die Maserung des Pfeils quer zum Bogen liegt, wie auf der Zeichnung zu sehen ist.

Pfeil

Bogengriff

Eine Pfeilnocke kann man mit drei zusammengebundenen Sägeblättern (Anm. d. Hrsg.: Mit einer Fliesensäge geht es noch einfacher) in das Ende des Pfeilschaftes geschnitten werden, wie es Pope empfiehlt. Als Verstärkung kannst du die Nocke an der Basis mit Zwirn umwickeln. Zedernpfeile, die man im Rückenköcher trägt, tun sich schwer damit, gerade zu bleiben, wenn sie ständig an Ästen hängen bleiben. Pass also auf.

Trage einen wasserfesten Überzug auf deine Holzpfeile auf, wie z. B. Firnis oder PU-Lack. Befiederungskleber hält vielleicht nicht gut auf dem PU-Lack. Es ist immer am besten, erst die Federn aufzukleben und dann zu lackieren. Ein paar Schichten schützen deine Pfeile zwar vor Feuchtigkeit und Regen, aber nicht, wenn du sie über Nacht in einer Schlammpfütze lässt.

Federnimprägnierer hilft und ist es wert, dass du ihn auf deine Befiederung sprühst. Aber auch wenn du das nicht tust, kann eine Feder nass werden und trotzdem noch deinen Pfeil steuern, solange du sie nicht anfasst. Berühre sie und sie wird zusammenkleben.

Es ist recht nützlich, sich ein paar Pfeile mit Bluntspitzen zu machen. Solche Pfeile kann man in Böschungen, den Boden und alte Baumstämme schießen und sie halten viel länger als normale Feldspitzen. Solche Übungen, die man „Roving" oder „Baumstumpfschießen" nennt, schulen deine Schießform ungemein. Außerdem lebt in ihnen der „primitive Geist" des Holzbogens weiter.

Holzpfeile muss man in regelmäßigen Abständen durchchecken, besonders, wenn einer einen harten Schlag abbekommen hat. Suche dabei nach Rissen oder Sprüngen. Wenn du einen Pfeil mit einem Sprung findest, brich ihn ganz ab.
Hast du erst einmal gelernt, mit solchen Pfeilen gut zu schießen, ist es recht interessant, wirklich „primitive" Pfeile zu machen.

Primitive Pfeile

Maurice Thompson gibt uns ein gutes Beispiel, wie primitiv Pfeile sein können. Sein Bruder und er schnitten steife Halme aus Schilfrohr auf eine Länge von fast einem Meter zu. Dann trockneten sie sie über dem Feuer, richteten sie und brachten drei schmale Federn an. Sie schnitten eine Nocke ein, spitzten den Schaft an und härteten die Spitze über dem Feuer. Mit einem solchen Pfeil konnte Thompson eine Ente auf 40 Meter vom Himmel holen.

Warum aber machten die Thompsons diese Pfeile 38" (97 cm) lang, während ihre normalen Pfeile mit Jagdspitzen 30 cm kürzer waren? Wenn du genug herumexperimentierst, kommst du auf folgendes. Bei einem Pfeil, der auf einem Holzbogen voll ausgezogen wird, muss der Schwerpunkt des Pfeils wesentlich weiter beim Griff als bei der Sehne sein. Einfacher ausgedrückt, bringt man so einen Pfeil leichter dazu, gerade zu fliegen. Ohne einen stählerne Spitze konnten das die Thompsons nur erreichen, wenn sie ihre Schilfrohrpfeile 1 m lang machten. Der Extra-Rohrschaft, der vor dem Bogen heraussteht, sorgt dafür, dass der Schwerpunkt an der richtigen Stelle liegt. Thompson bestätigte auch, dass diese Schilfrohre sehr robust waren. Das müssen sie auch sein, wenn man aus ihnen solche Pfeile machen will.

Genaueres darüber, wo der Schwerpunkt liegen muss, kann man in alten Bogenbüchern finden. Scheibenschützen benutzten oft gespleißte Pfeile, die einen Vorderschaft aus einem schwereren Holz hatten. Das bringt den Schwerpunkt nach vorne. Weil solche Schützen üblicherweise leichte Metallspitzen verwendeten, war es mit einem gespleißten Pfeil einfacher, genau zu schießen.
Noch mehr Hinweise für die Notwendigkeit von richtig vorderlastigen Pfeilen kann man finden, wenn man sich für die prähistorischen Europäer und amerikanischen Indianer interessiert. Bei Ausgrabungen fand man europäische Steinzeitpfeile, die erstaunlich lang waren. Amerikanische Indianer benutzten üblicherweise Pfeile, die viel länger waren als die Zuglänge. Ishi, Popes indianischer Freund, hatte ebenfalls Pfeile, die für seine Zuglänge zu lang waren.

Das erklärt auch, warum alte Pfeilspitzen aus Stein so klein und leicht waren. Wenn man sie an einem langen Pfeil festmacht, braucht man eben keine 125-Grain-Spitze. Hätten sie eine gehabt, hätten sie ihre Pfeile kürzer machen können. Wo genau der Schwerpunkt liegen soll, kann variieren, ohne dass die Genauigkeit leidet. Sicher ist aber nichts damit gewonnen, wenn er bei vollem Auszug vor dem Bogengriff liegt. Wenn man so viel Gewicht an der Pfeilspitze hat, kann der Pfeil vergleichsweise zu weich werden, wie schon mancher feststellen musste, wenn er versuchte, ultraschwere Jagdspitzen an zu leichte Pfeile zu montieren.

Ich muss anmerken, dass ein moderner, mittenschüssiger Bogengriff in aller Regel nicht so empfindlich ist, was den Schwerpunkt betrifft, das heißt, diese Regel muss nicht unbedingt auch für moderne Bögen gelten.

Die Oldtimer waren sich jedoch über deren Bedeutung im klaren. Elmers Buch von 1926 enthält wichtige Hinweise zu diesem Thema. Er verwandte seine ganze Aufmerksamkeit darauf, wo der Schwerpunkt eines Pfeils sein solle. Was jedoch wirklich zählt, ist nur, wo der Schwerpunkt im Verhältnis zum Bogen ist, wenn der Peil ausgezogen wird.

Man muss sich jedoch vor Augen halten, dass der Schwerpunkt kein Problem darstellt, wenn man mit jagdlichen Übungspfeilen schießt. Die schweren Feldspitzen machen den Pfeil ziemlich vorderlastig, so dass man sich kaum Gedanken machen muss.

Pfeile selber machen

Thompsons lange Rohrpfeile kannst du aus Schilfrohr oder Hartholzschösslingen nachbauen. Solche Schösslinge kann man in Gebüschen oder kleinen Bäumen finden, die oft an Bächen oder Flüssen wachsen.

Wenn dein Holz zu weich und biegsam ist, nimm es nicht, sondern such dir etwas stabileres. Nimm das dickere Ende als Nocke und das dünnere für die blanke Holzspitze. Trockne die Schäfte, richte sie und klebe Federn dran, und du wirst wahrscheinlich feststellen, dass sie besser fliegen als du dir vorgestellt hast.

Du kannst die Schösslinge auch durch 8 mm Rundstäbe ersetzen, die du 10 oder 20 cm länger lässt als deine Zuglänge.

Lass dich jedoch warnen. Wenn deine Holzschäfte zu weich sind, bringst du sie nie zum Fliegen. Du kannst keinen Schaft brauchen, der sich viel mehr biegt als ein normaler Alu- oder Zedernschaft.

Du kannst auch lernen, dir deine primitiven Pfeile anzupassen. Wenn du das gut machst, wird so ein Pfeil absolut gerade fliegen. Ein langer Pfeil, der schwer und steif ist, kann an dem Ende, wo die Spitze sitzt, mit dem Hobel getapert werden. Das macht den Pfeil leichter und weicher. 10 mm Rundhölzer, die man im Baumarkt kaufen kann, sind recht schwer und eignen sich gut für solche Übungen.

Es gibt keinen Ersatz, der sich mit gespaltenen Vogelfedern als Befiederung messen könnte. Du kannst Schwänze an den Pfeil binden oder Fell ankleben oder sonst was. Nichts ist jedoch einfacher und funktioniert besser als gespaltene Federn. Wenn du gestreifte Truthahnfedern kriegen kannst, sehen sie an einem primitiven Pfeil toll aus. Die Federn, die du spaltest, werden sich verbiegen. Pass deshalb auf, dass sich die Federn für einen Pfeil immer in dieselbe Richtung biegen. Von der Nocke aus gesehen, soll das so aussehen:

Spalte den Federkiel in der Mitte, schneide ihn seitlich zu, dass er ein wenig breiter ist als die Feder und schabe das Mark vom Kielinneren ab. Was vom Kiel an beiden Enden übersteht, braucht man zum Anbinden der Feder an den Schaft. Du kannst sie entweder mit nasser Sehne oder mit Faden und Leim festbinden (Wenn du Sehne benutzt, brauchst du die Sehnenfäden nur nass zu machen, darumzuwickeln und die Enden festzudrücken. Wenn du die Sehne mit Hautleim verklebst, hält sie noch besser). Binde erst die vorderen Enden fest und lasse alles trocknen. Dann ziehst du an den Federn, dass der Kiel flach ans Pfeilholz gedrückt wird und bindest die hinteren Enden fest. Die Kiele braucht man nicht anzukleben. Es kann ruhig ein Spalt zwischen Kiel und Schaft sein und der Pfeil wird trotzdem gut fliegen. Die Feder kann sich vielmehr verziehen, wenn du versuchst, sie nach dem Festbinden zusätzlich anzukleben. Wenn du deine Pfeile wirklich primitiv haben willst, dann reibe deinen Schaft mit Bärenfett oder sonst einem tierischen Fett ein und befiedere ihn dann mit Sehne.

Primitive Pfeile mit scharfen Holzspitzen können schon von sich reden machen, und mit etwas Übung und Ausprobieren können sie perfekte Geschosse werden. Außerdem durchlöchern sie jedes kleinere Tier, das von ihnen getroffen wird. Auch steinerne Pfeilspitzen sind tödlich, wenn sie gut gemacht sind.

Ein Großteil der Sehne, die ich für die hier getesteten Bögen verwendet habe, schnitt ich mit einer Steinklinge aus den Hirschbeinen. Jeder, der glaubt, dass Feuerstein, Achat und solche Sachen nicht schneiden, kann nur hoffen, dass er mit so was nie geschnitten wird. Man braucht jedoch Geschicklichkeit und Übung, um eine dünne, breite und scharfe Steinspitze zu machen. Du brauchst gute Anleitung und musst dich zu einem Künstler emporarbeiten, um das zu schaffen. Um ein hervorragender Feuersteinschläger zu werden, braucht man bestimmt genauso lange, wenn nicht länger, wie ein hervorragender Bogenbauer zu werden. (Außerdem sind Steinspitzen nicht in allen Staaten und Provinzen legal.)

Wenn du deinen Bogen zur Jagd auf Hirsche, Bären und dergleichen verwenden willst, dann erinnere dich daran, dass eine rasiermesserscharfe, stählerne Jagdspitze schwer zu schlagen ist. Nach heute herrschender Philosophie muss man schnell und sauber töten, und Stahlspitzen können das.

Dies sind vier typische Jagdspitzen für einen Jäger mit dem Holzbogen in Nordamerika. Links eine handelsübliche Ribtek-Spitze, rechts daneben eine Spitze, die aus einem Stück Stahl mit Bandsäge und Feile selbst hergestellt wurde. Die dritte von links ist wiederum eine gekaufte MA2-Spitze. Die rechte Spitze ist aus Feuerstein.

Solche Pfeile müssen sich absolut perfekt drehen, wenn man sie mit der Spitze auf den Tisch stellt und wie einen Kreisel an der Nocke zum Rotieren bringt. Jedes Flattern beim Drehen bedeutet, dass der Pfeil unberechenbar fliegen wird. Es ist außerdem eine gute Idee, die Jagdspitzen so auf den Schaft zu montieren, dass sie parallel zum Bogengriff oder quer dazu liegen, wenn der Pfeil aufgenockt wird. Beides verringert Windeinflüsse, wenn der Pfeil den Bogen verlässt.

Nachtrag: Mehr über Pfeile

Bisher wurde ein Gesichtspunkt unterschlagen, der für einen Holzpfeilschützen sehr wichtig ist. Wer hölzerne Pfeile macht, muss sicherstellen, dass er Jagdspitzen (Broadheads) absolut gerade aufklebt. Der Pfeil kann nicht gerade fliegen, wenn die Spitze schief ist.

Es ist ein guter Test, die Spitze des Broadheads auf eine Tischplatte zu stellen und den Pfeil zu drehen. Ist die Spitze schief aufgesetzt, wird der Schaft gut sichtbar torkeln. Ist die Spitze gerade, dreht sich der Schaft schön rund.

Ein Holzpfeilmacher kann sich einen Pfeilkonusspitzer in einem Bogengeschäft kaufen. Damit kann man schneller Klebespitzen ankleben. Der Konus, den der Spitzer macht, passt meist zu dem Konus der Klebespitze, manchmal aber auch nicht. Es kann sein, dass du die Spitze ein bisschen drehen und drücken musst, bis sie passt.

Heißkleber, den man über einer Flamme erhitzen muss, klebt die Spitze bombenfest an den Schaft. Befiederungskleber funktioniert jedoch auch. Ich besitze einen zerbrochenen Pfeil, der eine bewundernswerte Karriere hinter sich hat. Er schoss durch ein Opossum, zwei Waschbären und einen Schwarzbären, bevor der Schaft abbrach. Die Spitze hatte ich mit Befiederungskleber befestigt und sie ist immer noch fest.

Weil Befiederungskleber langsamer trocknet als Heißkleber, hat der Pfeilemacher mehr Zeit, die Spitze in die richtige Position zu bringen. Sitzt sie erst einmal, kann er den Pfeil beiseite stellen und trocknen lassen. Merkt er später, dass sie doch nicht gerade sitzt, kann er sowohl den Befiederungskleber als auch den Heißkleber wieder lösen, indem er die Spitze nochmals heiß macht.

TruAngle-Jagdspitzenschärfer sind die wirkungsvollsten Geräte um Broadheads zu schärfen, die ich je benutzt habe. Ein Satz dieser Feilen und Abziehsteine versetzt selbst jemand mit zwei linken Händen in die Lage, seine Jagdspitzen rasiermesserscharf zu kriegen.

Nachtrag: Spinewert des Pfeiles

Mehr als nur ein paar Holzbogenschützen finden heraus, dass sie Pfeile schießen müssen, die 5 oder 10 lb. leichter gespinet sind, als das tatsächliche Zuggewicht ihres Bogens. Andere können mit Pfeilen schießen, die das genaue Zuggewicht ihres Bogens haben, aber 1 oder 2" (2,50 oder 5 cm) länger sind als die tatsächliche Zuglänge. Und es gibt natürlich auch solche, die Pfeile brauchen, die auf das genaue Zuggewicht des Bogens ausgespinet sind und genau so lang sind wie die Zuglänge.

22

Jetzt ist es an dir

Du hast jetzt eine Menge darüber gelesen, wie man Holzbogen baut, über eine ganze Auswahl verschiedener Materialien und wie man verschiedene Designs und Methoden anwendet. Da es eine unendliche Anzahl von Nuancen und Abwandlungen gibt, finden sich bestimmt irgendwo auf der Welt Exemplare, die in diesem Buch nicht besprochen wurden. Das Basiswissen hast du aber jetzt. Du kannst jeden ungewöhnlichen Bogen anschauen und verstehst, nach welchen Gesichtspunkten er gemacht worden ist.

Es reizt bestimmt, exotische Materialien und Designs auszuprobieren. Auffällig gefärbte Tropenhölzer, Sehnenbackings, Holzbackings und Recurves sind ein endloses Gesprächsthema und außerdem ein Blickfang und sexy dazu. Lass dich von deinem eigenen Geschmack leiten. Aber nichts davon kann gute Arbeit und gutes, sorgfältiges Tillern ersetzen.

Von der Leistung her gesehen kannst du ein simples, gerades Stück Holz mit Rohhaut auf dem Rücken in eine erstklassige Waffe verwandeln – wenn deine Arbeit ebenfalls erstklassig ist. Vom praktischen Standpunkt aus ist mit exotischen Materialien oder zeitraubenden Konstruktionsmethoden wenig oder nichts gewonnen. Ihr Wert bemisst sich nach anderen Kriterien.

Der Erfolg beim Bau von Holzbögen kommt von einer Kombination von Geduld, Begeisterung und einer Menge Details. Die Details hast du jetzt. Den Rest musst du selber machen.

Wenn du deinen ersten Holzbogen in der Hand hältst, ist deine Arbeit noch lange nicht vorbei. Du musst auch noch ein sicherer Schütze damit werden.

Welche Genauigkeit du mit einem Holzbogen erreichen kannst, ist schwer zu sagen. Auch die Entfernung, auf die man sich seines Treffers noch sicher ist, kann man genau so schlecht beurteilen.

Art Young tötete eine Gazelle auf 155 yd. (142 m). Er traf ein Dallschaf auf 80 yd. (73 m) in der Mitte. Er marschierte ganz einfach über offenes Gelände auf eine Gruppe von Alaskabraunbären zu und blieb 50 yd. (46 m) entfernt stehen. Als ein großer Bär Miene machte, ihn anzugreifen, schoss ihn Young durch die Brust. Als der Bär abdrehte, traf ihn Young in die Seite. Das Selbstvertrauen, das der Mann hatte, ist erstaunlich. Offenbar hatte er keinerlei Zweifel, dass er auf 50 Yards einen tödlichen Schuss anbringen konnte.

Allzu viele Autoren zeigen heute auf solche Berichte und folgern daraus, wenn Young das tun konnte, könnten sie das mit ihren Bögen aus der Weltraumforschung auch, weil die das Bogenschießen so einfach machen wie Herumballern mit einem Hochleistungsgewehr. Dabei übersehen sie die Tatsache, dass Young lange und hart an sich arbeitete, um solche Leistungen vollbringen zu können. Er konnte über 90 lbs ziehen und so ruhig halten, als wäre er aus Stein. Dieser Mann war kein normal Sterblicher. Er war ein Ausnahmeathlet mit Nerven aus Stahl.

Wenn das Schießen mit einem Holzbogen so einfach ist, warum macht es dann heute kaum einer? Die Antwort ist einfach. **Es ist nicht so einfach.**

Glaub aber ja nicht, dass Young unfehlbar gewesen ist. Lies dazu in Popes „*The Adventurous Bowmen*" nach. Der erste afrikanische Löwe, mit dem Young und Pope zu tun hatten, war eine Löwin auf einem Baum, auf die man aber gute Sicht hatte. Die zwei schossen 29 Pfeile auf sie ab. Sieben trafen die Löwin, 13 steckten im Baum und 9 flogen sonst wo hin.

Pope schrieb, wenn sie drei Pfeile auf einen Hirsch abschossen, der 60 oder 80 yd. (55 oder 73 m) weit weg war, konnten sie davon ausgehen, dass einer davon den Hirsch traf. Möchtest du auf einen Hirsch schießen, wenn die Chancen eins zu drei stehen, dass du ihn überhaupt triffst, geschweige denn sauber erlegst? Das legt natürlich den Schluss nahe, dass du in der Tat so gut schießen kannst wie diese beiden Legenden.

Nach heutigen Maßstäben ist es anzustreben, mit einem Schuss sauber zu töten. Um das zu erreichen, muss der Jäger seinen Schuss zurückhalten, bis er absolut überzeugt ist, dass er erfolgreich ist. Wir wollen heute einen humanen Tod und Respekt vor dem Tier. Trotz aller guten Eigenschaften, die Pope hatte, gab er mindestens einmal zu, dass er auf ein Tier schoss, auch wenn er wusste, dass er kaum eine Chance hatte, es zu töten. Ist es das, was du willst?

Sollte sich herausstellen, dass du die Fähigkeit hast, mit hundertprozentiger Sicherheit alle deine Pfeile auf 60 m Entfernung in einen 15 cm Kreis zu setzen, spricht nichts dagegen, auf diese Entfernung auch auf Wild zu schießen. Du machst dich aber besser darauf gefasst, dass du jahrelang trainieren musst, bevor du diese Fähigkeit mit einem Holzbogen erreichst.

Du kannst es auf 300 verschiedene Arten betrachten; auf einen Nenner gebracht, gibt es nur 2 große Wahrheiten, denen du nicht entkommen kannst: Du musst hart trainieren, bis du mit einem Holzbogen gut schießen kannst und, je näher du bist, wenn du schießt, um so besser.

Ich selbst baute und schoss fast zwei Jahre lang Holzbögen, bevor ich Wild damit erlegen konnte. Vielleicht geht es bei dir schneller, vielleicht aber auch nicht. Ausdauer wird jedoch belohnt. Wenn du lange genug Holzbögen machst und damit schießt, wirst du Maurice Thompson zustimmen, wenn er sagt: „Ich muss es immer wieder und aus voller Überzeugung sagen. Ein Bogen aus Holz ist von allen Sportgeräten das Schönste".

Du wirst auch feststellen:
• dass deine Bogenbauerfertigkeit durch die Erfahrung immer besser wird. Du wirst beim Bogenbauen auch schneller. Es braucht vielleicht Wochen, bis du deinen ersten Holzbogen fertig hast, und vielleicht hat er starkes Stringfollow und sieht grob aus. Aber mach nur genug davon und du kannst einen erstklassigen Bogen in ein paar Tagen fertig haben.

- dass, wenn du lange genug damit schießt, du recht schnell genau so gut damit treffen lernst, wie du es mit einem glaslaminierten Recurve oder Langbogen je könntest.
- dass du nie mehr bei einer Firma oder einem gewerblichen Bogenbauer Hunderte vonDollars für einen Bogen hinlegen musst. Du selbst bist der BogenbauerDu kannst dir eine maßgeschneiderte Waffe nach deinen Bedürfnissen und Vorlieben machen, für den Preis von Kleingeld.
- dass ein guter Holzbogen, besonders mit genügend Zuggewicht, dir alle Power gibt, die du je brauchen wirst.

Wenn du planst, mit dem Holzbogen auf die Jagd zu gehen, kann dich keine Schwierigkeit aufhalten. Sie wird dich beflügeln. Du weißt, wenn ein Hirsch, ein Wapiti, ein Schwarzbär, eine Ente, ein Waschbär oder auch nur ein Eichhörnchen vor dir liegt, erlegt mit einem gebogenen Stock, den du mit deinen eigenen Händen gemacht hast, hast du einen Höhepunkt deiner persönlichen Entwicklung erreicht.

Es wird ein glücklicher Tag für dich sein, und wenn du die Bogenjagd zu deiner Lebensaufgabe gemacht hast, ist das nur ein Anfang.
Ich wünsche dir, dass du ein großes Herz hast und dein Selbstvertrauen niemals ins Wanken gerät.

Dein Tag wird kommen.

Paul Comstock,
Delaware, Ohio,
September 1988

Ohne sie hätte ich es nicht geschafft...

Ein großer Teil meiner Nachträge stammt aus Unterhaltungen, Argumenten und Tests, die von und mit Tim Baker aus Oakland, Kalifornien, gemacht wurden, einem unermüdlichen Fachmann für Holzbögen. Zwei andere geschickte Profis, auf deren Arbeit ich mich stützte, sind Dean Torges aus Ostrander, Ohio, und Gary Davis aus Flint, Michigan.

TRADITIONELL TUNEN

Feinabstimmung von Langbogen & Recurve
Theorie und praktische Anleitung zur Selbst-
hilfe für einen geraden, ruhigen Pfeilflug, als
Vorraussetzung für den perfekten Schuss.
ISBN 3-9805877-1-1
10,- Euro

PRAKTISCHES HANDBUCH
für Traditionelle
Bogenschützen
Praxisorientiertes Basisbuch
über die verschiedenen
traditionellen Bogentypen,
Anleitungen zum Pfeile-,
Sehnen- und Bogenbau und
deren Pflege.
15,- Euro

INSTINKTIVES SCHIESSEN 1

Fred Asbell stellt seine Art des Instinktiven
Schießens vor, gegründet auf seine 30-jäh-
rige Erfahrung als Bogenjäger u. Instructor.
ISBN 3-9805877-2-X **17,80 Euro**

INSTINKTIVES SCHIESSEN 2
In seinem zweiten Buch zu diesem Thema
geht Asbell detailliert auf Besonderheiten
und Unterschiede ein, wie man einen Langbogen, Recurve oder Compound instinktiv
schießen kann.
ISBN 3-9805877-9-7 **19,80 Euro**

MODERNES SCRIMSHAW
Eva Halat
Scrimshaw ist eine Punktier- und Ritztechnik, die über-wie-
gend auf natürlichen Materialien wie fossiles Elfenbein, Horn
und Knochen gearbeitet wird. Sie hat ihre Wurzeln in der
Tradition der Walfänger des 18. Jh.
Das Buch geht kurz auf diese Geschichte ein und bietet detaillierte Anleitung zu moderner Scrimshaw-Technik. In einem großen Galerieteil werden aktuelle Arbeiten von inter-
nationalen Künstlern präsentiert.
21 x 27 cm, geb.
ISBN 3-9808743-1-1 **35,- Euro**

Unser Verlagsprogramm

Leseabenteuer

DAS HORN DES HASEN
Von Günther Bach

Ein verregnetes Wochenende auf einer Insel, ein verschwundener Mann, versteckte Hinweise, die nur einer enträtseln kann.
Ein Roman über die Faszination des Bogenschießens und wie es Menschen verändern kann.
ISBN 3-9805877-4-6

12,50 Euro

PFEILE IM NEBEL
Günther Bach

Die Fortsetzung spielt 15 Jahre später, die Mauer existiert längst nicht mehr. Menschen, Lebensumstände und auch das Bogenschießen haben sich gewandelt.
Aber die Entwicklung geht immer noch weiter...
270 Seiten
ISBN 3-9808743-4-6

15,50 Euro

DER GEFIEDERTE TOD
Von Hagen Seehase & Ralf Krekeler

Die Autoren gehen dem Mythos des englischen Langbogens auf den Grund. Lebendig wird erzählt, welche Rolle er in den Kriegen des Mittelalters spielte, ergänzt durch Exkurse mit techn. Details und Anekdoten.
ISBN 3-9805877-6-2

19,80 Euro

BOGEN UND PFEILE
Thomas Marcotty

Originalgetreuer Reprint von 1958. Wunderschönes Lesebuch mit Geschichten um die Bedeutung und Handhabung des Bogens. Vergnüglich und informativ zugleich.

ISBN 3-9805877-8-9   **19,80 Euro**

Verlag Angelika Hörnig
Postfach 25 02 45
D-67034 Ludwigshafen
Tel. +49 (0)621 - 68 94 41
Fax +49 (0)621 - 68 94 42
info@bogenschiessen.de

Bücher zum Thema Bogenbau

DAS BOGENBAUER - BUCH
Europäischer Langbogenbau von der Steinzeit
bis heute
Geschichte, Bauanleitungen, Tipps zur Holz- und
Klebstoffauswahl, genaue Maße zum Nachbau his-
torischer und moderner Bogenformen, Primitive
Pfeile und Steinspitzen.
224 Seiten, 21 x 27 cm, geb.
ISBN 3-9805877-7-0   **29,80 Euro**

**AUF DER SPUR DES
OSAGE-BOGENS**
Dean Torges
Unterhaltsam beschreibt der Autor das Abenteu-
er einen Holzbogen zu bauen, mit vielen wertvol-
len Experten-Tipps.
Mit Illustrationen von Jan Adkins.
216 Seiten, DIN A5
ISBN 3-9808743-3-8   **19,80 Euro**

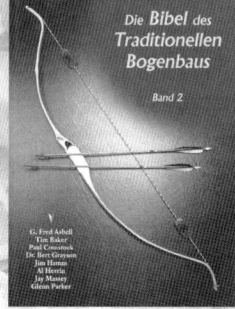

DIE BIBEL DES TRADITIONELLEN BOGENBAUS

BAND 1
Bd. 1:   Schneiden und Trocknen
von Holz, Eibenbogen, Flachbogen
aus Osage, Bogenhölzer, Bogen der
West Coast Indianer, Leime, Splei-
ße und Verbindungen, Sehnenbelag, Tillern, Endbehandlung und
Griffe, Primitive Pfeile.
18 x 25 cm, gebunden
ISBN 3-9808743-2-X **34,00 Euro**

BAND 2
Bd. 2:   Bögen aus Brettern,
Bogen des östlichen Waldlands,
Frühe europäische Bogen,
Kompositbogen, Holz biegen,
Recurves, Sehnen aus Natur-
materialien, Stahlspitzen, Köcher
und Zubehör...
18 x 25 cm, gebunden
ISBN 3-9808743-5-4 **34,00 Euro**

BAND 3
erscheint Herbst 2005

VERLAG ANGELIKA HÖRNIG